H. BANKL

WORAN SIE WIRKLICH STARBEN

HANS BANKL

WORAN SIE WIRKLICH STARBEN

Krankheiten und Tod historischer Persönlichkeiten

2. Auflage

Mit 45 Abbildungen

1989

VERLAG WILHELM MAUDRICH
WIEN–MÜNCHEN–BERN

Für HANS WEIGEL

Umschlaggestaltung und Illustration: Felix Medlitsch, Wien

Filmsatz und Offsetdruck: Ferdinand Berger & Söhne Gesellschaft m. b. H.,
3580 Horn, Wiener Straße 80

ISBN 3-85175-517-0

Vorwort zum Thema

Die berufliche und wissenschaftliche Aufgabe eines Pathologen ist die Erfassung von Krankheits- und Todesursachen. Wenn dazu ein privates Interesse für Geschichte und historische Persönlichkeiten kommt, so ist der Weg eigentlich klar, der zu diesem Buch führte.

Wie einige andere Menschen auch, denen es vergönnt ist, ihren Neigungen nachzugehen, bin ich Sammler, jedoch auf einem besonderen Gebiet – ich sammle Todesursachen und Obduktionsprotokolle.

Es gibt nur eine Möglichkeit, mit Sicherheit zu klären, was den Tod eines Menschen verursacht hat: die wissenschaftlich durchgeführte Leichenöffnung – die Obduktion. Das ist deshalb so wichtig, weil die ärztlichen Fehldiagnosen zu Lebzeiten der Patienten bis zu 40% betragen. Im Laufe meiner 25jährigen Tätigkeit als Pathologe habe ich im Seziersaal etwa 30.000 Leichenöffnungen gesehen, einen Großteil davon selbst durchgeführt. Die genaue Zahl kann ich nicht angeben, bei 800 habe ich zu zählen aufgehört. Eine solch große Zahl an untersuchten Toten und gleichzeitig die streng morphologische Erziehung in der Wiener Medizinischen Schule berechtigen einen Pathologen zur kritischen Bewertung von Krankengeschichten und Todesursachen.

In diesem Buch habe ich versucht, an exemplarischen Beispielen von zehn historischen Persönlichkeiten deren Krankheiten zu analysieren und die Todesursachen klarzulegen. In allen Fällen, wo ein Obduktionsbefund vorlag, konnte ich mich vor allem auf diesen stützen und die Krankengeschichte rekonstruieren. Daß dies nicht immer einfach war, zeigen etwa die Fälle Semmelweis, wo zwei verschiedene Obduktionsbefunde existieren, Schiller, von dem mindestens zwei Skelette aufbewahrt werden, und Kennedy, wo nur ein unvollständiger und mangelhafter Obduktionsbefund bekanntgegeben wurde; ganz zu schweigen von der Affäre um Kronprinz Rudolf und Baronesse Mary Vetsera in Mayerling, da in dieser Sache von Regierung und Kaiserhaus Österreich eine kategorische Vertuschungsstrategie durchgeführt wurde.

Im Falle Sigmund Freud stand nur eine ausführlich dokumentierte Krankengeschichte zur Verfügung, der Psychoanalytiker wurde nicht seziert, da dies keine weiteren Erkenntnisse gebracht hätte – seine Krankheit und sein Sterben waren ärztlich klar.

Nicht zuletzt hat der Kreuzestod des Jesus von Nazareth der Kulturgeschichte der Menschheit eine Bahn gewiesen, und daher war es eine medizinische Herausforderung, diese gräßliche Todesart, von der natürlich keine Obduktionsbefunde vorliegen, nach dem modernen Stand der Wissenschaft zu interpretieren.

In diesem Sinn sind die zehn medizinischen Porträts Beiträge zum Geschichtsverständnis, allerdings von einer exponierten medizinischen Warte aus.

Aber das Studium der Krankheiten von Verstorbenen ist keine theoretische Angelegenheit, denn man soll von jedem Einzelfall Nutzen für die Gegenwart und Zukunft ziehen. Treffend formulierte dies der Grazer Anatom Thiel:

„Wenn Mediziner ihren Beruf nicht an Toten lernen können, lernen sie ihn an Lebenden – und das kann Tote geben.“

Hans Bankl

Zur zweiten Auflage

Hans Weigel, der Nestor und unerreichte Meister der deutschsprachigen Literatur- und Kulturkritik, hat anläßlich der öffentlichen Vorstellung der 1. Auflage dieses Buches dem Autor und damit auch dem Werk einen verbalen Orden verliehen: Er – der große Schriftsteller – hat mich als Kollegen bezeichnet. Da Hans Weigel nie als Pathologe tätig war, muß er wohl meine schriftstellerische Tätigkeit gemeint haben; darüberhinaus hat er mir eine schwere Bürde auferlegt, als er einen zweiten Band forderte. Im Leichtsinn des Erfolges habe ich zugesagt und sitze wieder bei der Arbeit.

Da seit der ersten Präsentation dieses Buches – die Veranstaltung fand dem Thema angepaßt im Wiener Bestattungsmuseum statt – Interesse und Erfolg unerwartet groß waren, ist nun eine Neuauflage nötig. Die Ergänzungen und Erweiterungen betreffen aktuelle Forschungsergebnisse sowie die publizistische Entwicklung der jüngsten Zeit.

Nur einige Stichworte dazu:

Jährlich trifft ein Geburtstagsbillet mit Glückwünschen für Ludwig van Beethoven in Wien ein, per Adresse Zentralfriedhof.

Es tauchte eine Porträtphotographie der Kaiserin Elisabeth aus ihrem 54. Lebensjahr auf; wir kennen nun das Altersgesicht von „Sisi".

Seit kurzer Zeit befindet sich der konservierte und präparierte Kopf von Luigi Lucheni, dem Mörder der Kaiserin Elisabeth, in Wien.

Die Exhumierung Mary Vetseras wäre beinahe geglückt – und wie dies im letzten Moment vereitelt wurde.

Präsident Kennedy soll von einem Mafia-Killer erschossen worden sein; dies wurde behauptet, es läßt sich jedoch kein Beweis dafür finden.

Das „Turiner-Grabtuch", oft als Abbildung Jesu angesprochen, wurde mittels der Radiocarbon-Methode um das Jahr 1300 n. Chr. datiert.

Diese 2. Auflage sei Hans Weigel gewidmet. In erster Linie aus persönlicher Wertschätzung und auch deshalb, da in den hiemit angekündigten Folgeband einige von Hans Weigel angeregte Persönlichkeiten aufgenommen werden.

Schließlich darf ich mich für die besonders aufmerksame Unterstützung bedanken bei

Gerhard Grois, Geschäftsführer des Verlages W. Maudrich,

dem Wiener Bestattungsmuseum,

dem Pathologisch-anatomischen Bundesmuseum Wien

sowie allen wohlwollenden Kritikern meiner nicht alltäglichen Beschäftigung mit Krankheiten, Todesursachen und Obduktionsprotokollen.

Griechenberg, März 1989 — Hans Bankl

Inhalt

Tuberkulose ist heute keine tödliche Krankheit mehr

Die Tuberkulose ist eine durch Bakterien hervorgerufene Infektionskrankheit, welche chronisch und stadienhaft abläuft und bevorzugt in den Atemorganen lokalisiert ist. Der Verlauf der Erkrankung wird vor allem von der jeweiligen Widerstandskraft des Organismus bestimmt und dementsprechend folgen auf Phasen des Stillstandes und der Erholung dann wieder Krankheitsausbrüche und Verschlechterungen. Die Tuberkulose wird heute medikamentös behandelt und kann dadurch in den allermeisten Fällen zur Abheilung gebracht werden.

Zur Zeit Schillers, also im letzten Drittel des 18. Jahrhunderts, war die Krankheit noch nicht als Einheit erkannt, sondern in verschieden gedeutete Einzelbefunde aufgesplittert – Schwindsucht, knotige Tuberkel, Zerfallshöhlen, Skrofulose u. a.

Den Begriff „Tuberkulose" führte der Berliner Arzt Johann Lucas Schönlein (1793–1864) überhaupt erst im Jahre 1834 in die medizinische Wissenschaft ein, den Erreger entdeckte Robert Koch (1843–1910) schließlich 77 Jahre nach Schillers Tod 1882.

FRIEDRICH VON SCHILLER

(1759–1805)

Profilporträt des 45jährigen Schiller, ein Jahr vor seinem Tod (Zeichnung von Gottfried Schadow).

Biographische Übersicht

1759	Johann Christoph Friedrich wurde am 10. November als zweites Kind des Leutnants Johann Kaspar Schiller und seiner Frau Elisabeth Dorothea in Marbach am Neckar geboren. Sein Vater war zunächst Feldscher und Wundarzt, später Offizier und schließlich Leiter der herzoglichen Hofgärtnerei bei Stuttgart; die Mutter war Tochter eines Gastwirtes.
um 1765	Schillers um zwei Jahre ältere Schwester Christophine berichtete später: *„Er war vom frühesten Alter an ein zartes Kind. Die gewöhnlichen Kinderkrankheiten griffen seinen Körper hart an, und er litt oft an krampfhaften Zufällen, die jedoch seine gute Natur bald überwand.“*
1773	Der Wunsch, Theologie zu studieren, wurde durch den Landesherrn Herzog Karl Eugen von Württemberg verhindert. Schiller mußte in die militärisch geführte Pflanzschule[1]) eintreten, begann mit dem Jusstudium, beschäftigte sich jedoch sehr mit Literatur.
1775	16jährig wechselt Schiller zum Medizinstudium.
1777	Die ersten Szenen der Räuber entstehen.
1780	Im Dezember, nach bestandenen Abschlußprüfungen, Entlassung aus der Karls-Schule; als Militärarzt zum Grenadierregiment Augé in Stuttgart beordert.
1781	Anonym und mit fingiertem Druckort erscheint im Selbstverlag *„Die Räuber. Ein Schauspiel“*.
1782	Der Herzog verbietet Schiller das *„Komödienschreiben“*, daraufhin Flucht aus Stuttgart nach Mannheim.
1783	Schwere Erkrankung ab September (rhythmische Fieberanfälle).
1784/87	Fertigstellung des *„Fiesko“* sowie *„Luise Millerin“* und *„Don Carlos“*.
1788	Beginn der Bekanntschaft mit Goethe.
1789	Schiller wird als Professor für Geschichte an die Universität Jena berufen, damit verbunden ist die Verleihung der Doktorwürde der philosophischen Fakultät.
1790	Vermählung mit Charlotte von Lengefeld (1766–1826); sie überlebte Schiller um 21 Jahre.
1791	Schwere Erkrankung mit Fieber, Stechen in der Brust, Husten und Atemnot. Es begann eine Kette von Krankheitsattacken, von denen sich Schiller nie wieder völlig erholte.

[1]) Vom Herzog gegründete und persönlich überwachte Internatsschule, zunächst auf dem Lustschloß Solitude eingerichtet, 1775 als Militärakademie nach Stuttgart verlegt. Die Anstalt wurde nach ihrem Begründer allgemein „Karls-Schule“ bezeichnet.

1793	Geburt des ersten Sohnes Karl Friedrich Ludwig (gest. 1857).
1796	Geburt des zweiten Sohnes Ernst Friedrich Wilhelm (gest. 1841). Schillers Vater stirbt im 73. Lebensjahr.
1799	*„Wallenstein"* beendet, Arbeit an *„Maria Stuart"*. Die Familie Schiller übersiedelt nach Weimar; Geburt der Tochter Karoline (gest. 1850). Immer wieder fieberhafte Krankheitsanfälle.
1802	Mit 79 Jahren stirbt Schillers Mutter. Arbeit an *„Braut von Messina"* und *„Wilhelm Tell"*. Erhebung in den erblichen Adelsstand.
1804	Schwerer Krankheitsanfall mit kolikartigen Bauchschmerzen; nur sehr langsame Erholung. Geburt der jüngsten Tochter Emilie (gest. 1872).
1805	Fieberhafte Erkrankung im Februar. Am 1. Mai letzter Theaterbesuch; auf dem Wege dorthin Begegnung mit Goethe. Im Theater ein heftiger Krankheitsanfall. Schillers Befinden verschlechtert sich rasch und er stirbt am
9. Mai 1805	im Alter von 46 Jahren an einem *„Nervenschlag"*. Die Leichenöffnung wurde am 10. Mai vom herzoglichen Leibarzt Dr. Huschke durchgeführt. Der Obduktionsbefund ist in einem Bericht an Herzog Karl August von Weimar erhalten.

Schillers Medizinstudium und die erste Begegnung mit der Krankheit

Im Jahr 1773 griff der regierende Herzog von Württemberg, Karl Eugen, entscheidend und unwiderruflich in das Leben des 14jährigen Knaben ein. Friedrich wurde, da als begabt erachtet, als Eleve in die militärische Pflanzschule bei dem Lustschloß Solitude nahe Stuttgart einberufen. Der aus diesem Anlasse verfaßte ärztliche Bericht lautet: *„13 Jahre alt, mit etwas verfrörten Füßen, sonst als gesund befunden."* Nach anfänglichen Jus-Studien wechselte er 1775 das Fach und wählte zum Studium die Medizin.

Die Beweggründe, warum Schiller Medizin studierte, sind uns nicht bekannt. Einerseits wird berichtet, der Herzog hätte diesen Berufswechsel angeordnet und erklärt, es hätten sich schon zu viele Schüler dem juristischen Fach verschrieben. Im Gegensatz dazu erzählten seine Kameraden, Schiller sei freilich nicht aus Neigung zur ärztlichen Laufbahn geraten, er habe jedoch die Heilkunde für liberaler gehalten, auch schien ihm *„die Medizin mit der Dichtkunst weit näher verwandt zu sein als die trockene, positive Jurisprudenz"*.

Wie dem auch sei, Schiller hat das Medizinstudium voller Ernst betrieben, seine Beschäftigung mit Literatur und die eigene Poesie aber nie aufgegeben. Dies führte allerdings an die Grenze körperlicher und psychischer Belastbarkeit. Die

Die „Karls-Schule" in Stuttgart, wo Schiller Medizin studierte.

Tage genügten ihm nicht mehr, in der Nacht las oder schrieb er beim Licht einer geschmuggelten Kerze. Hier zeigte sich klar die manische, übermächtige Besessenheit, die Schiller nie mehr verlieren sollte. Früh begann er zu kränkeln. Der Junge lag während der beiden ersten Schuljahre siebenmal im Krankenzimmer, einmal ganze fünf Wochen hindurch. *„Husten"* und *„Katarrh"* waren die Krankheitssymptome.

Im dritten Studienjahr (1778) verfaßte Schiller eigenhändig ein Obduktionsprotokoll *„Beobachtungen bei der Leichenöffnung des Eleve Hillers"*. Es betraf seinen Mitschüler Johann Christian Hiller, der 17jährig in der Schule gestorben war. Schiller hat seine Beobachtungen anläßlich der Obduktionsdemonstration ausführlich niedergeschrieben. Charakteristisch ist die Beschreibung der Lunge: *„. . . Die Lungen waren hin und wieder entzündet und mit kleinen harten Körnern durchsät. An der oberen Hälfte der linken Lunge war etwas Eiterartiges."* Es handelte sich zweifelsfrei um eine Tuberkulose.

Im Juni 1780 starb Schillers Schulkamerad und Freund August von Hoven; es gelang nicht, die Todesursache aufzuklären. Mit einem zweiten Schulfreund und zeitweiligen Zimmergenossen namens Johann Christian Weckherlin verfaßte Schiller 1780 die wissenschaftliche Disputation *„Tractatio de discrimine febrium inflammatorium et putridarum"* (Abhandlung über die Unterscheidung von Entzündungsfieber und Faulfieber). Weckherlin starb nach schwerer Erkrankung im Jänner 1781. Das Protokoll über die Leichenöffnung ist erhalten; er hatte an einer mit Zerfallshöhlenbildung einhergehenden Lungentuberkulose gelitten.

Unter dem Eindruck des Verlustes dieses Freundes entstand die Elegie auf den Tod eines Jünglings: *„Banges Stöhnen, wie vorm nahen Sturme, . . .“*
In Kenntnis des späteren Krankheitsgeschehens ist der Gedanke außerordentlich naheliegend, daß Friedrich Schiller, während seiner Schulzeit, durch den unvermeidlich nahen Umgang mit seinen Kameraden eine erste Infektion mit Tuberkulose erlitten hat.

Ein weiteres Indiz sei angeführt. Die Tuberkulose befällt erfahrungsgemäß häufig einen charakteristischen Konstitutionstyp – hochgewachsene, schlanke Menschen bevorzugt mit rotem Haar. Alle Schilderungen vom Aussehen des jungen Schiller entsprechen diesem Bild: ein hagerer Jüngling mit rotblonden Haaren und blassem, sommersprossigem Gesicht. Die Nase vorspringend gebogen, die dunkelgrauen Augen tiefliegend unter rötlichen Augenbrauen, die Wangen etwas eingefallen. Er hatte eine nicht sehr angenehme, bei lautem Sprechen sich überschlagende Stimme und seine Kurzsichtigkeit zwang ihn zu häufigem Blinzeln.

Da der Herzog rotes Haar nicht ausstehen konnte, mußte Schiller es in der Schule mit Puder bestreuen.

Daß Schiller sein Medizinstudium mit eifrigem Fleiß betrieb, zeigt die Tatsache, daß er bei den Schlußprüfungen des Jahres 1779 vier Preise errang und alle Fächer mit Auszeichnung bestand. Zur Feier waren hohe Gäste zugegen, neben dem Thron des württembergischen Herzogs stand Johann Wolfgang Goethe. Viermal durfte Schiller die Stufen emporsteigen, um die von ihm errungenen Preise aus der Hand des Herzogs entgegenzunehmen. Viermal stand der junge Schiller dicht vor Goethe, dem größten Dichter seines Jahrhunderts, der kaum zehn Jahre älter war. *„Wie gerne hätte ich mich ihm bemerkbar gemacht“*, erzählte Schiller später. Goethe hat ihn nicht zur Kenntnis genommen und konnte sich auch nicht daran erinnern.

Mitte Dezember 1780 – mit 21 Jahren – wurde Schiller aus der Schule entlassen und zum Regimentsmedikus mit der Uniform eines Feldschers ohne Offiziersrang und dem kläglichen Monatsgehalt von 18 Gulden beim Grenadierregiment Augé befohlen. Das Dienstreglement lautete: Keine Erlaubnis Zivil zu tragen; Verbot einer Privatpraxis; Genehmigung seiner Verordnungen durch den herzoglichen Leibarzt; Verbot, das Stadtgebiet ohne offiziellen Urlaub zu verlassen. Das war nicht die erhoffte Freiheit, das war subalterne Tätigkeit, gleich einem Feldscher.

Man muß allerdings dazu wissen, daß Schiller trotz mehrfacher Aufforderung nie eine medizinische Doktordissertation geschrieben hat und daher nie zum Doctor medicinae promovieren hätte können. Schiller war Militärarzt, aber ohne Doktortitel.

Das einzige uns erhaltene Zeugnis dessen, was Schiller in Ausübung seines ärztlichen Berufes aufgezeichnet hat, ist ein Rezept. Den Anlaß der Verschreibung und den Patienten kennen wir nicht.

Das Rezept lautet:

Recipe Tartari emitici grana III.
Solve in Aquae communis fervidae onciis IV.
Da signum: Brechwasser, davon sogleich die Hälfte zu nehmen.

Die Übersetzung ins Deutsche lautet: *„Nimm des Brechweinsteins 3 Gran (= 0,18 g). Löse ihn in 4 Unzen (= 120 g) gewöhnlichen heißen Wassers. Bezeichne: Brechwasser . . .“*

Das Auslösen von Erbrechen war eine der wichtigsten therapeutischen Maßnahmen der damaligen Zeit, gleich dem Aderlaß.

Nach zweijährigem Dienst als Militärarzt entschloß sich Schiller 1782 zur Flucht nach Mannheim und zu seiner Berufung als Schriftsteller. Er hat also, rechnet man die Studienzeit ein, sieben Jahre mit der Medizin verbracht. In dieser Zeit hat Friedrich Schiller mit sehr hoher Wahrscheinlichkeit die Erstinfektion mit Tuberkulose und damit das Grundübel seines langen weiteren Leidens erworben.

Die Krankengeschichte von Schiller

Mit den Diagnosen, welche zur Schillerschen Zeit gestellt wurden, fangen wir heutzutage gar nichts mehr an. *„Hitziges“* oder *„kaltes“* bzw. *„fauliges Fieber“*, *„Nervenschlag“* und dergleichen sind Bezeichnungen für Symptome, jedoch keine der modernen Medizin geläufigen Diagnosen. Umso wichtiger ist es, daß wir glaubhafte und lebendige Schilderungen der Krankheitsumstände aus seiner nächsten Umgebung und vor allem auch von ihm selbst, dem studierten Mediziner, haben; faßt man alles zusammen, so können wir uns eine überraschend gute Vorstellung davon machen, was sich an Krankheiten und Leiden bei Schiller tatsächlich zugetragen hat. Wir stützen uns daher in der Beschreibung des Krankheitsverlaufes auf Schillers eigene Worte bzw. authentische Angaben aus dem Familien- und Freundeskreis.

Von Kindheit an war Schiller nie sehr gesund gewesen, sein extravaganter Lebenswandel kam als erschwerend hinzu; man kann ruhig sagen, er hat sich weitgehend selbst zugrunde gerichtet. Er war ein Nachtarbeiter und schrieb seine Werke in durchwachten Nächten. Abends, wenn ihn die Gesellschaft verließ, stellte er Wein und Kaffee zurecht und arbeitete bis zum Morgengrauen. So sehr er in seinen Briefen die Schwäche des Körpers beklagte, so wenig nahm er darauf Rücksicht, wenn er sich zu nächtelanger Arbeit trieb [1]).

---

[1]) Schillers Lebensweise war seinen Freunden bekannt. Goethe schrieb darüber: *„Seine durchwachten Nächte haben unsern Tag erhellt.“*

In dieser Beziehung glich er ganz Napoleon, der zeitlebens mit seinem Körper machte, was er wollte und wohlmeinende Mahnungen mit den Worten beiseite schob, *ein Genie sei wie ein Meteor, es müsse verbrennen, um das Jahrhundert zu erhellen.*

Eine zeitgenössische Schilderung berichtet eine charakteristische Episode: *„Schiller bekam eines Abends, wo er, wie oft geschah, in unserem Familienkreis war, einen Anfall von kaltem Fieber*[1]). *Er war sehr unwohl, wurde auf ein Bett gelegt, warm zugedeckt, mußte Chinatee trinken, und als der Frost nachließ, wurde er in einer Portechaise nach Hause gebracht. Den andern Tag ging mein Vater wie gewöhnlich mit mir spazieren und auf dem Heimweg sagte er, er wolle nur nach Schiller sehen, wie es ihm gehe, ich solle im Saal auf ihn warten, er werde wohl zu Bett liegen. An der Saaltür angekommen, hörten wir arges Geschrei, und was sahen wir! In dem ganz finstern Zimmer brannten zwei Kerzen, auf dem Tisch mit Papieren stand eine Bouteille Burgunder und ein Glas, und Schiller rannte in Hemdsärmeln auf und ab, gestikulierte und krakeelte ganz barbarisch. Mein Vater rief ihm zu: Aber, lieber Schiller, was treiben Sie denn, daß Sie hausen wie ein Türke und gestern erst das Fieber hatten. Haben Sie deshalb Medizin studiert, um sich mit Gewalt zu ruinieren?“*[2])

Durch die Isolation in der Schule konnte Schiller in seiner Jugend keine Beziehungen zu Frauen seines Alters erlangen. Der späte Familienmensch hatte noch lange Zeit Probleme mit dem weiblichen Geschlecht. Für einen Soldaten war er ziemlich zahm: *„Außer ein paar Sprüngen mit Soldatenweibern, auch en compagnie, weiß ich keine Débauche von ihm“* (erzählt sein Freund Scharffenstein). Eine chronologische Darstellung von Schillers Krankheitssymptomen zeigt folgenden Ablauf:

14. bis 21. Lebensjahr, d. h. während der Studienzeit, *„Husten“* und *„Katarrh“*.

Im Mai 1782 machte er eine *„epidemische Krankheit“*, die sog. *„russische Grippe“* durch, ein Ereignis, daß wir von Grippeepidemien auch heute noch gut kennen.

Anfang September 1783, im 24. Lebensjahr, erkrankte er plötzlich an einem *„kalten Fieber“* und an der *„gallichten Sucht“*[3]). Aus Kalendernotizen und Briefen wissen wir, daß die Fieberanfälle in regelmäßiger Folge auftraten, es besteht kein Zweifel an einer Malariainfektion. Schiller hat sich, wie auch häufig später, selbst behandelt – mit Brechweinstein, Chinarinde und fleischfreier Diät. Er schrieb: *„Fieberrinde esse ich wie Brot.“* Die Erkrankung dauerte bis in den Frühsommer 1784. Als der alte Schiller von der Selbstbehandlung seines Sohnes erfuhr, konnte er sich als ehemaliger Feldscher nicht genug entrüsten: *„Daß er sich ganze acht Monate mit Wechselfieber geschleppt hat, das macht seinem Studio keine Ehre, und er würde ganz gewiß einem Patienten in dem nämlichen Fall die bittersten*

[1]) Kaltes Fieber war die damalige Bezeichnung für Schüttelfrost.
[2]) Ein typisches Beispiel für eine manische Phase in Schillers Leben und Schaffen.
[3]) Damit war eine zeitweilige Gelbfärbung der Haut gemeint.

Vorwürfe gemacht haben, daß er sich in der Diät und dem Regimine nicht nach Vorschrift verhalten." Es dauerte tatsächlich sehr lange, bis Friedrich die Krankheit überwand.

In den folgenden Jahren bis 1790 war Schillers Gesundheitszustand labil. Immer wieder litt er an „*Katarrhen*", „*Schnupfen*" sowie „*Frost und Hitze*".

In seinen Briefen finden sich auch Hinweise über „*Husten*", „*Stechen beim Atemholen*" und eine andauernde Sorge um seine Gesundheit sowie Furcht vor einem Rückfall.

Anfang 1791, mit 32 Jahren, begann die medizinische Katastrophe in Schillers Leben. Am Nachmittag des 3. Januar befällt ihn während eines Konzerts in Erfurt ein heftiges Fieber, er erkrankt an Rippenfell- und Lungenentzündung. Zwar kehrt er nach Jena zurück und nimmt am 12. Januar seine Vorlesungen wieder auf, am folgenden Tag wirft ihn die Krankheit jedoch erneut nieder. Seine Studenten, darunter der junge Novalis[1]), teilen sich die Nachtwachen. Schiller hatte hohes Fieber, er hustete mit Eiter vermischtes Blut aus; die Behandlung entsprach der damaligen Zeit – Aderlässe, Zugpflaster, Brech- und Abführmittel. Wochen vergingen, bis er das Bett verlassen konnte, er klagte über „*fortdauernde schmerzhafte Spannungen in der Brust*" sowie „*empfinde ich noch immer bei starkem, tiefem Atemholen einen Stich auf der Seite (rechts), welche entzündet gewesen ist, öfters Husten und zuweilen Beklemmungen*". Als Mediziner hat Schiller seine Zustände genau registriert.

Nach vorübergehender Besserung kommt es im Mai 1791 zu einer weiteren schweren Krankheitsattacke. Er schildert selbst: „*Der Atem wurde so schwer, daß ich über der Anstrengung Luft zu bekommen, bei jedem Atemzuge ein Gefäß in der Lunge zu zersprengen glaubte*". „*. . . starker Fieberfrost*" „*Krämpfe im Unterleib und Zwerchfell*" „*es ist sonderbar, daß der spannende Schmerz auf der rechten Brust sich unverändert erhalten hat, und daß ich ihn noch ebenso fühle wie vor diesen Anfällen.*"

Bereits zu dieser Zeit lief unter seinen Bekannten das Gerücht, Schiller sei an „*Lungensucht*", die damalige Bezeichnung für Tuberkulose, erkrankt. Er selbst schrieb: „*Meine Furcht vor Lungensucht wird also ziemlich gehoben.*"

Im Ausland hatte sich bereits die Nachricht vom Tode Friedrich Schillers verbreitet, am 8. Juni 1791 meldete die Oberdeutsche Allgemeine Literaturzeitung: „*Schiller ist gestorben*".

Das Abklingen der akuten Krankheitserscheinungen dauerte Monate; er berichtete im Oktober 1791: „*Seit dem Gebrauch des Karlsbades und des Jägerbrunnens habe ich mich um vieles gebessert . . . des ungeachtet wollen mich die Krämpfe des Unterleibes nicht verlassen, das Atemholen bleibt immer schwer, und manches hat*

[1]) Friedrich von Hardenberg (1772–1801), als Dichter der deutschen Romantik nannte er sich Novalis. Starb mit 29 Jahren an Tuberkulose.

sich eingefunden, was auf ein langwieriges Übel zu deuten scheint. Ich waffne mich mit Geduld . . ."

Der weitere Verlauf von Schillers Leiden ist als klassisch zu bezeichnen. Nach dem heftigen Ausbruch der Lungensymptome begann eine Kette von Krankheitserscheinungen, die ihn 14 Jahre (von 1791 bis 1805) verfolgte; er wurde nie mehr gesund. Katarrh, Fieber, Husten und zeitweilige Bettlägerigkeit begleiteten sein weiteres Leben. Zwei erschütternde Äußerungen des Kranken mögen dies noch anschaulicher machen.

Brief an Goethe, September 1794 (es geht um einen Besuch): „*Ich bitte bloß um die leidige Freyheit, bey Ihnen krank seyn zu dürfen.*"

Brief an Körner[1]), Januar 1798 (über den Wallenstein): „*Hätte ich 10 Wochen ununterbrochener Gesundheit, so wäre er fertig; so aber habe ich kaum das Drittheil der Zeit zu meiner Disposition.*"

Sein Freund Körner schildert höchst anschaulich den manisch getriebenen und sich seiner dauernden Krankheit bewußten Dichter (1796): „*Schiller selbst wandelt, ja, man möchte sagen, rennt unaufhörlich im Zimmer herum, setzen darf er sich gar nicht. Oft sieht man ihm sein körperliches Leiden an, besonders wenn ihn die Suffukationen*[2]) *anwandeln. Wenn es zu arg wird, geht er hinaus und braucht irgendein Palliativ*[3]). *Kann man ihm in solchen Momenten in eine interessante Unterredung ziehen, so verläßt ihn das Übel wieder, um sogleich zurück zu kommen, wenn nichts mehr zu erörtern übrig ist. Überhaupt sind ihm anstrengende Arbeiten das sicherste Mittel für den Augenblick. Man sieht, in welcher ununterbrochenen Spannung er lebt und wie sehr der Geist bei ihm den Körper tyrannisiert . . .*"

Letzte Krankheit und Tod

Schiller starb nicht an einer akut aufgetretenen Krankheit, sondern an einem langwierigen Leiden. Er war sich der Schwere seiner Erkrankung bewußt: „*Wenn nur Leben und leidliche Gesundheit bis zum 50. Jahr aushält.*"

In seinem Todesjahr 1805 hatte Schiller zwei Krankheitsattacken.

Februarkrankheit:
Er war erschöpft, fiebrig und litt vor allem unter Verstopfung und Blähungen. Dies war Ausdruck einer Miterkrankung des Darmes im Rahmen der Tuberkulose.

---

[1]) Christian Gottfried Körner (1756–1831), deutscher Staatsrat, Jugendfreund und späterer Biograph Schillers. Vater des patriotischen Freiheitsdichters Theodor Körner („Leyer und Schwerdt", „Lützows wilde Jagd", u. dgl.).

[2]) Erstickungsanfälle.

[3]) Mittel, die nicht die Ursache behandeln, sondern nur die Symptome lindern.

„Die verwünschten Verstopfungen! Sie bringen mich alle Jahre um ein Trauerspiel!“
„Die verwünschten Blähungen! wenn ich nur eins – könnte, so wäre alles wohl.“

Der Krankheitsanfall vom Februar 1805 hatte einen unmittelbaren Vorläufer im Juli 1804: er erkrankte plötzlich unter heftigen kolikartigen Leibschmerzen, der Zustand wurde lebensgefährlich, er soll laut geschrien haben: *„Ich halte es nicht mehr aus, wenn es nur schon aus wäre.“*

Erst im Oktober begann er sich zu erholen.

Das Ende im Mai:
Am 1. Mai 1805 begann Schillers letzte Krankheit. Er hatte sich entschlossen, den Abend im Theater zu verbringen, denn die Bühnenatmosphäre bedeutete für ihn immer Zauber und Anregung.

Am Wege – vor der Haustür – traf er Goethe, der allerdings nicht in der Stimmung war, ihn zu begleiten. Sie gingen eine kurze Wegstrecke gemeinsam und verabschiedeten sich schließlich, ohne zu ahnen, daß sie sich zum letzten Mal gesehen hatten. Am Theatereingang sah ihn ein Schauspieler und war erschrokken: Schiller sah elend aus, sein Gesicht war noch bleicher als sonst, sein Blick starr, wie im Fieber.

Wie immer blieb Schiller in seiner Loge allein. Nach Schluß der Vorstellung wollte ihn der junge Voss[1]) abholen, Schiller war bereits sterbenskrank.

Die folgenden Zitate sind durchwegs Augenzeugenberichte, eine authentische Schilderung vom Sterben eines großen Mannes.

Aus den Erinnerungen des Heinrich Voss:
„Als ich am Schlusse des Stückes, meiner Gewohnheit gemäß, in seine Loge hinaufging, um ihn zu Hause zu führen, hatte er ein heftiges Fieber, daß ihm die Zähne klapperten. Als er nach Hause kam, ward ein Punsch gemacht, durch den er sich zu erholen pflegte. Den folgenden Morgen (Donnerstag 2. Mai) fand ich ihn matt auf dem Sofa liegend, in einem Mittelzustande von Schlafen und Wachen. Sein Zustand wurde von Tag zu Tag gefährlicher und schien schon (Sonntag 5. Mai) vier Tage vor seinem Tode rettungslos. Die Augen lagen tief im Kopfe; jeder Nerv zuckte krampfartig. Das Mädchen brachte Zitronen herein. Er griff hastig nach einer, als wenn er sie verschlingen wollte, legte sie aber gleich mit matter Hand wieder hin. Den Abend verfiel er in eine Fieberphantasie und verharrte in diesem Zustande vierundzwanzig Stunden. Als sein Bewußtsein zurückkehrte, ließ er sich sein jüngstes Kind bringen. Er wandte sich mit dem Kopfe um, nach dem Kinde zu, faßte es an der Hand und sah ihm mit unaussprechlicher Wehmut ins Gesicht. Die Schillerin sagte mir, es wäre gewesen, als ob er das Kind habe segnen wollen. Dann fing er an bitterlich zu weinen und streckte den Kopf ins

[1]) Heinrich Voss (geb. 1779), Sohn des Homer-Übersetzers Johann Heinrich Voss, Lehrer der alten Sprachen am Weimarer Gymnasium.

Kissen und winkte, daß man das Kind wegbringen möchte. Da ahnte ihm, wie bald er sich von dem Engel trennen sollte und fühlte es, daß er eigentlich noch nicht aufhören müßte diesem Kinde Vater zu sein."

Aus den Aufzeichnungen der Schwägerin Karoline von Wolzogen[1]):

„Als ich am Abend des siebenten zu ihm kam, wollte er, wie gewöhnlich, ein Gespräch anknüpfen über Stoffe zu Tragödien, über die Art, wie man die höhern Kräfte im Menschen erregen müsse. Ich antwortete nicht mit meiner gewöhnlichen Lebhaftigkeit, weil ich ihn ruhig halten wollte. Er fühlte es und sagte: ‚Nun, wenn mich niemand mehr versteht und ich mich selbst nicht mehr verstehe, so will ich lieber schweigen.' Er schlummerte bald darauf ein, sprach aber viel im Schlaf. ‚Ist das eure Hölle, ist das euer Himmel?' rief er vor dem Erwachen; dann sah er sanft lächelnd in die Höhe, als begrüßte ihn eine tröstende Erscheinung. Er aß etwas Suppe, und als ich Abschied nahm, sagte er zu mir: ‚Ich denke diese Nacht gut zu schlafen, wenn es Gottes Wille ist.' Den Morgen des achten hatte er leidlich zugebracht, still und oft schlummernd. Als ich gegen Abend kam, vor sein Bett trat und fragte, wie es ihm gehe, drückte er mir die Hand und sagte: ‚Immer besser, immer heitrer.' Ich fühlte, daß er dies ganz in bezug auf seinen innern Zustand sagte. Es waren die letzten an mich gerichteten Worte, die ich von den teuern Lippen vernahm. Er verlangte, man solle den Vorhang öffnen, er wolle die Sonne sehen. Mit heiterm Blick schaute er in den schönen Abendstrahl und die Natur empfing seinen Scheidegruß. Seine Kinder verlangte er selten zu sehen. Die jüngste Tochter, die man ihm noch am achten, morgens, gebracht, hatte er mit Freude und Wohlgefallen betrachtet. Sein treuer Diener, der die Nächte bei ihm zubrachte, sagte, daß er viel gesprochen, meist vom ‚Demetrius', aus dem er Szenen rezitiert. Einigemal habe er Gott angerufen, ihn vor einem langsamen Hinsterben zu bewahren. Der Ewige erhörte seine Bitte. Am neunten früh trat Besinnungslosigkeit ein; er sprach nur unzusammenhängende Worte, meist Latein.
Ein ihm verordnetes Bad schien er ungern zu nehmen, doch war er in allem, was zu seiner Wartung geschehen mußte, ergeben und geduldig. Der Arzt hatte nötig gefunden, daß er ein Glas Champagner trinke, um die mehr und mehr sinkenden Kräfte zu heben. Es war sein letzter Trunk.
Gegen drei Uhr trat vollkommene Schwäche ein; der Atem fing an zu stocken. Meine Schwester kniete an seinem Bette, sie sagte, daß er ihr noch die Hand gedrückt. Ich stand mit dem Arzte am Fuße des Lagers und legte gewärmte Kissen auf die erkaltenden Füße. Es fuhr wie ein elektrischer Schlag über seine Züge; dann sank sein Haupt zurück und vollkommenste Ruhe verklärte sein Antlitz; seine Züge waren die eines sanft Schlafenden."

Was die medizinische Betreuung und Behandlung seiner Krankheit betraf, so wurde wohl dem damaligen Stande des ärztlichen Wissens gemäß vorgegangen – nur war die Diagnose falsch und die Therapie völlig unzureichend.

---

[1]) Karoline von Wolzogen, geb. von Lengefeld, die ältere Schwester von Schillers Frau Charlotte.

Schillers langjähriger Arzt Dr. Stark[1]) war nicht in Weimar und so wurde Dr. Huschke[2]) gerufen, der Schiller noch nie bei einer ernsten Krankheit behandelt hatte. Allerdings war er herzoglicher Leibmedikus, Hofrat und der bekannteste Arzt in Weimar. Dennoch befand er sich plötzlich in einer unangenehmen Lage. Er sollte den berühmten Dichter behandeln, kannte jedoch den jahrelangen Leidensweg kaum und war sich bewußt – sollte sein Patient sterben, würde jeder sagen, *„Schillers langjähriger Arzt Stark wäre erfolgreicher gewesen?"* Dazu kam, daß auch Herzog Karl August sich für die näheren Umstände interessierte.

Am 19. Mai 1805 verfaßte Dr. Huschke den berühmten Bericht an den Herzog, worin Schillers letzte Krankheit und der Obduktionsbefund aus ärztlicher Sicht dargestellt werden.

Zum besseren Verständnis für den Leser wird besagter Bericht zwar im Originalwortlaut wiedergegeben, jedoch, wo es nötig scheint, durch erläuternde Anmerkungen unterbrochen.

Dr. Huschke schreibt an Herzog Karl August von Weimar über Schillers Krankheit und Tod:
„Da gleich nach der Abreise von Ew. Durchlaucht manches Merkwürdige hier vorfiel, so fordert mich meine Pflicht auf, hiervon einige genaue Nachricht zu erteilen. Den 1. Mai wurde abends späthin der Herr Hofrat v. Schiller krank, klagte über Schmerz in der linken Seite der Brust mit starkem Husten und Fieber. Es war das hier gewöhnliche rheumatische Seitenstechfieber, welches weiter nicht so gefährlich war. Denn hier haben es alle, die daran gelegen haben, auch sogar schwächliche Menschen, gut überstanden."

Die Diagnose lautete also rheumatisches Seitenstechfieber, und dies war falsch. Der Arzt verkannte nicht nur die Natur der Krankheit, sondern auch deren Schwere.

„Spanische Fliegen, Blutigel und die nötigen innerlichen Mittel, Senega, Spiritus Mindereri, Kampfer, wurden anfänglich angewandt, und es schien alles gut zu gehen, bis den 6. Mai, wo ich ihn früh röchelnd fand. Er konnte den Auswurf nicht gut heraufbringen, klagte über Angst, und der Puls wurde klein. Verkältung war die Ursache dieses Zufalls, weil er nie im Bette lag. Er bekam auf die Brust noch ein Vesikatorium, innerliche Mittel, die die Brust stärkten, und ein warmes Bad, worauf abends dieser fürchterliche Zustand gehoben wurde. Den 7. war er munterer, hatte etwas geschlafen, aber immer im Schlafe gesprochen; das Röcheln zeigte sich nicht wieder, und er konnte den Auswurf gut heraufbringen. Der Puls blieb aber doch klein und krampfhaft, und wenn er schlummerte, sprach er. Er konnte gut aufhusten und alleine gehen und stehen, und doch war das bösartige Nervenfieber merklich im Anzuge. Den 8. war er in der vergangenen Nacht unruhig gewesen, stöhnte öfters, der Auswurf sah sehr mißfarbig aus, der Puls

---

[1]) Johann Christian Stark (1753–1811), Hofmedikus in Weimar, berühmter Arzt seiner Zeit.
[2]) Wilhelm Ernst Christian Huschke (1761–1828), Hofrat und Leibarzt beim Herzog von Weimar.

wurde noch kleiner und krampfhaft; doch konnte er gut aufhusten. Er bekam China mit Senega, vormittags und nachmittags Serpentaria und zwei Senfzüge auf die Waden. Den Tag über schlief er öfters, abends bekam er aber Ziehen im Gesichte und einigemal Zucken in den Händen."

Wie man liest, wurde eine Fülle von Medikamenten versucht, sicherlich das Beste der damaligen Zeit, aber was konnte dies im Endstadium einer Lungentuberkulose nützen.

Um einen kleinen Einblick in das damalige therapeutische Repertoire eines Spitzenmediziners zu bekommen, seien die Verordnungen und Medikamente kurz erklärt.

Huschke ließ Blutegel setzen und spanische Fliegen auf die Haut bringen. Die Blutegel dienten dem Blutentzug ähnlich wie ein Aderlaß, spanische Fliegen sind die getrockneten und pulverisierten Körper des grünen Blasenkäfers, ein stark hautreizendes und zur Blasenbildung führendes Zugpflaster. Senega ist die Wurzel aus einem nordamerikanischen Kreuzblumengewächs und wirkt schleimlösend. Außerdem verordnete er den Spiritus Mindereri, eine Lösung von Kaliumazetat, die bei trockenen Katarrhen verwendet wurde, und schließlich Kampfer, ein herzstärkendes Medikament. Vesikatorien nannte man die Zugpflaster, welche Hautblasen verursachten. China bzw. Chinarinde stammte ursprünglich von südamerikanischen Bäumen und war ein vielgebrauchtes Fieber- und Schmerzmittel. Serpentaria stammt aus Schlangenwurzeln und wurde vielerorts als Gegengift bei Schlangenbissen gegeben.

Von Huschke ist auch noch ein Rezept erhalten, worin er Rizinusöl und Opiumtinktur verordnete. Schiller erbrach in den ersten Tagen häufig, und es ist wahrscheinlich, daß diese Mixturen, die eßlöffelweise verabfolgt wurden, die Brechneigung steigerten.

„Den 9. hatte er unruhig geschlafen, phantasiert; früh äußerte er mir, daß er Herzensangst gehabt habe; ich riet ihm, noch ein stärkendes Bad zu nehmen, welches er auch wünschte. Dies geschah gegen 11 Uhr vormittags; allein nach dem Bade bekam er eine Ohnmacht, welche sich auf Einreibungen am Kopfe legte; er schlief nachher und phantasierte. Gegen Abend um 1/2 6 Uhr bekam er schnell einen Nervenschlag. Auf Reiben, Moschus innerlich und flüchtige kräftige Einreibungen schien sichs zu beruhigen; allein 3/4 auf 6 Uhr repetierte der Schlag heftig, und er blieb plötzlich. Da er lange einen elenden Körper hatte und ungesund war, so machten wir (Huschke und Dr. Gottfried v. Herder) den Tag drauf (am 10. Mai) nachmittags die Sektion und fanden folgendes Merkwürdiges:
1. Die Rippenknorpel waren durchgängig und sehr stark verknöchert.
2. Die rechte Lunge mit der Pleura von hinten nach vorne und selbst mit dem Herzbeutel ligamentartig so verwachsen, daß es kaum mit dem Messer gut zu trennen war. Diese Lunge war faul und brandig, breiartig und ganz desorganisiert.

3. Die linke Lunge besser, marmoriert mit Eiterpunkten.
4. Das Herz stellte einen leeren Beutel vor und hatte sehr viel Runzeln, war häutig, ohne Muskelsubstanz. Diesen häutigen Sack konnte man in kleine Stücken zerflocken.
5. Die Leber natürlich, nur die Ränder brandig.
6. Die Gallenblase noch einmal so groß als im natürlichen Zustande und strotzend von Galle.
7. Die Milz um 2/3 größer als sonst.
8. Der vordere konkave Rand der Leber mit allen naheliegenden Teilen bis zum Rückgrat verwachsen.
9. Die rechte und linke Niere in ihrer Substanz aufgelöst und völlig verwachsen.
10. Auf der rechten Seite alle Därme mit dem Peritonäum verwachsen.
11. Urinblase und Magen waren allein natürlich.
Bei diesen Umständen muß man sich wundern, wie der arme Mann so lange hat leben können . . .
Weimar, den 19. Mai 1805"

Deutung des Sektionsbefundes und Klärung von Schillers Krankheit

Das Kirchenbuch der Stadtkirche Weimar verzeichnet:
„Donnerstag den 9ten May, a.c. des Abends ½6 Uhr starb der Hochwohlgeb. Herr, Herr Dr. Carl (Anm.: fälschlich statt Christoph) *Friedrich von Schiller, Fürstl. Sachsen-Meiningischer Hofrath allhier in einem Alter von 45 Jahren 6 Monate nach einem kurzen Krankenlager, an einem Nervenschlag . . ."*

Dies ist natürlich keine ärztliche Diagnose, aber immerhin die Eintragung im offiziellen kirchlichen Totenbuch.

Über den Obduktionsbefund kursierten bald Gerüchte. Voss: *„Nach der Sektion haben wir die Gewißheit, daß Schiller länger zu leben nach Naturgesetzen nicht erlaubt war."* Henriette von Knebel[1]) in einem Brief: *„Es ist merkwürdig, daß Schiller allein in seinem schön organisierten Kopf gelebt hat. Die Ärzte stimmen darin überein, daß sie nie einen so ganz verdorbenen und aufgelösten Körper angetroffen hätten, alles verknorpelt, nur der kleinste Rest von Lunge und – stelle Dir vor! – gar kein Herz mehr, nichts als ein Stückchen Haut."*

Dabei ist die Aussage des Sektionsbefundes ziemlich klar und läßt eine Erklärung aus heutiger medizinischer Sicht zweifelsfrei zu. Man muß nur die medizinische Sprachweise der damaligen Zeit kennen und gleichsam ins Moderne übersetzen.

Die wesentlichen Punkte seien kurz erörtert:
ad 2) Eine schwielige Verwachsung der Pleura (= Rippen- und Lungenfell) mit der Umgebung ist typisch als Restzustand einer tuberkulösen Entzündung.

[1]) Dame der Weimarer Gesellschaft und enge Bekannte Schillers.

Die Ausdrücke *„faul"*, *„brandig"*, *„breiartig"* und *„desorganisiert"* bezeichnen eine Zerstörung und einen Zerfall des Lungengewebes, wie er eigentlich nur im Rahmen der Tuberkulose vorkommt.

ad 3) Die erwähnten *„Eiterpunkte"* könnten kleine Abszesse sein, wahrscheinlicher ist jedoch, daß es sich um eingeschmolzene tuberkulöse Knötchen handelte. In solchen Fällen Klarheit zu schaffen, ist auch heute nur durch eine mikroskopische Untersuchung möglich.

ad 4) Eine Schrumpfung der Herzmuskulatur gehört in den Rahmen der *„Auszehrung"* bei Tuberkulose.

ad 8 und 10) Rechts im Oberbauch fanden sich ausgedehnte Verwachsungen zwischen den einzelnen Organen; schwielige Verwachsungen sind typisch für Tuberkulose (vgl. ad 2).

ad 9) Die Auflösung der Nierensubstanz ist als Degeneration, wie beim Herzmuskel, zu verstehen; *„völlig verwachsen"* bezieht sich wahrscheinlich auf eine schwielige Verdickung der Nierenkapsel.

Im Obduktionsbefund werden Organveränderungen beschrieben, wie sie in typischer Weise der Tuberkulose eigen sind. Man darf ja eines nicht vergessen, es handelte sich um eine unbehandelte Tuberkulose, eine Krankheitsform, die wir heute nicht mehr sehen. Schiller war durch viele Jahre, zumindest seit 1791, chronisch krank; eine durch 14 Jahre verlaufende, unbehandelte Tuberkulose gibt es in der modernen Medizin nicht mehr. Daher rühren wohl auch hin und wieder geäußerte Zweifel von Ärzten der Gegenwart an dieser Diagnose – diesen Leuten ist ein derartiger Ablauf der Tuberkulose fremd. Und was die Zeit Schillers betrifft, so stand man ja erst am Anfang eines Verständnisses dieser Krankheit. Dazu ein erschütterndes Beispiel: Rene Th. H. Laennec (1781–1826), der Begründer des *„Abhorchens"* des Brustkorbes durch Auskultation und einer der bedeutendsten Ärzte seiner Zeit, vertrat die Ansicht, die Lungenschwindsucht (= Tuberkulose) sei Schicksal, unheilbar und eine aus dem Körperinneren bedingte bösartige Neubildung, also ein Tumor; er erklärte die Krankheit für nicht ansteckend – 45jährig starb er an Tuberkulose.

Faßt man Schillers Krankengeschichte und den Obduktionsbefund zusammen, so besteht kein Zweifel über den Verlauf einer schubweise fortschreitenden Tuberkulose. Krankheitsphasen und Zeiten der Erholung wechselten einander in typischer Weise ab, bis schließlich ein letzter Krankheitsschub zum Tode führte. Die Annahme einer ersten Infektion in der Karls-Schule während des Medizinstudiums erscheint am zutreffendsten, kann aber natürlich nicht mehr bewiesen werden.

Friedrich von Schiller

Schillers Begräbnis und das weitere Schicksal seines Skeletts

Nach ortsüblicher Weimarer Sitte wurde Schiller in der Nacht vom 11. zum 12. Mai auf dem Jakobsfriedhof im *„Landschaftskassengewölbe"*, einer Grabgruft für Beamte, Offiziere und Angehörige des Ritterstandes ohne eigene Erbgrabstätte, beigesetzt. Goethe nahm an den Trauerfeiern aufgrund einer eigenen Erkrankung nicht teil.

Im September 1826 – 15 Jahre nach Schillers Tod – öffnete man das Gewölbe und stellte aus dem Wirrwarr der zerfallenen Särge und teilweise vermoderten Knochen das vermutliche Skelett Schillers zusammen. Der Initiator und Leiter dieser ersten Suche nach Schillers Schädel und den sonstigen erhaltenen Knochen war der damalige Weimarer Bürgermeister C. L. Schwabe[1]). Da die Durchsuchung des Grabgewölbes keinerlei Reste des Sarges von Schiller erbrachte, wurden alle auffindbaren Schädel herausgenommen, um eine eventuelle Ähnlichkeit mit Schiller festzustellen. 23 Schädel förderte man zutage, den Schädel Schillers unter ihnen auszusuchen. Um die Irrtümer bei einem solchen Vorhaben abschätzen zu können, muß man wissen, daß 1826 weder eine Anthropologie noch eine Identifikation von Skelettresten mit wissenschaftlicher Methodik bekannt war. Für die Ausgräber stand aber eines fest: Schiller hatte den größten Kopf, also muß der größte Schädel der seine sein. Weiters schloß man, da Schiller hochgewachsen war, mußten die längsten Skeletteile zu ihm gehören. Es wurde auch ein Schädel sowie dazu passende Knochen gefunden und als Schillers Skelett deklariert. Nachdem ein Gipsabguß angefertigt war, wurde der Schädel zuerst im Fußgestell von Schillers Büste in der Hofbibliothek aufbewahrt, dann aber (16. Dezember 1827) – mit den übrigen Gebeinen vereint – in der Fürstengruft zu Weimar neben Goethe (gestorben 1832) und Herzog Karl August (gestorben 1828) beigesetzt.

Damit schien es, Schillers sterbliche Überreste hätten einen würdigen Platz und die Sache wäre erledigt. Der Lauf der Geschichte nahm jedoch einen anderen Weg.

Im Jahre 1883 (also 56 Jahre später) untersuchte der Anatom und Identifizierungsspezialist aus Halle/Saale H. Welcker[2]) Schillers Totenmaske und den Gipsabguß des *„Schwabe-Schädels"* und kam zu dem aufsehenerregenden Ergebnis, daß der in der Fürstengruft beigesetzte Schädel infolge diverser Diskrepanzen gegenüber der Totenmaske nicht der echte Schädel Schillers sein könne! Obwohl dadurch der Glaube weiter Kreise an die Echtheit des im Schiller-Sarkophag liegenden Schädels stark erschüttert war, verblieben doch die Gebeine nach wie vor an ihrer auserwählten Ruhestätte.

---

[1]) Carl Leberecht Schwabe (1778–1851); er war der erste, der nach Schillers Skelett suchte.

[2]) Prof. Dr. Hermann Welcker (1822–1897) beschäftigte sich vor allem mit der Identifizierung von Skelettschädeln bekannter Persönlichkeiten, z. B. Johann Sebastian Bach, Raffael, Dante.

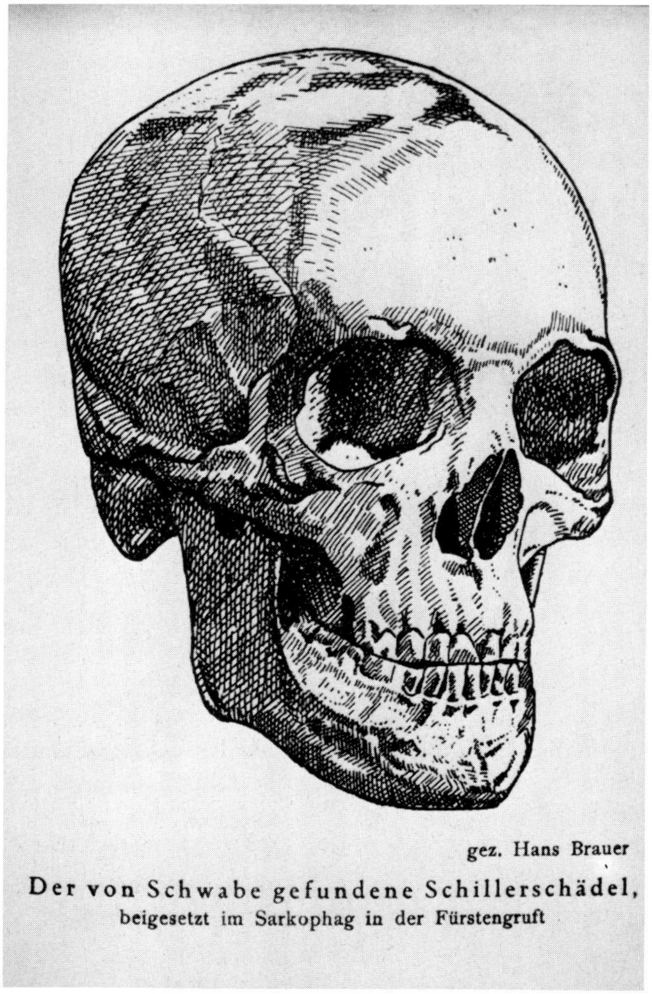

Der vom Weimarer Bürgermeister Schwabe 1826 aufgefundene „Schillerschädel".

Um die Schädelfrage einer endgültigen Klärung zuzuführen, unternahm der Tübinger Anatom und Schädelexperte August von Froriep[1]) im Jahre 1911 Nachgrabungen an der Stelle des 1854 abgerissenen und zugeschütteten Grabgewölbes. Unter den 63 dabei geborgenen Schädeln und Schädelteilen glaubte Froriep, in einem (Nr. 34) den wirklichen Schädel Schillers gefunden zu haben. Froriep ging mit großer wissenschaftlicher Genauigkeit vor und diskutierte sein

[1]) Prof. Dr. August v. Froriep (1849–1917) war der Enkel eines bei der Skelettsuche im Jahre 1826 beteiligten Arztes.

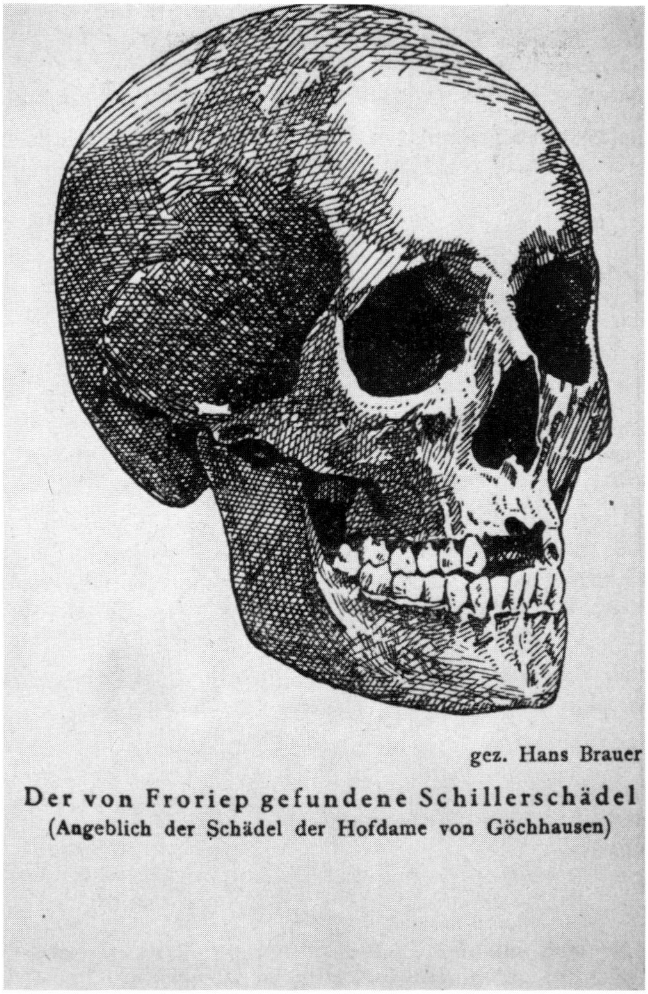

Der vom Anatomen Froriep 1911 aufgefundene „Schillerschädel".

Untersuchungsergebnis mit den prominentesten Fachleuten seiner Zeit. Eine hochrangige Gutachterkommission erklärte schließlich einstimmig, der echte Schiller-Schädel sei nunmehr gefunden. Daraufhin wurde dieser zweite Schiller-Schädel – der *„Froriep-Schädel"* – mit dem dazugehörenden Skelett in einem einfachen, schwarzen Holzsarg am 9. März 1914 ebenfalls in der Fürstengruft in Weimar beigesetzt. Seit dieser Zeit, so merkwürdig das auch klingt, sind zwei Schädel und die Knochen zweier Skelette Schillers vorhanden.

Im Jahre 1959 zwangen Fäulnisschäden am Schiller-Sarkophag dazu, ihn zu öffnen. Gleichzeitig wurde auch der Inhalt des anderen Sarges untersucht. Der lange von der anatomischen Fachwelt herbeigewünschte Moment war gekommen, „Schwabe's"-Schädel mit „Froriep's"-Schädel im Original miteinander zu vergleichen. Von der Staatsbehörde der DDR wurden mit der Vermessung der Skeletteile der Berliner Anthropologe Ullrich und mit der plastischen Rekonstruktion Gerasimow aus Moskau betraut. Die Untersuchungsergebnisse sind seither noch immer nicht in ausführlicher und wissenschaftlicher Form publiziert! Die Hintergründe dieser Verzögerung bzw. Geheimhaltung wurden nicht bekanntgegeben. Aus kurzen Mitteilungen der Untersucher ist zu entnehmen, daß sie den „Froriep"-Schädel als weiblich identifizierten und im „Schwabe"-Schädel gefälschte und künstlich in die Kiefer eingesetzte Zähne vorfanden. Fünf Zähne des Oberkiefers und zwei im Unterkiefer wiesen stark angefeilte Wurzeln auf und paßten nur infolge dieser künstlichen Abschleifung in die entsprechenden Zahnfächer der Knochen. Wer dies getan hat, ist ungeklärt. Auf der anderen Seite wird ja im zeitgenössischen Schrifttum betont, daß Schiller zu Lebzeiten nur einen Zahn verloren hatte und sonst ein vollständiges Gebiß besaß. Es ist somit nicht auszuschließen, daß der 1959 im Fürstengruft-Sarkophag vorgefundene Schädel nicht der gleiche ist, den Schwabe gefunden hat.

Wie ist nun unser aktueller Wissensstand in dieser kuriosen Schädelfrage? Nach Welcker und v. Froriep gehören die im Fürstengruft-Sarkophag liegenden Gebeine nicht zu Schiller, nach Ullrich und Gerasimov liegen im zweiten Sarg Schädel und Skelett einer Frau. Wo aber sind dann Schillers Gebeine? Wo ist Schillers Schädel geblieben?

Bisher wurden von den ostdeutschen Behörden keine weiteren Untersucher zugelassen. Nicht nur die Fachgelehrten der Anatomie haben ein Anrecht darauf, die konkreten Maßzahlen der beiden Schädel zu erfahren. Nur durch eine völlig unvoreingenommene und offene Untersuchung kann das Problem vielleicht gelöst werden. Die Geheimnistuerei muß aufhören. Es ist einfach unfaßbar, daß die Vertreter eines autoritären politischen Staatssystems willkürlich entscheiden können, wer untersuchen darf und wer nicht. Die berechtigte und laute Forderung nach Freigabe der Untersuchungsergebnisse ist nicht mehr zu überhören.

Auf meine letzte diesbezügliche Anfrage an das Institut für Geschichte der Medizin in Jena erhielt ich am 19. Februar 1988 eine freundlich zurückhaltende Antwort, deren Kernsatz lautete: *„Leider kann ich Ihnen so schnell auch keine Antwort auf Ihre Fragen geben, da ‚Schiller' nicht zu meinem Forschungsthema gehört. Selbstverständlich werde ich versuchen, die notwendigen Recherchen durchzuführen und erbitte etwas Zeitaufschub."* Seitdem habe ich nichts mehr von dort gehört.

Im Todesjahr Friedrich Schillers, 1805, wurden in Wien die Oper „Fidelio" und die Symphonie „Eroica" eines 35jährigen Komponisten aus Bonn uraufgeführt. Ludwig van Beethoven stand am Höhepunkt seines musikalischen Schaffens.

Leberzirrhose ist auch jetzt noch ein unheilbares Leiden

Leberzirrhose ist ein chronisch fortschreitender knotiger Umbau der Leberstruktur mit Vermehrung des Bindegewebes und Verminderung der Leberzellen – die Leber wird höckerig und hart. Die lebenswichtige Funktion der Leber als zentrales Stoffwechselorgan ist stark beeinträchtigt.

Als Ursachen einer Leberzirrhose kommen in erster Linie chronischer Alkoholkonsum, Mangel- bzw. Fehlernährung sowie eine nicht ausgeheilte infektiöse Leberentzündung (Virushepatitis) in Betracht; selbstverständlich können diese Faktoren auch kombiniert einwirken. Eine Leberzirrhose ist nicht rückbildungsfähig und daher nicht heilbar. Selbst die moderne Medizin vermag den Krankheitsprozeß lediglich zu bremsen, es gelingt jedoch kaum, ihn zu stoppen.

LUDWIG VAN BEETHOVEN

(1770–1827)

Beethoven als 47jähriger, neun Jahre vor seinem Tod
(Zeichnung von August v. Klöber).

Biographische Übersicht

1770	Ludwig wurde am 17. Dezember 1770 in Bonn getauft, sodaß der 16. oder 17. Dezember als Geburtstag angenommen werden kann – ein urkundlicher Beleg existiert nicht.
1792	Beethoven übersiedelt von Bonn nach Wien.
1796	Erste Hörstörungen (mit 26 Jahren!), anfänglich auf dem linken Ohr. Durchfälle, Koliken, chronische Verdauungsbeschwerden.
1801	Zunahme der Schwerhörigkeit: *„Ohren die sausen und brausen; die hohen Töne höre ich nicht, auch höre ich den, der leise spricht kaum; sobald jemand schreit ist es mir unausstehlich."*
1802	Heiligenstädter Testament: persönliche Schilderung seiner Verzweiflung über die fortschreitende Ertaubung, tiefe Depression, Selbstmordgedanken. In diesem Jahr entsteht die Mondscheinsonate!
1805	Uraufführung von *„Eroica"* und *„Fidelio"*. Immer wieder Durchfallattacken mit Fieber und Schmerzen im Unterleib, besonders nach *„unverdaulichen"* Speisen. Diät: Brotsuppe, Makkaroni, Kalbfleisch, Fisch, Zunge, weichgekochte Eier.
1813	Taubheit auf dem rechten Ohr, hochgradige Schwerhörigkeit links. Es wurden verschiedene Hörapparate konstruiert und ausprobiert.
1817	Depressionen, Selbstmordgedanken. Von seinen Ärzten wurde grundsätzlich der Genuß alkoholischer Getränke untersagt, Beethoven hielt sich nicht daran.
1818	Mechanische Hörhilfen (Mälzels Hörrohre) nützten nichts mehr, ab dieser Zeit mußten regelmäßig für Besucher und Gesprächspartner *„Konversationshefte"* verwendet werden.
1821	Beethoven erkrankt an Gelbsucht. Erneutes Alkoholverbot.
1823	Fertigstellung der *„Missa solemnis"* und der *„9. Symphonie"*. Langdauernde schmerzhafte Augenerkrankung.
1825	Erste Berichte über Bluterbrechen. Neuerliches Verbot alkoholischer Getränke.
1826	Nasenbluten, Bluterbrechen und zunehmende Bauchwassersucht.
1827	Mehrfache Punktionen der Bauchhöhle zur Ableitung der krankhaft angesammelten Flüssigkeit. Die Ärzte waren sich der Hoffnungslosigkeit der Erkrankung bewußt; gemäß Beethovens Neigung zu alkoholischen Getränken wurde daher *„Punscheis"* erlaubt, welches ihn auch für einige Tage belebte. Am 24. März quittierte Beethoven eine Weinsendung mit den Worten: *„Schade, schade – zu spät!"* Dies waren seine letzten Worte. Nach zweitägigem Koma verstarb Beethoven am
26. März 1827	im Alter von etwas über 56 Jahren. Die Leichenöffnung wurde am 27. März im Sterbehaus in der Schwarzspanierstraße durch Dr. Johann Wagner, Assistenzarzt am Pathologischen Museum des Allgemeinen Krankenhauses, vorgenommen.

Beethoven als Patient

Über die Kindheit Ludwig van Beethovens wissen wir nicht allzuviel, von Erkrankungen aus dieser Lebenszeit ist nichts Gesichertes bekannt. Wichtig für die psychische Entwicklung des Kindes sind die – leider sehr tristen – familiären Verhältnisse. Die konfliktgeladene, neurotisierende Konstellation war zurückzuführen auf die dominierende Persönlichkeit des Großvaters, die notorische Trunksucht bei Vater und Großmutter sowie die wenig glückliche Ehe der Eltern. Es bestand ein sehr gespanntes Verhältnis zwischen Ludwig und seinem Vater, einerseits hervorgerufen durch die Labilität des Alkoholikers und seine autoritäre Strenge, andererseits bestimmt durch die Enttäuschung des Vaters über die zunächst nur zögernden musikalischen Fortschritte des Sohnes. Da der Vater für das erwünschte musizierende „Wunderkind" eine verfälschte Altersangabe machte, hielt sich Beethoven bis in das reife Mannesalter für um zwei Jahre jünger. Die psychische Belastung des jungen Mannes war zweifellos in dieser Zeit gewaltig: nach dem Tode der Mutter war Ludwig – in seinem 17. Lebensjahr – für die Geldangelegenheiten der Familie und die Betreuung des trunksüchtigen Vaters allein verantwortlich. Was ernsthafte Erkrankungen betrifft, steht lediglich fest, daß Ludwig in seiner Jugendzeit Pocken durchgemacht haben muß; die dafür charakteristischen Narben verunstalteten sein Antlitz und sind an der Gesichtsmaske von 1812 deutlich zu erkennen.

Den Beginn seiner Leiden schildert Beethoven in Briefen an seine Freunde.

Brief an Carl Amenda[1]), 1. Juni 1801:

„. . . *Dein Beethoven lebt sehr unglücklich, im Streit mit Natur und Schöpfer; . . . wisse daß mir der edelste Teil, mein Gehör, sehr abgenommen hat, schon damals, als Du noch bei mir warst, fühlte ich davon Spuren, und ich verschwieg's, nun ist es immer ärger geworden.*"

Brief an Franz Wegeler[2]), 29. Juni 1801:

„*Nun hat der neidische Dämon, meine schlimme Gesundheit, mir einen schlechten Stein ins Brett geworfen, nämlich: mein Gehör ist seit drei Jahren immer schwächer geworden und zu diesem Gebrechen soll mein Unterleib, der schon damals, wie Du weißt, elend war, hier aber sich verschlimmert hat, indem ich beständig mit einem Durchfall behaftet war, und mit einer dadurch außerordentlichen Schwäche . . .*"

Überblickt man das Leben Beethovens aus medizinischer Sicht, so entsteht zunächst der Eindruck, der große Komponist sei ununterbrochen krank gewesen. Dem ist aber nicht so; es gab immer wieder kürzere und auch längere Perioden, in denen sein Zustand zumindest stabil blieb oder es ihm gesundheitlich recht gut

---

[1]) Carl Amenda (1771–1836), Theologe und Violinspieler, seit 1798 enger Freund Beethovens.

[2]) Dr. Franz Wegeler (1765–1848), Arzt, seit der gemeinsamen Jugendzeit in Bonn mit Beethoven freundschaftlich verbunden.

ging. Allerdings schwankte sein Befinden rasch, und es konnte ihm innerhalb kürzester Zeit recht übel ergehen.

Jedenfalls bedurfte Beethoven von 1798 bis zu seinem Tode, d. h. durch 29 Jahre, fortgesetzter ärztlicher Behandlung. Mindestens zehn Ärzte sowie einen naturheilkundigen Geistlichen hat er während dieser Zeit konsultiert, oftmals mehrere gleichzeitig.

Alle Behandlungsversuche brachten bestenfalls eine jeweils vorübergehende Besserung, denn Beethoven war ein schwieriger Patient. Zu seinen schlimmsten Gewohnheiten gehörte die völlige Achtlosigkeit gegenüber medizinischen Vorschriften. Verordnete der Arzt von einer Medizin einen Teelöffel, so korrigierte er das Rezept und nahm einen oder sogar mehrere Eßlöffel; nach ein paar Stunden, als die Flasche leer war, bestellte er eine neue.

Auch die Diätvorschriften wurden nicht befolgt, woran allerdings der Patient, welcher stets auf Hausangestellte sowie das Essen aus Gaststätten angewiesen war, nicht allein Schuld trug. Manchmal scheint es in dieser Hinsicht schlimm gewesen zu sein, wie man aus einem Brief des Jahres 1823 entnehmen kann: *„. . . hierher kam ich mit einem verdorbenen Magen und einem schrecklichen Katarrh, den ersten von dem Erzschwein, der Haushälterin, den zweiten von einem Vieh als Kuchelmagd."*

Über Beethovens Alkoholkonsum und die Auswirkungen desselben auf seine Gesundheit sind wir ziemlich genau informiert. Zunächst das Urteil der Ärzte. Professor Andreas Wawruch[1]), Beethovens letzter Arzt, stellt in einer Denkschrift nach dem Tode des Meisters fest:

„Nie gewohnt, an einen ärztlichen Rat ernstlich zu denken, fing er an geistige Getränke zu lieben . . ."

„Daher kam Dr. Malfatti[2]), der von nun an mich mit seinem Rate unterstützte und als langjähriger Freund Beethovens vorherrschende Neigung für geistige Getränke zu würdigen verstand, auf den Einfall Punschgefrorenes anzuraten."

Charakteristisch für das Wissen und die Besorgnis der Ärzte sind auch die medizinischen Anweisungen von Dr. Staudenheim (1817) und Dr. Braunhofer (1825), alkoholische Getränke zu meiden. Dies erfolgte bestimmt nicht ohne Grund.

Beethoven trank gerne Wein und Bier, aber er war kein Alkoholiker im Sinne einer psychischen oder körperlichen Abhängigkeit mit Krankheitscharakter. Es besteht allerdings kein Zweifel über einen gewohnheitsmäßigen täglichen Genuß

---

[1]) Dr. Ignaz Andreas Wawruch (1771–1842), Vorstand der medizinischen Klinik für niedere Wundärzte in Wien, berühmt als Bandwurmspezialist. Er musizierte selbst und war ein großer Verehrer Beethovens.

[2]) Dr. Johann Malfatti (1775–1859), berühmter Arzt seiner Zeit. Er behandelte neben Beethoven auch Napoleons Sohn, den Herzog von Reichstadt. Dem Erzherzogspaar Franz Karl und Sophie empfahl er wegen Kinderlosigkeit eine Kur in Bad Ischl; der erste Sohn hieß Franz Joseph und war später 68 Jahre lang Kaiser von Österreich.

von Wein, eine Tischsitte der damaligen Zeit; er trank pro Mahlzeit jedoch selten mehr als die übliche eine Flasche Wein.

Diese Menge rückt Beethoven jedoch in eine Risikogruppe, denn die Aufnahme von 60–80 g Alkohol pro Tag (entspricht einer Bouteille bis einer 1-Liter-Flasche Wein mit einem Alkoholgehalt von 10 Vol.%) wirkt stark leberschädigend.

Die tatsächlich konsumierten Quantitäten sind nicht genau rekonstruierbar, bezeugt wird allerdings übereinstimmend, daß Beethoven ab 1824/25 zunehmend mehr dem Alkohol zusprach.

Ein eindrucksvolles Bild vom Essen und Trinken bei Beethoven zeichnet der Harfenfabrikant Johann Andreas Stumpff, der 1824, aus England kommend, zu Besuch war:
„. . . ich saß neben ihm, von ihm eingeladen, an seinem Tisch, um ein Mittagessen, das er, mich zu bewirten, hatte bereiten lassen, . . . Nun saß ich ganz allein mit Beethoven an seinem wohlbesetzten Tisch. Zwei hohe, altväterische Flaschen voll von rötlichem Wein standen ihm zu beiden Seiten, und eine kleinere Flasche auch glänzte zu seiner Linken, den Nachtisch zu verherrlichen!“
„Was Sie hier finden werden, sind einfache Speisen, nicht vergiftet vom Koch; so ist auch der Wein unverfälscht und natürlich. – Jetzt zugreifen und gegessen und getrunken, was Gott bescheret!“ . . . „Der Wein, der rein und gut war, erweckte die Lebensgeister bei meinem Wirt, der immer die beiden Gläser so recht behaglich füllte und leerte und seinem Gast immer das erste zuschob, . . . Nun langte Beethoven die kleine Flasche her. Sie war mit dem köstlichen Tokaierwein angefüllt, und er füllte die beiden Gläser bis an den Rand.“ . . . „Nun, mein guter deutscher Engländer, auf Ihre werte Gesundheit!“ „Wir leerten erst die Gläser, mir die Hand reichend“ – „Gut Glück auf die Reise . . .“ – „Nun bedeutete ich ihm, die Gläser noch einmal zu füllen, . . .“

Die Krankheitssymptome, über die Beethoven klagte und um deren Linderung er von Arzt zu Arzt ging, waren eine zunehmende Schwerhörigkeit sowie quälende chronische Verdauungsbeschwerden.

Gegenüber dem Gehörleiden war man völlig machtlos, die Darmkrankheit trat – trotz vorübergehender Besserung – immer wieder in Erscheinung. Verständlicherweise wechselte Beethoven seine Ärzte, stets in der Hoffnung auf Hilfe. Er war verunsichert und enttäuscht, da ihm nicht entscheidend geholfen werden konnte, fast immer hat er über seine Ärzte geschimpft. So war sein Verhältnis als Patient zu den Medizinern einmal von Mißtrauen und Ablehnung, dann aber sofort wieder von Hoffnungsfreude geprägt.

Die Leiden des großen Komponisten

Was wissen wir über den Ablauf des Gehörschwundes?

Nach einem schleichenden Beginn zwischen dem 26. und 28. Lebensjahr ist die Hörfähigkeit innerhalb von wenigen Jahren deutlich schlechter geworden. Besonders schlecht hörte er in Gesellschaften, da die Nebengeräusche sehr störten. Er fühlte ein ständiges *„Sausen und Brausen“* in den Ohren, war dazu überempfindlich gegen Lärm. Die Schwerhörigkeit nahm durch 20 Jahre langsam, aber ständig zu, ab dem 48. Lebensjahr war Beethoven praktisch taub. Seine Besucher und Bekannten mußten sich schriftlich mit ihm verständigen. Ab 1818 wurden dazu die sog. „Konversationshefte“ benutzt: dort wurden die Mitteilungen an ihn hineingeschrieben, Beethoven selbst benützte sie auch als Kalender und Notizbuch. Aus der Schwerhörigkeit und letztlich Taubheit entstand eine zunehmende Isolierung des Komponisten, er wurde einsam und verbittert.

Das Gehörzentrum im Gehirn war nicht betroffen, das innere Hören und die Klangvorstellungen blieben unversehrt – Beethoven hat einen großen Teil seiner Kompositionen zwar nicht gehört, aber empfunden. Er hörte keine Worte mehr, er „hörte“ nur noch Töne. Anläßlich der Uraufführung der 9. Symphonie (7. Mai 1824) brach ein frenetischer Jubel und Beifallssturm im Publikum aus. Beethoven aber, der dem Orchester zugewendet stand, hörte gar nichts und mußte erst von einer Sängerin umgedreht werden, damit er die Huldigung der Zuhörer wenigstens sehen konnte. Die Gehörskrankheit war mit Sicherheit nicht lebensbedrohlich, sie hat jedoch aus einem musikalischen Genie einen Behinderten gemacht.

Was wissen wir über den Verlauf der Verdauungskrankheit?

Hauptsymptome waren Kolikschmerzen, Durchfälle und Fieberschübe etwa ab dem 25. Lebensjahr. Immer wieder hat er über Unverträglichkeit der ihm vorgesetzten Speisen geklagt. Kuraufenthalte und Sommerfrischen brachten nur zeitweilige Besserung. Trotz langjährigem Durchfallsleiden trat keine Abmagerung und kein körperlicher Verfall ein. Beethoven wird als *„kräftig“*, *„fleischig“* und *„stämmig“* beschrieben; er blieb bis kurz vor seinem Tod sehr rüstig, wie seine ausgedehnten Fußmärsche beweisen. Die Krankheit hat ihm wohl Beschwerden verursacht, sie hat ihn jedoch jeweils nur vorübergehend geschwächt, es kam immer wieder zur Erholung. Auch die Verdauungskrankheit hatte demnach nie lebensgefährlichen Charakter.

Was war die zum Tode führende Krankheit?

Im Jahre 1821 klagte Beethoven in verschiedenen Briefen über Beschwerden und Krankheitsmerkmale, die sich folgendermaßen zusammenfassen lassen:

zunächst *„starker rheumatischer Anfall“*
dann *„schon lange sehr übel“*
schließlich *„Gelbsucht“*, welche etwa zwei Monate dauerte
danach *„Durchfall“*
und nach etwa 7–8 Monaten Erholung.

Hier lief eine Krankheit mit charakteristischen Symptomen ab, eine Virushepatitis[1]). Die Schilderung ist typisch und deckt sich genau mit den heutigen medizinischen Kenntnissen:
das Vorstadium sind häufig mehrere Tage bis einige Wochen andauernde heftige Gelenk- und Gliederschmerzen, die gelegentlich zur Fehldiagnose Rheumatismus führen;
später treten Erscheinungen von seiten des Verdauungstraktes auf, Übelkeit, Appetitlosigkeit, allgemeines Krankheitsgefühl;
dann entwickelt sich die Gelbsucht, während die Schmerzen zurückgehen;
bei unkompliziertem Ablauf dauert dieses Stadium nicht länger als 2–3 Wochen;
als Begleiterkrankung kann eine Entzündung der Bauchspeicheldrüse (Pankreatitis) mit Verdauungsstörungen und Durchfällen auftreten.

Vergleicht man diese lehrbuchmäßigen Symptome mit den Angaben und Klagen Beethovens, so ist die Übereinstimmung verblüffend. Unter Berücksichtigung der wissenschaftlichen Vorbehalte gegenüber einer ärztlichen Ferndiagnose in die Vergangenheit und ohne Untersuchung des Patienten hat doch die Annahme sehr hohen Wahrscheinlichkeitswert, daß Beethoven im Sommer 1821 eine Virushepatitis durchgemacht hat. Der Ablauf war verzögert, denn die Gelbsucht bestand etwa zwei Monate und die Gesamtkrankheitsdauer 7–8 Monate; dies entspricht einer protrahierten bzw. subchronischen Verlaufsform, und wir wissen, daß ein solcher Ablauf praktisch immer zu schweren und dauernden Leberschäden führt.

In Kenntnis der Krankheits- und Lebensumstände kann als sicher angesehen werden: die Kombination von Hepatitis und Alkoholkonsum führte zur Zirrhose:

Das chronische, seit der Jugend bestehende Verdauungsleiden und eine sicherlich nicht leberschonende Kost sind entscheidende Zusatzfaktoren im Ablauf der Leberschädigung.

Die moderne Medizin kennt für solche Fälle auch den zeitlichen Rahmen – die Zirrhose-Entwicklungsdauer beträgt mehrere Monate bis wenige Jahre. Auch dies fügt sich gut in den weiteren Ablauf von Beethovens Krankheitserscheinungen ein, denn vier Jahre später wird als erste Komplikation und typisches Symptom einer bereits bestehenden Leberzirrhose über *„Blutausspeien“*, d. h. Erbrechen von Blut, berichtet.

Es ist in diesem Zusammenhang belanglos und nicht mehr zu klären, ob die Hepatitis bereits eine durch Alkohol vorgeschädigte Leber getroffen hat oder der Alkoholkonsum den Ablauf der Hepatitis hinauszögerte und so den Weg zur Zirrhose bahnte.

---

[1]) Hepatitis ist eine infektiöse Leberentzündung, hervorgerufen durch mehrere Arten von Viren. Die Krankheit ist auch heute noch häufig, Infektionsquellen sind Wasser, Nahrungsmittel, Blut und Speichel sowie auch intimer sexueller Kontakt.

Die letzte Krankheit

Ende September 1826 fuhr Beethoven zu seinem Bruder Johann, der in Gneixendorf bei Krems an der Donau das Gut Wasserhof besaß. Er soll damals schon sehr schwach gewesen sein, dennoch komponierte er und wanderte, wenn er in schöpferischer Stimmung war, ohne Hut und Mantel durch Regen und Wind.

In Aufzeichnungen Johann van Beethovens steht:
„Bei schlecht zubereiteten Speisen aß er nichts als Mittags einige weiche Eyer, trank aber dann mehr Wein, so daß er öfters an Durchfällen litt; dabei wurde sein Bauch die letzte Zeit immer größer, dagegen er auch längere Zeit Binden trug."

Ohne Zweifel wurde hier die Bauchwassersucht deutlich. Ende November reiste Beethoven bei naßkaltem Wetter auf einem offenen Wagen heim, mußte in einem ungeheizten Dorfgasthof übernachten und kam mit einer Lungenentzündung am 2. Dezember in Wien an. Das erste war, daß ein Arzt gesucht wurde. Beethoven selbst schrieb an seinen alten Arzt Dr. Braunhofer, der aber nicht kam, da ihm der Weg zu weit war (er wollte wohl nicht kommen!). Dann wurde zu Dr. Staudenheim geschickt, der auch zu kommen versprach, aber nicht kam. Erst dann wandte man sich an den Professor Dr. Wawruch, der am 5. Dezember den bettlägerig Kranken aufsuchte.

Der Arzt kannte Beethovens Leidensgeschichte nicht, verschaffte sich jedoch durch eine Reihe gezielter Fragen rasch einen Überblick. Er ließ seine Fragen durch den Neffen Karl im Konversationsheft aufschreiben und dem Kranken vorlegen:
„Ob du an Hämorrhoiden leidest?
Wann war die letzte Öffnung? (Anm.: Stuhlgang)
Du sollst lange Atem holen.
Seit wann ist der Bauch so gespannt?
Häufig Urin? und ohne Beschwerden?
Die Füße waren nicht geschwollen?
Ist nie Blut beim Mastdarm gesehen worden?
Hast du vor diesem Anfall nicht einen Fieberfrost gefühlt?"

Erst nach diesen Fragen griff Wawruch selbst zum Bleistift:
„Ein großer Verehrer Ihres Namens wird alles Mögliche anwenden, bald Erleichterung zu schaffen. Prof. Wawruch."

Wawruch kam vom 5. bis zum 14. Dezember täglich, am 6. sogar zweimal zu seinem Patienten und tat alles, was man nach dem damaligen Stand der medizinischen Wissenschaft und angesichts des Endstadiums der Krankheit tun konnte. Die Lungenentzündung klang ab, dagegen verschlimmerte sich das Hauptleiden, die Lebererkrankung. Die Behandlung war daher im gesamten ohne Erfolg – das jedenfalls war die Überzeugung der Freunde, die ungeduldig und vergebens auf eine Genesung warteten. Ebenso auch der Patient, dem die regelmäßigen Besuche

Wawruchs bald so zuwider wurden, daß er sich bei dessen Kommen mit dem Seufzer *„Ach, der Esel!“* unwillig zur Wand drehte.

Wawruch war ein sorgfältiger Arzt, dem es gelang, die akute Gefahr der Lungenentzündung zu bannen. Es trat jedoch eine Verschlechterung der Lebererkrankung ein, mit Gelbsucht, Brechdurchfall, rasch zunehmender Flüssigkeitsansammlung im Bauchraum sowie Einschränkung der Harnausscheidung. Eine Punktion der Bauchhöhle wurde notwendig und am 20. Dezember 1826 von dem chirurgisch speziell ausgebildeten Dr. Johann Seibert vorgenommen. *„Fünf und eine halbe Maß“*, d. h. 7,7 Liter Flüssigkeit wurden abgelassen. Im Laufe der nächsten Wochen waren noch drei weitere Punktionen erforderlich. Trotz seines Leidens verlor Beethoven seinen grimmigen Humor nicht: *„Besser Wasser aus dem Bauch, als Wasser aus der Feder“* soll er gesagt haben; einer seiner Besucher hatte den Einfall *„vorzuschlagen, daß man das abgelassene Wasser allen übrigen Compositeurs eingeben sollte in gehöriger Dosis, damit sie gute Gedanken bekämen“*.

Am 11. Januar 1827 fand ein Ärztekonsilium statt, wobei von Dr. Malfatti – der früher schon Beethoven behandelt hatte – Punscheis verordnet wurde.

Malfatti erkannte genau die Hoffnungslosigkeit der Erkrankung und wollte dem Leidenden die letzte Zeit nach Möglichkeit erleichtern; er wußte, daß Beethoven alkoholische Getränke stets als besonders kräftigend schätzte, und erhoffte sich durch diese Verordnung eine Hebung des subjektiven Befindens. Er hatte richtig gehandelt, obwohl man sein Vorgehen auch als „Sterbehilfe“ bezeichnen könnte. Aber es liegt ja die Kunst eines guten Arztes darin, das Leben angenehm und das Sterben erträglich zu machen.

Auf einem Mitteilungszettel schrieb Beethoven zwei Monate vor seinem Tod an seinen Sekretär Schindler:
„Wunder, Wunder, Wunder! Die hochgelahrten Herren sind beide geschlagen. Nur durch Malfatti's Wissenschaft werde ich gerettet. Es ist nöthig, daß Sie einen Augenblick doch diesen Vormittag zu mir kommen.

Der Ihrige Beethoven“

Die beiden angesprochenen Herren waren die Ärzte Wawruch und Seibert.

Allerdings nahm auch hier Beethoven zu viel von der alkoholischen „Medizin“ zu sich; Blutandrang zum Kopf, Benommenheit, Koliken und Durchfall waren die Folgen, und das Punscheis mußte wieder abgesetzt werden.

Über die desolaten Verhältnisse, in denen Beethoven seine letzte Lebenszeit verbringen mußte, haben wir Kenntnis aus einer Gesprächsnotiz des 14jährigen Gerhard von Breuning[1]) im Konversationsheft:
„Ich hörte heute, daß dich die Wanzen so sehr quälen und beunruhigen, daß du

[1]) Gerhard von Breuning (1813–1892), Sohn eines Jugendfreundes von Beethoven, verbrachte als Nachbarkind die letzten Monate mit Beethoven. Er wurde Arzt, schrieb später Erinnerungen und war auch bei der ersten Exhumierung der Gebeine Beethovens anwesend.

alle Augenblicke aus dem Schlafe geweckt wirst; da doch der Schlaf jetzt für dich gut ist, werde ich daher dir etwas, um die Wanzen zu vertreiben, bringen . . . Da muß ich dir aber einwenden, daß die Schinkennudeln nicht gut hätten werden können, indem, wenn so wenig Schinken gekauft wird, man nur ein schlechtes Stück bekommt, weil die Leute dann nicht darauf soviel aufmerken . . ."

Drei Tage vor seinem Tode fügte Beethoven seinem Testament einen Nachsatz hinzu. Er hat mühsam den ihm vorgelegten Text mit zittriger Hand abgeschrieben, an mehreren Stellen Buchstaben wiederholt und ausgelassen.

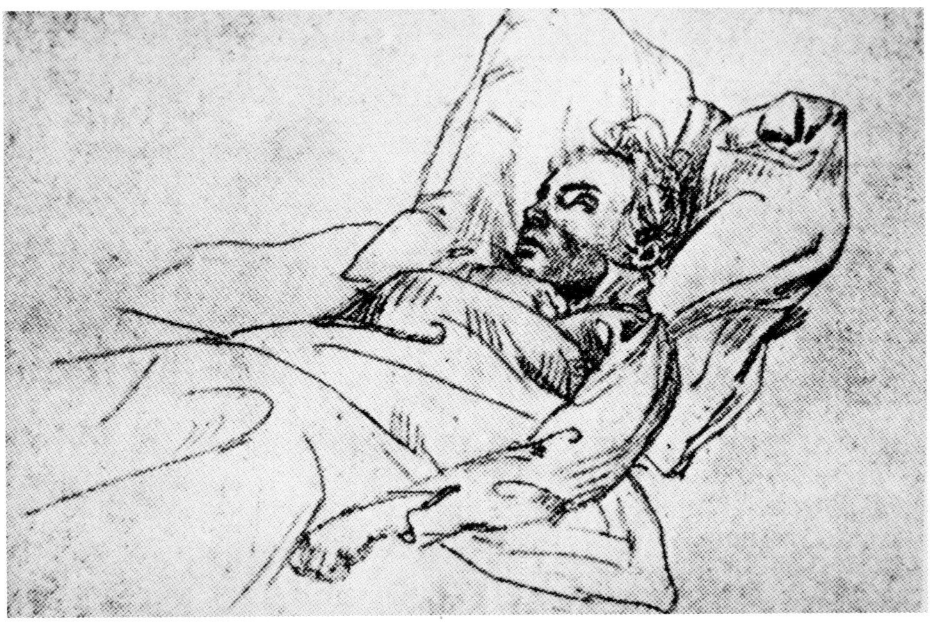

Der sterbende Beethoven (Bleistiftskizze von Joseph Teltscher).

„Mein Neffffe Karle Soll alleini Erbe sejn, daß Kapital meines Nachlalaßes soll jedoch Seinen natürlichen oder testamentarischschen Erben zufallen.
Wien am 23. März 1827 *Ludwig van Beethen*"

Nach Augenzeugenberichten gab er die Feder mit den Worten zurück: *„Da, nun schreibe ich nichts mehr.*"

Am 26. März 1827, es war ein Montag, starb Ludwig van Beethoven etwa um dreiviertel sechs abends an Leberversagen. Sein Tod kam erwartet – am selben Tag hatten seine Freunde schon eine Grabstätte ausgesucht.

Der Befund der Leichenöffnung

Der Leichnam wurde, der damaligen Sitte entsprechend, auf über Stühle gelegte Bretter gebettet und mit einer Decke verhüllt. Einen Tag nach dem Tod fand in der Wohnung im Schwarzspanierhaus die Obduktion statt.

Das Sektionsprotokoll ist im Wortlaut erhalten und befindet sich im Besitz des Pathologisch-anatomischen Bundesmuseums in Wien. Der lateinische Originaltext galt als verschollen und wurde erst vor kurzer Zeit bei Sichtung alter Akten, die eigentlich für die Vernichtung vorgesehen waren, aufgefunden.

Dem Wortlaut des Obduktionsprotokolles wird im folgenden abschnittsweise eine deutsche Übersetzung angeschlossen sowie eine kurze medizinische Erklärung beigefügt.

„Corpus mortui imprimis in extremitatibus valde tabefactum ac petechiis nigris conspersum, abdomen nimis hydropice tumefactum contentumque."

„Der Leichnam war, insbesondere an den Gliedmaßen, sehr abgezehrt und mit schwarzen Petechien[1]) übersät, der Unterleib ungemein wassersüchtig aufgetrieben und gespannt."

Prägnant wird das typische äußere Erscheinungsbild im Endstadium einer Leberzirrhose beschrieben: Bauchwassersucht, abgemagerte Extremitäten, Blutgerinnungsstörungen in Form von Hautblutungen. Eine Gelbverfärbung ist nicht erwähnt!

„Cartilago auris magna et irregulariter formata conspecta est, fossa scaphoidea praeprimis vero concha eiusdem amplissima atque dimidio altior solito erat; anguli diversi et sulci admodum elevati erant. Meatus acusticus externus imprimis ad membranam tympani occultam squamis cutis nitentibus obsessus apparuit. Tuba Eustachii valde incrassata eius membrana mucosa eversa ac ad partem osseam paululum angustata erat. Cellulae conspicuae processus mastoidei magni, qui incissura non insignitus, membrana mucosa sanguinolenta obvelatae erant. Ubertatem sanguinis similem substantia cuncta ramis vasorum conspicuis pertexta ossis petrosi, imprimis regione cochleae, eius membrana spiralis paulum rubefacta conspecta, aeque demonstravit."

„Der Ohrknorpel zeigte sich groß und unregelmäßig geformt, die kahnförmige Vertiefung, besonders aber die Muschel derselben war sehr geräumig und um die Hälfte tiefer als gewöhnlich; die verschiedenen Ecken und Windungen waren bedeutend erhaben. Der äußere Gehörgang erschien, besonders gegen das verdeckte Trommelfell, mit glänzenden Hautschuppen belegt. Die Eustachische Ohrtrompete war sehr verdickt, ihre Schleimhaut ausgewulstet und gegen den knöchernen Teil etwas verengert. Die ansehnlichen Zellen des großen und mit keinem Einschnitte bezeichneten Warzenfortsatzes waren von einer blutreichen Schleimhaut ausgekleidet. Einen ähnlichen Blutreichtum zeigte auch die sämtli-

[1]) Hautblutungen.

che, von ansehnlichen Gefäßzweigen durchzogene Substanz des Felsenbeines, insbesondere in der Gegend der Schnecke, deren häutiges Spiral leicht gerötet erschien."

Der Obduzent suchte bereits in der ungewöhnlichen Form der Ohrmuschel nach Hinweisen für die Hörstörung; Gehörgang und sogar Tuba Eustachii[1]) wurden inspiziert. Diese Vorgangsweise wich sicherlich von der Routinetechnik ab und war durch die Fragestellung nach einer Erklärung der Taubheit bestimmt.

„Nervi faciei valde incrassati erant. Nervi acustici e contrario corrugati et sine medulla erant. Arteriae auditivae iuxta eos decurrentes ultra lumen calami corvini dilatatae et cartilaginosae erant. Nervus acusticus sinister multo tennior cum tribus lineis albidis tennuissimis, dexter cum crassiori candida linea e substantia multo consistentiori et sanguine abundantiori in hoc ambitu ventriculi quarti orti sunt."

„Die Antlitznerven waren von bedeutender Dicke; die Hörnerven dagegen zusammengeschrumpft und marklos; die längs denselben verlaufenden Gehörschlagadern waren über eine Rabenfederspule ausgedehnt und knorplicht. Der linke, viel dünnere Hörnerv entsprang mit drei sehr dünnen, graulichen, der rechte mit einem stärkeren, hellweißen Streifen aus der in diesem Umfange viel konsistenteren und blutreicheren Substanz der vierten Gehirnkammer."

Eine Atrophie (Gewebsschwund) der achten Hirnnerven ist eindeutig beschrieben. Unerwartet und ungewöhnlich ist die Bemerkung über die Gehörschlagadern: es können damit nur die Arteriae auditivae internae gemeint sein, welche in den inneren Gehörgang verlaufen. Diese Gefäße sind normalerweise nie dicker als 1 Millimeter. Eine Rabenfederspule (Federkiel) hat dagegen etwa 4–5 Millimeter im Durchmesser! Sind die Arterien auf eine solche Dicke aufgetrieben, liegt zweifellos eine krankhafte Veränderung vor.

„Sulci ceterum multo mollioris et aquatici cerebri, altero tanto profundi ac (ampliores) numerosiores quam solito visi sunt."

„Die Windungen des sonst viel weicheren und wasserhältigen Gehirns erschienen nochmals so tief und (geräumiger) zahlreicher als gewöhnlich."

Dies entspricht einer diffusen Hirnatrophie, wie sie z. B. häufig im Gefolge eines chronischen Alkoholabusus angetroffen wird.

„Calvaria ex integro validam densitatem et crassitudinem fere dimidium pollicem metientem obtulit."

„Das Schädelgewölbe zeigte durchgehend große Dichtheit und gegen einen halben Zoll betragende Dicke."

Hier ist eine Verdickung und Verhärtung des Knochens beschrieben. Ein halbes Wiener Zoll entspricht 13 Millimeter, normalerweise beträgt die Dicke des Schädeldaches etwa 5–6 Millimeter.

---

[1]) Gang zwischen Nasenrachenraum und dem Mittelohr.

„Cavum thoracis itemque eius viscera indolem normalem demonstravit."

„Die Brusthöhle zeigte, so wie ihre Eingeweide, die normgemäße Beschaffenheit."

„Cavum abdominis quatuor mensuris albide-feruginosi liquoris repletum erat."

„In der Bauchhöhle waren vier Maß graulich-brauner trüber Flüssigkeit verbreitet."

Es handelt sich um Aszites – also Bauchwassersucht – im Gefolge der Leberzirrhose. Ein Maß betrug im alten Österreich 1,415 Liter; es war also eine Menge von 5–6 Litern vorhanden.

„Hepar in dimidium suis voluminis reductum corio simile, densum colore subviridi-caeruleo conspicatum et in sua substantia nodis volumini fabae aequantibus pertextem; eius vasa omnia angustissima, incrassata atque sine sanguine erant. Vesica fellea fuscum liquorem hic inde multum sedimentum glarcae simile continuit."

„Die Leber erschien auf die Hälfte ihres Volumens zusammengeschrumpft, lederartig fest, grünlichblau gefärbt und an ihrer höckerigen Oberfläche sowie an ihrer Substanz mit bohnengroßen Knoten durchwebt; deren sämtliche Gefäße waren sehr eng, verdickt und blutleer. Die Gallenblase enthielt eine dunkelbraune Flüssigkeit nebst häufigem, griesähnlichem Bodensatz."

Es wird eine Leberzirrhose im atrophischen Stadium beschrieben.

„Lien amplius altero tanto major normali, solidus, colore nigricante in conspectum venit. Eodem modo pancreas majus et densum visum est, eius ductus excretorius lumini calami anseris pervius erat. Ventriculus una cum intestinis aere valde inflatus erat."

„Die Milz traf man mehr als nochmal so groß, schwarz gefärbt, derb; auf gleiche Weise erschien auch die Bauchspeicheldrüse größer und fester; deren Ausführungsgang war von einer Gansfederspule weit. Der Magen war samt den Gedärmen sehr stark von Luft aufgetrieben."

Dies entspricht der üblichen Milzvergrößerung bei Leberzirrhose sowie einer chronisch sklerosierenden Bauchspeicheldrüsenerkrankung. Im Magen-Darmtrakt sind sonst keine Besonderheiten beschrieben.

„Ambo renes in sua substantia pallide-rubri et relaxati textu cellulari unum pollicem metiente, qui turbido fusco liquore repletus obvelati erant. Unusquisque calix concremento calcareo, piso in medio secato aequante, obsessus erat."

„Beide Nieren waren in eine zolldicke, von trüber brauner Flüssigkeit vollgesikkerte Zellschicht eingehüllt, ihr Gewebe blaßrot und aufgelockert; jeder einzelne Nierenkelch war mit einem warzenförmigen, einer mitten durchgeschnittenen Erbse gleichen Kalkkonkrement besetzt."

Eine typische wässerige Degeneration der Nieren wird beschrieben. Die Deutung der Nierenbeckensteine ist schwierig: damals gab es keine entsprechende Chemie und auch keine Kenntnis über das unterschiedliche Aussehen der „Steine“. Die beschriebenen Konkremente könnten Kalziumkarbonat- oder Kalziumphosphatsteine gewesen sein.

Das Obduktionsprotokoll endet mit dem Vermerk: *„Sectio privata die 27. Martii MCCMXXVII“* sowie der Unterschrift des Obduzenten: *„Doktor Joh. Wagner, Assistent beym pathologichen Musäum.“*

Eine abschließende Diagnose liegt nicht vor. Dies ist von entscheidender Bedeutung, da eine solche – hypothetisch geforderte – Schlußdiagnose immer wieder angesprochen wurde, es könnte sich dort ein Hinweis auf eine Syphilis-Erkrankung Beethovens finden. Darüber existiert in den originalen Quellen nichts.

In den Erinnerungen Gerhard v. Breunings findet sich ein ergänzender Hinweis: *„Zur genaueren Untersuchung der seit so lange schon verödeten Gehörorgane des Titanen im Reiche der Töne wurden beiderseits die Felsenteile der Schläfenknochen ausgesägt und mitgenommen. Wie Hofrat Hyrtl[1]) mir kürzlich erzählte, hatte er diese Gehörorgane damals, als er selbst noch Student war, in einem zugebundenen Glas geraume Zeit hindurch bei dem langjährigen Sektionsdiener Anton Dotter stehen gesehen; später seien sie verschollen.“*

Das weitere Schicksal der herausgesägten Gehörknochen Beethovens konnte nicht aufgeklärt werden. Die mündliche Tradition in Wien überliefert, der Sektionsdiener hätte die Knochenstücke an einen ausländischen Arzt verkauft. Für den Kenner der Verhältnisse ist dies durchaus glaubhaft, ja wahrscheinlich. Wohin die Schläfenbeine Beethovens tatsächlich gelangt sind, ist unbekannt.

Wenige Tage nach dem Begräbnis Beethovens wollte sich auch jemand durch Bestechung des Totengräbers den Kopf verschaffen. Die Sache wurde jedoch ruchbar und rechtzeitig vereitelt.

Auffindung und Untersuchung von Knochenstücken aus dem Schädel Beethovens

Im Zuge der Recherchen über die Krankheiten Beethovens hatten der Pathologe Hans Bankl und der Internist und Knochenspezialist Hans Jesserer im Jahre 1985 Gelegenheit, drei Knochenfragmente zu begutachten, die vom Schädel Ludwig van Beethovens stammten und von einem Nachkommen des Wiener Medizinhistorikers Franz Romeo Seligmann aufbewahrt wurden, welcher 1863 bei der ersten Exhumierung der Gebeine Beethovens als Untersucher tätig war. Es handelte sich um Teile aus dem linken Scheitelbein und der Hinterhauptsschuppe.

Die Knochenstücke befanden sich in einer birnenförmigen Büchse aus verzinktem Eisenblech, auf deren Deckel die Aufschrift *Beethoven* zu erkennen war und

[1]) Professor Dr. Joseph Hyrtl (1810–1894), Anatom in Prag und später in Wien.

Professor Dr. Franz Romeo Seligmann (1808–1892) hat anläßlich der 1. Exhumierung Beethovens im Jahre 1863 Skeletteile untersucht. Die kürzlich aufgetauchten Schädelknochen Beethovens stammen aus seinem Nachlaß.

deren Boden eine aufgeklebte Etikette mit einer infolge Vergilbung nur mehr schwer lesbaren Beschriftung trug, aus der sich aber immerhin entnehmen ließ, daß sie sich ebenfalls auf Beethoven bezog.

Mit speziellen photographischen Methoden gelang es, den Text zu entziffern. Er lautete:

Schädelfragmente v. Beethoven
letzte Übertragung 1864
u. ein darauf bezüglicher Brief von
H. Welcker, Prof. u. Direktor des Anatom. Instituts
in Halle a. d. Saale

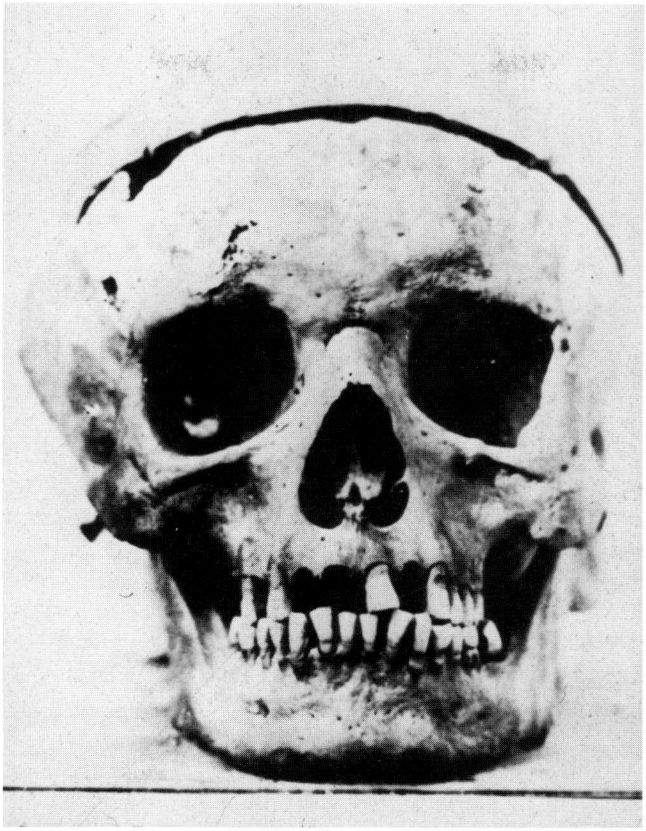

Der Skelettschädel Beethovens wurde bei der Exhumierung 1863 photographiert.

Der genannte Brief ließ sich nicht auffinden.

Für die Identifizierung der Knochenstücke als tatsächlich vom Schädel Beethovens stammend, konnten folgende Beweisargumente zusammengestellt werden.

Die Gebeine Ludwig van Beethovens wurden zweimal umgebettet: 1863 aus dem ursprünglichen Holzsarg in einen Metallsarg auf dem Währinger Friedhof, sowie 1888 gelegentlich der Überführung von diesem in ein Ehrengrab auf den neu gegründeten Zentralfriedhof in Wien. Von beiden Umbettungen existieren ausführliche Protokolle und in beiden wird von fehlenden Schädelteilen berichtet. So heißt es in dem Protokoll vom 13. Oktober 1863:
„Es fehlte mitten heraus ein Stück aus der Scheitelgegend; aus den beiden Schläfenbeinen waren durch senkrechtes Aussägen die beiden Felsentheile entfernt; . . .“
Damit war gesichert, daß der im Grab befindliche Schädel auch tatsächlich der von Beethoven war, da er die Obduktionsmerkmale trug. In den folgenden Tagen

waren die über einem Tonkern zusammengefügten Schädelknochen in der Obhut von Dr. von Breuning, es wurden Messungen, Zeichnungen, photographische Aufnahmen sowie eine Gipsabformung durchgeführt. Hier stößt man im Protokoll zum ersten Mal auf Professor Dr. Romeo Seligmann.

„*Sehr eingehende und vielfältige Messungen . . . und theilweise Abzeichnungen einzelner besonders interessanter Partien . . .*" hat ferner „*Professor Dr. Romeo Seligmann . . . vorgenommen.*"

Auch wurde die Anfertigung von Zinkkästchen durch die Bestattungsfirma Beschorner protokolliert. Die Graberde wurde mehrfach durchsucht und dabei eine Anzahl von weiteren Knochenfragmenten gefunden.

In dem Bericht über die am 21. Juni 1888 vorgenommene zweite Exhumierung gelegentlich der Übertragung der Gebeine Ludwig van Beethovens auf den Zentralfriedhof der Stadt Wien ist vermerkt:
„*Vom Schädel haben wir folgende Theile vorgefunden und untersucht:*
– – –
3. *Das Hinterhauptsbein mit beiderseits anhaftenden Resten des Warzentheiles des Schläfenbeines und der Scheitelbeine. Es fehlt davon der Grundtheil und die Spitze der Schuppe.*
4. *Den vorderen Theil des Schädeldaches, bestehend aus dem oberen, angesägten Theil der Stirnbeinschuppe und der vorderen Hälfte beider Scheitelbeine.*"

Daraus ließ sich für unsere Fragestellung nach der Echtheit der Knochenstücke entnehmen, daß
1. offenbar seit der ersten Umbettung Teile der Scheitelbeine und des Hinterhauptbeines fehlten bzw. als nicht vorhanden registriert wurden, sowie
2. Behälter aus einem Material, wie es die, unsere Knochenfragmente enthaltende Büchse aufweist, zur Aufnahme von im Grab gefundenen Überresten vorrätig gehalten wurden.

Im Zuge unserer Nachforschungen stießen wir auf einen weiteren bemerkenswerten Hinweis. Im Beethoven-Archiv in Bonn befindet sich aus dem Nachlaß Theodor Frimmels (eines bedeutenden Beethoven-Forschers) eine Publikation aus dem Jahre 1885, in der auf die bevorstehende zweite Umbettung eingegangen wird und an die Frimmel eine handschriftliche Notiz mit folgendem Text angefügt hat:

Beethovenschädel Hintere Scheitelgegend
schon nahe der Hinterhauptsschuppe fehlt
fehlt links Scheitelbein
hinten unten fehlen beide Warzenfortsätze

Es schreibt auch der Anthropologe Schaafhausen, der Gelegenheit hatte, einen Originalabguß des Beethoven-Schädels zu untersuchen, in einer darauf bezüglichen Erörterung: „*An dem Schädelabguß fehlt vom Scheitelbein ein Stück hinter dem linken Scheitelbeinhöcker und ein Stück über der Hinterhauptschuppe.*" Eine

Zeitungsillustration über die 2. Exhumierung Beethovens 1888.

solche dezidierte Aussage ist wohl nur so zu erklären, daß dieses Fehlen aus der Beschaffenheit der Oberfläche des Abgusses an der entsprechenden Stelle erkennbar gewesen sein muß.

Für die Herkunft der Knochenstücke vom Schädel Beethovens sprachen somit mehrere übereinstimmende Indizien: ihre Überlieferung aus der Nachkommenschaft Franz Romeo Seligmanns, der an den 1863 vorgenommenen Untersuchungen beteiligt war; die Registrierung des Fehlens von entsprechenden Knochenteilen in verschiedenen Zeugnissen; ihre Einfügbarkeit in die darin genannten Schädelpartien; letzthin aber auch ihr Behälter mit der Aufschrift „Beethoven", die sich zwanglos damit erklärt, daß auch für Residuen des am selben Tag exhumierten Franz Schubert gleiche „Kästchen" vorrätig gehalten wurden.

Im übrigen waren die in dem Bericht von 1863 geschilderten Umstände der Ausgrabung des in zahlreiche Stücke zerbrochenen Schädels Beethovens so, daß es durchaus möglich erscheint, daß dabei Teile desselben beiseite geschafft wurden. Daß ein Interesse daran bestand, ist mehrfach bekundet: Reste der Bekleidung und des Sargholzes wurden von bei der Exhumierung anwesenden Personen als Andenken mitgenommen; dies ist in den Berichten von 1863 und 1888 ausdrücklich vermerkt.

In Anbetracht dieser Indizien war die tatsächliche Herkunft der Knochenstücke vom Schädel Beethovens mit größter Wahrscheinlichkeit erwiesen. Die Untersuchung der Schädelknochen brachte weitere Informationen zur Erklärung der Schwerhörigkeit Beethovens.

Die Beurteilung von Beethovens Krankheiten

Kenntnis und Deutung von Beethovens Krankheiten stützten sich bisher auf schon seit langer Zeit bekannte Überlieferungen. Dies brachte mit sich, daß die medizinische Beethoven-Forschung seit vielen Jahren keine Fortschritte zeigte – ausgenommen einiger spekulativer Hypothesen ohne fundierte Beweisführung. Da es in jüngster Zeit gelungen ist, mit der Auffindung des Originalobduktionsbefundes sowie einiger Knochenteile vom Schädel entscheidende neue Quellen zu erschließen, ist es nun möglich, Beethovens Krankheiten aus heutiger medizinischer Sicht ziemlich exakt zu definieren.

Was ist gesichert in der Deutung von Beethovens Krankheiten?

Ludwig van Beethoven starb im 57. Lebensjahr an Leberzirrhose. Man muß dazu bedenken, daß die durchschnittliche Lebenserwartung damals, im ersten Viertel des 19. Jahrhunderts, nicht viel höher als 45 Jahre lag. Die Ursache der Leberschrumpfung war, wie bei den meisten Patienten, eine Kombination mehrerer Schädigungen.

Eine durch über 30 Jahre chronisch verlaufende Verdauungskrankheit, schlechte Ernährung, zunehmender Alkoholkonsum sowie eine infektiöse Leberentzündung führten schließlich zum Zusammenbruch der Leberfunktion.

Die Leberzirrhose, wie auch deren im Alkoholgenuß gelegene Hauptursache, wurde von den behandelnden Ärzten richtig erkannt, eine Heilung war damals wie heute nicht möglich.

Für die langjährigen Verdauungsbeschwerden findet sich im Sektionsbefund keine Erklärung, d. h. der Obduzent hat an Magen und Gedärmen nichts Auffälliges gesehen. Dies wäre unmöglich, hätte es sich um ein Leiden mit grob augenscheinlichen Veränderungen am Verdauungstrakt gehandelt. Es kommt also nur eine funktionelle Verdauungsstörung in Frage und dafür gibt es charakteristische Hinweise:

- Hauptsymptome sind Schmerzen sowie der Wechsel von Durchfällen und Verstopfungen,
- die Beschwerden sind so stark, daß ein Arzt aufgesucht wird,

- sehr häufig ist die Angabe über Unverträglichkeit von Nahrungsmitteln,
- die Leidensdauer währt viele Jahre,
- es besteht eine auffällige Diskrepanz zwischen der Intensität, mit der die Beschwerden geschildert werden und dem objektiven Allgemeinzustand, d. h. dem Aussehen der Patienten,
- die betroffenen Menschen befinden sich in einem psychischen Spannungszustand.

Alle diese Kennzeichen treffen für Beethovens Verdauungskrankheit zu, welche demnach mit sehr hoher Wahrscheinlichkeit ein sog. funktioneller Reizdarm (Colon irritabile) war. Die Beschwerden sind Ausdruck einer psychosomatischen Reaktion. Bei Beethoven kamen allerdings erschwerend eine Reihe weiterer irritierender Faktoren hinzu, die die gestörte Darmtätigkeit noch zusätzlich verschlechterten: Alkohol, Kaffee, Gewürze und immer wieder schlecht zubereitete oder verdorbene Nahrungsmittel. Der Geiger Josef Böhm schilderte ein „Essen" bei Beethoven so:
„Während dieser Zeit lud mich Beethoven einmal zum Essen ein. Seine Menage war ebenso en deroute als sein Kopfhaar. Seine Taubheit, sein Mißtrauen machten ihn eben zu keinem angenehmen Dienstherren; und er war daher von seiner alten Haushälterin schlecht gepflegt und besorgt.
Man aß bei ihm sehr schlecht, ja vieles war ganz ungenießbar; die Suppe wie Wasser, das Fleisch zäh, das Fett ranzig. Man mußte natürlich von alledem nichts merken lassen, um den ohnehin sehr reizbaren Hausherrn nicht aufzuregen.
Als ich damals bei ihm dinierte, wurden Eier serviert, von denen das erste, das ich nahm, gleich so übel roch, daß ich es möglichst unaufsichtlich auf die Seite des Tellers schob. Beethoven bemerkte das, schielte auf meinen Teller und schwieg. Als er sein Ei aufgemacht und ihm ein nicht minder übelriechendes zuteil ward, ging er einfach zum Fenster und warf es auf die Gasse hinaus. Ein zweites, ebensowenig frisches hatte dasselbe Schicksal. Mir wurde angst und bange, ob nicht jemand auf der Gasse damit getroffen wurde und der Meister polizeiliche Anstände hätte."

Nach allem, was wir über Beethovens Gehörleiden wissen, entsprach es dem Typ einer Innenohrschwerhörigkeit. Es war keine Krankheit am Trommelfell oder Mittelohr, die Schädigung betraf das eigentliche Sinnesorgan im Innenohr. Er selbst schilderte charakteristisch seine Krankheit:
„. . . nur meine Ohren, die sausen und brausen Tag und Nacht fort. Ich kann sagen, ich bringe mein Leben elend zu, seit zwei Jahren fast meide ich alle Gesellschaften, weil's mir nicht möglich ist den Leuten zu sagen: Ich bin taub. Hätte ich irgendein anderes Fach, so ging's noch eher, aber in meinem Fache ist das ein schrecklicher Zustand; dabei meine Feinde, deren Zahl nicht gering ist, was würden diese hierzu sagen! – Um Dir einen Begriffe von dieser wunderbaren Taubheit zu geben, so sage ich Dir, daß ich mich im Theater ganz dicht am Orchester anlehnen muß, um den Schauspieler zu verstehen. Die hohen Töne von Instrumenten, Singstimmen, wenn ich etwas weit weg bin, höre ich nicht; im

Sprechen ist es zu verwundern, daß es Leute gibt, die es niemals merkten; da ich meistens Zerstreuungen hatte, so hält man es dafür. Manchmal auch hör' ich den Redenden, der leise spricht, kaum, ja die Töne wohl, aber die Worte nicht; und doch sobald jemand schreit, ist es mir unausstehlich. Was es nun werden wird, das weiß der liebe Himmel."

Vergleicht man die bei Beethoven bekannten Symptome mit den Erkenntnissen der modernen Ohrenheilkunde, so besteht eine völlige Übereinstimmung mit einem erst in jüngerer Zeit bekannter gewordenen Krankheitsbild, dem Innenohrtyp der Otosklerose. Die Ursache ist unbekannt, eine Heilung nicht möglich.

Was ist an den bisherigen Deutungsversuchen falsch?

Es wurde verschiedentlich die Vermutung geäußert, daß Ludwig van Beethoven an einer Knochenkrankheit, dem sog. Morbus Paget gelitten hat. Die Form seines Schädels wurde als Hinweis dafür angeführt, der Gehörverlust als Folge eines Befalles der Schädelknochen angesehen.

Durch die Pagetsche Krankheit wird der geordnete und normale Bau des Knochens in ein regelloses Durcheinander verwandelt, etwa so, wie wenn eilige Pfuscher das architektonische Gliederwerk einer gotischen Kirche in ein unförmiges Gebilde verändern würden. Daher sind Vergröberungen und Verformungen der Knochen ein kennzeichnendes Merkmal. Es kann auch zu Verengungen von Kanälen kommen, durch welche Nerven ziehen, und wenn ein solches Geschehen im Bereiche der die Gehörorgane enthaltenden Felsenbeine am Schädel vonstatten geht, ist ein allmählicher Gehörverlust die Folge. Häufig kommt es im gesamten zu einer Vergrößerung des Schädels und die betroffenen Menschen klagen, daß ihnen „der Hut zu klein geworden" sei.

Diese Interpretation fand weite Verbreitung und das Rätsel um Beethovens Taubheit schien gelöst. Da wir nun Gelegenheit hatten, Knochenfragmente vom Schädel zu untersuchen, konnte diese Hypothese widerlegt werden. Mit spezieller Technik angefertigte Röntgenaufnahmen ließen keine krankhaften Strukturveränderungen erkennen, es ergab sich keinerlei Hinweis für eine Pagetsche Erkrankung. Der Eindruck, den die Knochen machten, entsprach vielmehr durchaus dem, den man von Fragmenten einer normalen menschlichen Schädeldecke nach einem 36jährigen Aufenthalt in einem Erdgrab und nachheriger Aufbewahrung in einem Metallbehälter erwarten konnte.

Noch wesentlich häufiger als die Annahme einer Pagetschen Krankheit wurde behauptet, Beethoven hätte an Syphilis gelitten und davon rührte ein Großteil seiner Leiden. Sowohl eine angeborene wie auch eine erworbene Syphilis wurden von verschiedenen Autoren angeschuldigt.

An der Tatsache, daß erworbene oder angeborene Syphilis zu Taubheit führen kann, zweifelt kein Arzt. An der Hypothese, daß sie bei Beethoven die Taubheit auslöste, scheiden sich die Geister.

Zunächst ist dazu zu sagen, daß die Syphilis auch die Knochen befällt – aber bei der Untersuchung der Schädelfragmente kein diesbezüglicher Hinweis gefunden wurde; das wäre aber noch nicht beweisend.

Unsere Überlegungen sind anders gelaufen:
Wenn Beethoven eine angeborene Syphilis gehabt hätte, müßten zwangsläufig seine Eltern eine Lues gehabt haben. Es ist nicht anzunehmen, daß sowohl bei den Eltern wie auch bei ihm selbst die Krankheit spontan ausheilte. Es ist unmöglich, daß eine solche Erkrankung oder die Behandlung derselben bei den Eltern in der Stellung und Umgebung des Vaters unbekannt geblieben wäre. Wenn wirklich eine solche Erkrankung bestanden hätte, wären die Auswirkungen auf alle Beteiligten ganz anderer Art gewesen.

Weiters ist zu bedenken, daß Ludwig das zweite Kind von sieben war. Die Mutter hatte also nach ihm noch fünf Geburten, und zwar von lebensfähigen Kindern. Drei davon sind an nicht näher bekannten Kinderkrankheiten gestorben, zwei blieben am Leben und waren völlig gesund. Die Mutter hatte keine Fehlgeburten. Damit ist eine angeborene Syphilis bei Beethoven ausgeschlossen. Was eine später erworbene Syphilis betrifft, so gibt es wohl kaum einen geistig großen Menschen (vor allem im 19. Jahrhundert), von dem man nicht wenigstens einmal behauptete, er habe diese Krankheit gehabt. Wenn dies in Einzelfällen wirklich zutraf, so war es allgemein bekannt und niemals in Zweifel gezogen worden. Die im Falle Beethoven angeführten Indizien sind sehr vage: es sollen Rezepte vorhanden sein, aber geheimgehalten werden, auf denen Verordnungen stehen, welche auch bei der Syphilisbehandlung angewendet wurden. Dazu ist zu sagen, daß es damals syphilisspezifische Medikamente gar nicht gab, sondern die berühmten „Quecksilberschmierkuren“ bei vielen Leiden angewendet wurden.

Wie wenig stichhaltig jedoch von den Befürwortern einer Syphiliserkrankung Beethovens argumentiert wurde, mögen zwei wortgetreue Zitate – nach Kerner (1973) – illustrieren.

„In einem Brief des Beethovenbiographen A. W. Thayer heißt es, daß Beethoven an einer ‚veneral disease‘ erkrankt war, welche ‚well known to many persons‘ gewesen sein soll. Thayer fährt fort (Brief vom 29. 10. 1880): ‚. . . that his ill health and his deafness perhaps come from some common cause.‘“

Wenn eine solche Erkrankung bei Beethoven vielen Personen bekannt gewesen wäre, so hätte dies sicher nicht verheimlicht werden können.

„Der Beethovenforscher Max Unger teilte in Heft 10/1958 der ‚Neuen Zeitschrift für Musik‘ mit, der Musikwissenschaftler Max Friedländer habe ihm nach dem Ersten Weltkrieg einmal mündlich von einem Rezept gegen Syphilis berichtet, das auf den Namen Beethoven ausgestellt war und welches sich lange in Friedländers Dokumentensammlung befand. Aber Friedländer wollte es unter keinen Umständen der Öffentlichkeit preisgeben, weil er der Ansicht war, daß damit das Andenken an den Unsterblichen getrübt würde. Später soll er das Schriftstück

nach seiner Emigration in die Vereinigten Staaten einem Museum geschenkt haben.“

Wer die Mitteilungsfreudigkeit und Mitteilungsfreiheit in den USA kennt, wird schwer davon zu überzeugen sein, daß gerade ein Museum sich die Veröffentlichung eines solchen „Schatzes“ entgehen ließe.

Diese wenigen Beispiele mögen zeigen, auf welch schwachen Beinen die Syphilis-Argumentation aufgebaut wurde und eigentlich in sich selber zusammenbricht. Es wurde bisher kein einziges diesbezügliches Rezept, Schriftstück, Tagebuch oder Blatt aus den Konversationsheften öffentlich bekannt. Damit besteht keinerlei Grund – außer der bekannten Leberzirrhose, einer Schwerhörigkeit vom Typ der Innenohrotosklerose und einem funktionellen Reizdarm –, bei Beethoven noch eine Geschlechtskrankheit anzunehmen. Die Leiden, welche er tatsächlich hatte, sind wahrlich für ihn genug gewesen.

Letztendlich ist über den toten Beethoven auch Skurril-Komisches zu berichten: Jährlich trifft am 16. Dezember – dem Geburtstag Beethovens – ein Glückwunschbillet aus England (Isle of Man) mit folgendem Wortlaut ein:

Herr L. v. Beethoven
Musicians Grove
Central Cemetery
Vienna, Austria

A Birthday Blessing
Birthday wishes for the 16th
Hope God will bring you untold joy and keep you in his care
Love
Marian

Die Glückwünsche werden, mangels Zustellbarkeit, im Wiener Bestattungsmuseum gesammelt.

Zehn Jahre nach Beethovens Tod wurde in München 1837 ein Sonntagskind geboren. Elisabeth, die Tochter von Herzog Max in Bayern, sollte 17 Jahre später Kaiserin von Österreich werden und nach einem unglücklichen Leben eines gewaltsamen Todes sterben.

Ein Stich ins Herz führt nicht sofort zum Tod

Zu den dramatischsten Ereignissen der Notfall-Chirurgie gehört die Versorgung einer Herzverletzung. Wird, etwa durch einen Stich, die Herzmuskulatur durchstoßen, so spritzt bei jedem Herzschlag Blut aus dieser Wunde und füllt allmählich den Herzbeutel, welcher das Herz umgibt. Da dieser sehr elastisch ist, wird er gedehnt und schließlich prall wie ein Fußball. Der Druck innerhalb des Herzbeutels steigt so hoch, daß sich das Herz nach der Phase des Zusammenziehens nicht mehr ausdehnen kann. Die Herzaktion und damit der Blutkreislauf werden immer schwächer, schließlich bleibt das Herz im Zustand der maximalen Kontraktion stehen. Das nennt man Herzbeuteltamponade.

Die Zeit, die zwischen Verletzung und Herzstillstand vergehen kann, ist unterschiedlich lang und hängt natürlich von der Größe der Lücke in der Herzwand ab; bei einer schlitzförmigen Stichwunde dauert es ungefähr 20 bis 30 Minuten. Innerhalb dieser Zeitspanne müßte ein Chirurg Brustkorb und Herzbeutel operativ eröffnen und die Herzwunde vernähen. War der Blutverlust nicht allzu groß, so erholt sich danach der Kreislauf wieder rasch und der lebensgefährlich Verletzte ist gerettet. Eine andere Form der Blutstillung als durch eine Herzoperation ist in einem solchen Fall nicht möglich.

Die erste dieser Operationen wurde von Dr. Ludwig Rehn, einem Chirurgen in Frankfurt am Main, am 9. September 1896 an dem Gärtner Wilhelm Justus durchgeführt, welcher bei einer Wirtshausrauferei durch einen Herzstich verletzt wurde. Mit diesem Datum begann die erfolgreiche Chirurgie am Herzen.

ELISABETH, KAISERIN VON ÖSTERREICH

(1837–1898)

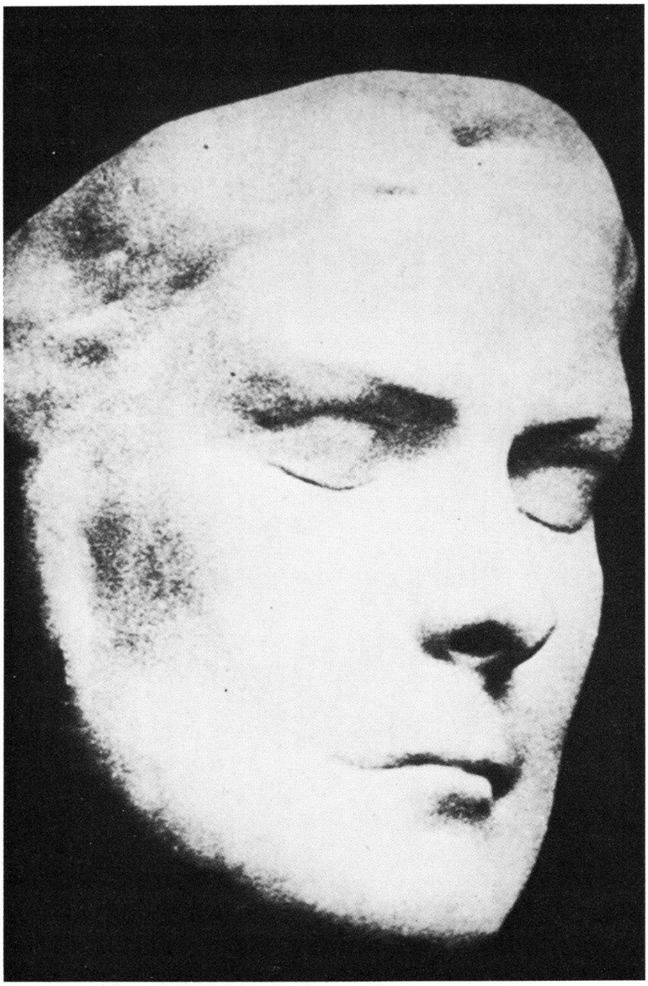

Totenmaske der 61jährig gestorbenen Kaiserin Elisabeth.

Biographische Übersicht

1837 Elisabeth Amalie Eugenie wurde am 24. Dezember, dem Weihnachtsabend, einem Sonntag, in München geboren. Sie hatte bei der Geburt bereits einen Zahn, ähnlich wie es bei Napoleon der Fall gewesen sein soll, einen *„Glückszahn"*, wie man in Bayern sagte. Ihr Vater war Herzog Max in Bayern (1808–1888), aus einer Nebenlinie (Birkenfeld-Gelnhausen) des Hauses Wittelsbach stammend, die Mutter Ludovika (1808–1892) kam aus der Hauptlinie Birkenfeld-Bischweiler. Max war ein Vetter zweiten Grades von Ludovika, d. h. die Eltern waren nahe verwandt, ein Wittelsbacher hatte eine Wittelsbacherin geheiratet. Elisabeth war das dritte von acht überlebenden Kindern.

1848 Als Elisabeth elf Jahre alt wird, gelangte ihr späterer Mann Franz Joseph auf den österreichischen Thron, nachdem im Gefolge der Revolution sein geisteskranker, epileptischer Onkel, Kaiser Ferdinand I. *(„der Gütige")*, abgedankt und sein Vater, der an Körper und Geist schwache Erzherzog Franz Carl, der Thronfolge entsagt hatte.

1853 Obwohl ihre ältere Schwester dazu ausersehen war, verlobte sich Kaiser Franz Joseph am 18. August in Ischl mit der noch nicht 16jährigen Elisabeth. Ihr familiärer Kosename war *„Sisi"*.

1854 Am 24. April Hochzeit von Elisabeth und Franz Joseph; sie waren Vetter und Kusine, daher mußte eine Dispens des Papstes eingeholt werden. Die Mutter Franz Josephs, Erzherzogin Sophie, war Elisabeths Tante, die Schwester ihrer Mutter.

1855 Am 5. März Geburt des ersten Kindes Sophie (1857 an einer fieberhaften Durchfallerkrankung gestorben).

1856 Am 15. Juli Geburt der zweiten Tochter Gisela.

1858 Am 21. August Geburt des Kronprinzen Rudolf.

1859/60 In einer Zeit starker politischer Belastung – der Krieg in Italien endete mit den Niederlagen von Magenta und Solferino – kam es auch zu einer privaten Krise des Kaiserpaares. Elisabeth verließ nach schweren Differenzen ihre Familie und reiste im November 1860 zu einem längeren Aufenthalt nach Madeira ab.

1862 Nach fast zweijähriger Abwesenheit, die nur einmal kurz unterbrochen war, kehrte Elisabeth erst im August 1862 nach Wien zurück. Sie hatte die Zeit in Madeira, Korfu, Bad Kissingen und Possenhofen verbracht.

1867 Ausgleich mit Ungarn, d. h. Errichtung der Doppelmonarchie, bestehend aus dem Kaiserreich Österreich und dem Königreich Ungarn („K. u. K."). Elisabeth war durch ihr energisches Eintreten für die Belange der Ungarn sehr an diesem politischen Erfolg beteiligt.
Am 8. Juni Königskrönung in Budapest.

1868 Am 22. April Geburt des vierten Kindes Valerie.

1872 Tod der Erzherzogin Sophie, mit der Elisabeth in ständigem Konflikt gelebt hatte.

1874 Die 37jährige Elisabeth wird zum ersten Mal Großmutter; ihre Tochter Gisela, verheiratet mit Leopold von Bayern (wieder einem Wittelsbacher), brachte das Enkelkind Elisabeth zur Welt.

1875 Tod des abgedankten Kaisers Ferdinand I.; Franz Joseph wurde Haupterbe und dadurch außergewöhnlich reich. Er konnte von nun an sämtliche Extravaganzen seiner Frau leicht finanzieren.
Im September erleidet Elisabeth bei einem Reitunfall in der Normandie eine Gehirnerschütterung mit zeitweiliger Bewußtlosigkeit.

1881 Der einzige Sohn, Kronprinz Rudolf, heiratet Stephanie von Belgien.

1886 König Ludwig II. von Bayern (sein Großvater und Elisabeths Mutter waren Geschwister) wird für geisteskrank erklärt und der Regierung enthoben. Kurze Zeit später wird er tot im Starnberger See aufgefunden.

1889 Am 30. Januar begeht Kronprinz Rudolf im Jagdschloß Mayerling Selbstmord.

1895 Die 58jährige Elisabeth wird Urgroßmutter; ihr Enkelkind Elisabeth, verh. von Seefried (geb. 1874), bringt eine Tochter zur Welt.

1898 Nach einem Kuraufenthalt in Bad Nauheim reist Elisabeth in die Schweiz.

Am 10. September 1898 wird Kaiserin Elisabeth von Österreich auf der Uferpromenade von Genf durch Luigi Lucheni mit einer spitzen Eisenfeile ins Herz gestochen und stirbt kurz danach im 61. Lebensjahr. Ihr Leichnam wird in der Schweiz obduziert und einbalsamiert, am 15. September nach Wien überführt und in der Kapuzinergruft bestattet. Kaiser Franz Joseph hat seine Frau noch 18 Jahre überlebt.

Eine gestörte Persönlichkeit

Elisabeth entstammte einer Nebenlinie der Wittelsbacher, deren Angehörige nicht regierten, aber das Recht hatten, den Titel *„Herzöge in Bayern"* zu führen. Finanzielle Probleme kannte die Familie nicht, obwohl Sisis Vater, der liebenswürdige, wirklichkeitsfremde, jeder Verpflichtung und Verantwortung ausweichende Herzog Max, zeitlebens keinen Finger zum Gelderwerb krümmte.

Die im Schlößchen Possenhofen am Starnberger See ungezwungen, frei von jeder Etikette und sportlich aufgewachsene Sisi hatte so überhaupt nichts Habsburgisches an sich und war für die Aufgabe, die sie erwartete, nur wenig vorbereitet. Da ja ihre ältere Schwester Helene ausersehen war, den österreichischen Kaiser zu heiraten und dementsprechend erzogen wurde, blieb das heranwachsende Mädchen weitgehend sich selbst überlassen, absolvierte lustlos ihren Unterricht und nahm jede Gelegenheit wahr, um allein oder mit ihrem Vater auszureiten, Berge zu besteigen oder in einer Traum- und Märchenwelt zu versinken.

Elisabeth stammte aus einer Familie von Sonderlingen, die jedoch alle harmlos waren. Ihr ältester Bruder Ludwig verzichtete auf seine Erbrechte, um die Schauspielerin Henriette Mendel heiraten zu können, der dann der Titel einer Freiin von Wallersee verliehen wurde. Die Tochter aus dieser Verbindung war die spätere Gräfin Larisch, welche in der Affäre Kronprinz Rudolf – Mary Vetsera eine entscheidende Rolle spielen sollte. Elisabeths anderer Bruder, Carl Theodor, interessierte sich ebenfalls nicht für bayerische Politik, sondern für Medizin; er wurde Augenarzt und behandelte gratis bedürftige Patienten. Der Vater, Herzog Max, fand das alles keineswegs schlimm, es amüsierte ihn. Er hatte einen Klub trinkfreudiger Kumpane gegründet, den er *„König Artus Tafelrunde“* nannte, er dichtete, musizierte, unternahm weite Reisen und war begeisterter Reiter.

Unter all seinen – ehelichen und unehelichen – Kindern stand Sisi ihm offenbar am nächsten. Sie war die einzige, die gelegentlich bei seinen Streichen mitmachen durfte. So besuchte er mehrmals mit ihr, als Wandermusikanten verkleidet, Jahrmärkte und Bauernhochzeiten, wo er mit der Zither aufspielte, während sie mit fliegenden Zöpfen dazu tanzte und hinterher mit der Schürze die Münzen auffing, die die Bauernburschen ihr zuwarfen. Einige dieser Münzen hat die spätere Kaiserin als kostbares Andenken an ihre unbeschwerte Kindheit aufbewahrt und den erstaunten Hofdamen als *„einziges, je ehrlich verdientes Geld“* gezeigt. Solche und andere Episoden trugen freilich wenig dazu bei, Elisabeth auf künftige Aufgaben und Pflichten vorzubereiten. Vielmehr bestärkte Herzog Max ihre schwärmerischen Neigungen und ihre Ichbezogenheit.

Das war die Welt, aus der Elisabeth an den Wiener Hof kam, wo das spanische Zeremoniell strikte eingehalten wurde.

Die Verlobung Kaiser Franz Josephs mit der in Wien völlig unbekannten Sisi im August 1853 war eine Sensation. Die Kleine würde sich schon in ihre Situation finden, hieß es, und schließlich *„einem Kaiser von Österreich gibt man keinen Korb“*. Vor allem Erzherzogin Sophie, gleichzeitig Tante und Schwiegermutter, sollte durch ihr hartes Eingreifen viel zur Fehlentwicklung Elisabeths beitragen. Sisi war noch nicht sechzehn, als sie verlobt wurde; noch nicht siebzehn, als sie heiratete; und noch nicht achtzehn, als sie ihr erstes Kind bekam. Man hatte gedacht, ein solch blutjunges Geschöpf noch leicht formen und erziehen zu können, doch dies erwies sich als falsch und der Weg führte ins Unglück.

Elisabeth, Kaiserin von Österreich

Es unterliegt keinem Zweifel, daß die geistige Persönlichkeit von Elisabeth bereits durch das Wittelsbacher Erbe gefährdet war und erst recht durch ihre Verpflanzung an den habsburgischen Kaiserhof zusätzlich gestört wurde. Konflikte konnten nicht ausbleiben, da es in Wien niemanden gab, der die Vorzüge der jungen Kaiserin anerkannte: ihre Natürlichkeit, ihre Hilfsbereitschaft, ihre Intelligenz – der allerdings jede systematische Bildung fehlte –, ihre Phantasie und ihr Gerechtigkeitsgefühl. Erzherzogin Sophie tat alles, um ihre Nichte zu einer Kaiserin ihrer eigenen Vorstellung zu machen, tyrannisierte sie mit strengen Regeln und ständiger Forderung, gehorsam zu sein und Disziplin zu halten. Bei ihrem Sohn hatte sie mit dieser Erziehung Erfolg gehabt, bei der jungen Elisabeth erreichte sie jedoch nur das Gegenteil.

Mit dem Hochzeitstag begann ein einzigartiger Kampf dreier wesensfremder Menschen: trotz des jugendlichen Glücks waren sich Franz Joseph und Sisi im Grunde fremd geblieben, ihre Charaktere und Neigungen waren zu verschieden. Franz Joseph sollte es gelingen, sich im Laufe der Zeit darauf einzustellen, aber Elisabeths Liebe sollte schon nach den ersten Belastungen und Enttäuschungen der Ehe zerbrechen. Dazu kam die Schwiegermutter, welche als die dominierende Persönlichkeit in der kaiserlichen Familie versuchte, ihre sechzehnjährige Nichte zu einer Kaiserin ihrer Prägung zu machen.

Vom ersten Tag an wurde die Ehe Elisabeths eine Kette unerquicklicher, nicht enden wollender Auseinandersetzungen. Sophie war es gewöhnt, in familiären wie politischen Angelegenheiten zu entscheiden. Sie war auch Gehorsam gewöhnt. Ihr geistig unterbegabter Ehemann Franz Carl war völlig von ihr abhängig, ihr Sohn Franz Joseph verdankt ihr seinen Thron. Sie hatte Kaiser Ferdinand I. – einen Epileptiker – bewogen, im Revolutionsjahr 1848 abzudanken und ihren Mann – den rechtmäßigen Thronfolger – überredet, zu verzichten. Ihrem Sohn hatte sie ihre Ansicht vom Gottesgnadentum des Kaisers, von der alleinigen Herrschaft des Monarchen und von der Negierung jeden „Volkswillens“ eingeimpft. So war es nicht verwunderlich, daß Erzherzogin Sophie, die mit herrischer Hand überall eingriff, schon von allem Anfang an in die Ehe schwerste, niemals wieder gutzumachende Zerwürfnisse und Unstimmigkeiten hineinbrachte, welche bald Elisabeth und Franz Joseph bleibend entfremdeten.

Sophie handelte sicher im Sinne der Dynastie richtig, aber das konnte Elisabeth nicht verstehen, und so beruhten die Spannungen zwischen den beiden Frauen auf mangelndem Verständnis füreinander und nicht zuletzt auf Sisis überstarker Ichbezogenheit. Da der Kaiser immer wieder schlichten und entscheiden mußte, hatte Sisi sehr bald gelernt, in den Streitereien mit Sophie ihre körperliche Anziehung auf den nach wie vor in sie verliebten Franz Joseph als Waffe einzusetzen: sobald er sich auf die Seite seiner Mutter stellte, schloß sie ihn aus ihrem Schlafzimmer aus. Es war dies für Elisabeth ein einfaches taktisches Vorgehen, da sie der körperlichen Liebe zeitlebens nichts abgewinnen konnte.

Als Sisi erkannte, daß sie den Kampf nicht gewinnen konnte, wandte sie sich gesteigert ihrer eigenen Person zu. Sie weigerte sich, sowohl die traditionellen Pflichten einer Ehefrau und Mutter als auch diejenigen einer Kaiserin zu erfüllen, wußte aber nichts Sinnvolleres mit ihrer vielen Zeit anzufangen. Sie hatte zu ihren Kindern nie eine echte innere Bindung, bereitwillig ließ sie die Kleinen auf Reisen zurück. Gegenüber den Pflichten als Kaiserin war sie gleichgültig. Allen ihren Äußerungen war zu entnehmen, daß sie in erster Linie an sich selbst dachte: Elisabeth hat „ja" zum Komfort ihres hohen Ranges gesagt, aber „nein" zu den Pflichten des Amtes. Es war eine egoistische Resignation; sie spielte mit ihren Papageien und Hunden, liebte ihre Pferde, träumte voll Heimweh nach den bayerischen Bergen und schrieb klagende Verse über das unglückliche, unverstandene Leben als Kaiserin. Sie war unfähig und unwillens, Kontakt mit ihrer Umgebung aufzunehmen, ja, eine harmlose Konversation zu führen. Ihre angeborene Schüchternheit steigerte sich zur Angst vor den Menschen. Sie fand keinen Menschen, mit dem sie sich hätte aussprechen können und geriet immer mehr in Isolierung und Vereinsamung. Bei ihren Repräsentationsauftritten wirkte sie wie eine Puppe und pflegte eine konsequente öffentliche Schweigsamkeit.

Eine kritische, aber zutreffende Chrakteristik des Kaiserpaares enthielt ein Brief der preußischen Kronprinzessin an ihre Mutter, Königin Viktoria von England: *„Sehr scheu und schüchtern, spricht sie wenig. Es ist wirklich schwierig, ein Gespräch mit ihr in Fluß zu erhalten, denn sie scheint sehr wenig zu wissen und nur geringe Interessen zu haben. Die Kaiserin singt weder, noch zeichnet sie oder spielt Klavier und redet kaum von ihren Kindern . . . Der Kaiser scheint in sie vernarrt zu sein, aber ich habe nicht den Eindruck, daß sie es in ihn wäre. Er scheint höchst unbedeutend, sehr schlicht und einfach und sieht, was man nach seinen Gemälden und Photographien nicht glauben würde, alt und runzelig aus, während sein rötlicher Schnurrbart und seine Cotelettes ihm sehr schlecht stehen. Franz Joseph ist sehr wenig oder besser gar nicht gesprächig, alles in allem außerordentlich unbedeutend."*

Elisabeth hat in ihrer Stellung und bei den ihr zukommenden Aufgaben versagt, und zwar sowohl familiär wie auch dynastisch. Zum Fortbestand der Dynastie brachte sie zwar als drittes Kind den Thronfolger zur Welt, sie war jedoch lediglich die Frau des Kaisers, aber nicht im staatstragenden Sinne eine Kaiserin. In der Familie war nach sechsjähriger Ehe das Glück des Kaiserpaares um 1860 zu Ende. Elisabeth ging ihren eigenen Weg und nahm ein unstetes Reiseleben auf, das sie für immer längere Zeiträume vom Wiener Hof entfernte. Es entstand nach und nach eine Form der Ehe, bei welcher *„sich die Gatten am besten verstehen, wenn sie nicht beieinander weilen"*. Zu ihrer jüngsten Tochter Valerie sagte sie in späteren Jahren: *„Die Ehe ist eine widersinnige Einrichtung. Als fünfzehnjähriges Kind wird man verkauft und tut einen Schwur, den man nicht versteht und dann 30 Jahre oder länger bereut und nicht mehr lösen kann."*

Elisabeths komplizierte und störungsanfällige psychische Konstitution äußerte sich auch in körperlichen Krankheitssymptomen; die moderne Medizin würde sagen, in psychosomatischen Beschwerden. So gesund Sisi als Kind war, so sehr kränkelte sie vom ersten Tag ihrer Ehe an. Sie litt monatelang unter Hustenanfällen und bekam Angstzustände, wenn sie enge Treppen hinuntersteigen sollte. Fieber und allgemeine Schwäche waren sehr häufig. Durch ihre hartnäckige Weigerung, Nahrung zu sich zu nehmen, litt sie an Blutarmut und einem dauernden Zustand der körperlichen Erschöpfung. Dies war immer ein willkommener Anlaß, um den höfischen Verpflichtungen zu entgehen.

Mit ihrer Schönheit trieb sie einen regelrechten Kult; tatsächlich war sie eine der attraktivsten Frauen ihrer Epoche. In einer Zeit, in der man üppige Formen bevorzugte, verfocht sie ein Schlankheitsideal, für das niemand Verständnis hatte. Bei einer Körpergröße von 172 cm (sie überragte ihren Gatten um einige Zentimeter) hatte sie ein Höchstgewicht von 50 Kilogramm. Auch ihr Taillenmaß betrug nur kaum glaubliche 50 cm. Um ihr Untergewicht zu halten, machte sie andauernd Hungerkuren, vollführte anstrengende Ausritte und Gewaltmärsche und ließ sich neben ihren Gemächern einen Gymnastik- und Massageraum einrichten. Aus diesem Verhalten läßt sich eindeutig das Krankheitsbild der Anorexia nervosa ableiten, einer pathologischen Magersucht mit starker Bewegungsmanie und wechselnd depressiven oder gereizt-aggressiven Phasen. Die Anorexie ist ein neurotisches Symptom und steht in psychischem Zusammenhang mit der Abneigung gegen alles körperlich-üppige, vor allem gegen die Sexualität. In vielen Aussprüchen und Gedichten Elisabeths ist ihre extrem verkrampfte Haltung gegenüber der Sexualität dokumentiert, z. B.:

„Für mich keine Liebe, für mich keinen Wein;
Die eine macht übel, der andere macht spei'n!"

Aufschlußreich für das gestörte Verhältnis zu ihrer Umwelt und ihre dominierende Ichbezogenheit ist der Tagesablauf der Kaiserin: Aufstehen um 5, im Winter um 6 Uhr. Nach Turnen und Gymnastik ein karges Frühstück, dann Frisieren. Letzteres dauerte mindestens zwei Stunden; dabei ließ sie sich vorlesen oder benützte die Zeit zum Sprachunterricht (Ungarisch, später Griechisch). Dann kam das Ankleiden, entweder Fechtkostüm, wenn sie fechten wollte, oder Reitkleidung, wenn sie zum Pferdetraining ging. Mit diesen Tätigkeiten war der Vormittag ausgefüllt. Das Mittagessen bestand meist nur aus ein wenig Fleischsaft – den blutigen Saft aus halbrohen Beefsteaks zu einer Suppe ausgepreßt – und war in einigen Minuten beendet. Danach ein mehrstündiger Spaziergang, besser ein Gewaltmarsch in hohem Tempo über lange Distanzen. Gegen 17 Uhr neuerliches Umkleiden und Frisieren, dann eventuell ein kurzer Besuch bei ihrer jüngsten Tochter Valerie. Wenn es gar nicht anders ging, erschien Elisabeth um 19 Uhr beim Familiendiner und traf dort ihren Mann meistens das einzige Mal am Tag; sie zog sich sobald wie möglich zurück. Jede auch noch so kleine offizielle Verpflichtung wurde als Störung dieses Zeitplanes empfunden; Elisabeth lebte ganz ihrer Schönheit und Gesundheit sowie ausschließlich ihren Neigungen.

In dieser ehelichen Misere, dauernd verwickelt in die Streitigkeiten zwischen Ehefrau und Mutter sowie darüberhinaus in den Jahren 1859/60 politisch und militärisch erfolglos, wandte sich Kaiser Franz Joseph – er war damals 29 Jahre alt – offenbar außerehelichen Tröstungen zu. Massive Gerüchte tauchten auf, und das war eine Angelegenheit, der Elisabeth nicht gewachsen war. Ihr Gesundheitszustand wurde so schlecht, daß der Arzt, Professor Skoda, im Herbst 1860 erklärte, sie müsse sofort in ein wärmeres Klima, da Lebensgefahr herrsche. Er schlug als winterlichen Aufenthalt Madeira vor.

Die Art der Krankheit Elisabeths ist unklar. Immer wieder wird eine angebliche venerische Infektion kolportiert, mit welcher der Kaiser seine Frau angesteckt haben soll. Wahrscheinlich ist jedoch, daß es eher eine psychische Störung mit körperlichen Äquivalenzsymptomen war – eine neurotische Reaktion. Damit läßt sich auch leicht verstehen, daß Elisabeth sofort zu gesunden schien, als sie Wien, ihren Mann und die Kinder verließ und nach Madeira reiste. Korfu, Bad Kissingen und Possenhofen waren weitere Stationen, und die Kaiserin kehrte erst nach fast zweijähriger Abwesenheit nach Wien zurück. Das alles war aber kein Kuraufenthalt oder eine Urlaubsreise, das war eine Flucht; die Kaiserin war ihrem Mann und der Familie davongelaufen. Von da an sollte Elisabeth niemals mehr seßhaft werden. Dies war der Anfang einer qualvollen Unrast, in der Sisi nirgends und bei niemandem einen Ruhepunkt fand und jahrzehntelang auf zigeunerhaften Reisen Europa durchquerte.

War die Kaiserin sporadisch am Wiener Hof, so benützte sie sogar ihr monatliches *„Unwohlsein"* als Grund für die Absage von Repräsentationspflichten. Elisabeth machte aus dieser Unpäßlichkeit stets viel Aufhebens und sagte ihre Teilnahme an offiziellen Veranstaltungen bedenkenlos wegen ihrer Menstruation ab, und zwar ganz offen und konkret. Selbstverständlich war alles nur ein Vorwand, um wieder einige Tage entfliehen zu können.

Wieweit es auch eine Art Protest war, daß Elisabeth rauchte, läßt sich nicht abschätzen. Man tadelte *„die Haltung der Kaiserin, welche während des Kutschierens rauche"*; dies war schließlich genausowenig „ladylike" wie heutzutage das Rauchen während des Autofahrens. Eine weitere Extravaganz war, daß sich die Kaiserin in Korfu (1888) tätowieren ließ; sie trug seitdem einen Anker auf der Haut ihrer linken Schulter.

Elisabeth war höchst abergläubisch, dem Spiritismus zugetan und versuchte auf verschiedenste Art, Botschaften aus dem Jenseits zu erlangen. Sie sprach wiederholt davon, daß der tote König Ludwig II. von Bayern ihr erschienen sei, desgleichen auch Kaiser Maximilian von Mexiko. *„Mir gewährt es große Befriedigung und eine tiefe Beruhigung in so mancher Stunde, daß ich mit jenseitigen Geistern in Verbindung treten kann. Doch die Menschen, mit geringen Ausnahmen, verstehen das nicht. Und was unwissende Menschen nicht verstehen, das erklären sie für Unsinn."*

Elisabeth entfernte sich zunehmend vom katholischen Glauben, vor allem nach dem Selbstmord ihres Sohnes, des Kronprinzen Rudolf. Im Tagebuch ihrer jüngsten Tochter Valerie steht: *„Mama ist eigentlich nur deistisch. Sie betet den gewaltigen Jehova an in Seiner vernichtenden Kraft und Größe; dass Er aber Bitten seiner Geschöpfe erhöhrt, glaubt sie nicht, weil – sagt Sie – ‚von Anfang aller Zeiten her alles vorausbestimmt' und etwas später ‚Rudolf hat meinen Glauben totgeschossen'."*

Trotz spiritistischer Anwandlungen und Abrücken vom offiziellen Glauben, zeigte Elisabeth in materiellen Dingen einen klaren Blick für die Realität. Sie hatte einen großen Teil ihres Vermögens (ohne Wissen des Kaisers) in die Schweiz zum Bankhaus Rothschild transferiert, um für den Fall einer Emigration gesichert zu sein. Sie gab auch das wertvollste, das sie der Nachwelt zu hinterlassen meinte – ihre Schriften und Gedichte –, in die Schweiz, da die Republik ihr für die Zukunft sicherer schien als eine Monarchie.

Je älter Elisabeth wurde, desto anstrengender wurde ihr Kampf um die Erhaltung ihrer berühmten Schönheit. Da es noch keine kosmetische Industrie gab, gebrauchte sie andere Mittel: nächtliche Gesichtsmasken mit rohem Kalbfleisch, in der Erdbeerzeit eine Erdbeermaske und warme Olivenölbäder zur Erhaltung einer geschmeidigen Haut. Sisi kämpfte um ihre Schönheit mit stundenlangen gymnastischen Übungen und Hungerkuren. Sie schaltete Milch- und Orangentage ein und täglich wurde nach dem Frühturnen die Waage befragt und das Essen danach eingeteilt.

Doch die Zeit forderte ihren Tribut, und Elisabeth wurde alt. In den achtziger Jahren näherte sich die einstige *„Sisi"* den fünfzig. Der Glanz ihrer Schönheit verblich. Sie hatte rheumatische Gelenksbeschwerden, Ischias und schwere nervöse Störungen. Elisabeth versteckte sich hinter der Legende einer wunderschönen Frau, die sie einmal gewesen war – jetzt verbarg sie ihr Gesicht hinter dem sprichwörtlich gewordenen schwarzen Lederfächer, dem weißen Sonnenschirm und ihren mannigfaltigen Gesichtsschleiern. Nur eine Photographie aus dem Jahre 1891 zeigt die Kaiserin im Alter von 54 Jahren. Dieses Bild wurde erstmals 1986 in der Hermesvilla im Lainzer Tiergarten ausgestellt.

Nur wenige Menschen kannten die Kaiserin als altgewordene Frau. Die ehemalige Burgschauspielerin Rosa Albach-Retty machte eine köstliche Beobachtung in einem Landgasthaus in Ischl; als die Kaiserin – zufällig dort auf Station – von der Hofdame kurz allein gelassen wurde: *„Elisabeth schaute sekundenlang vor sich hin, griff dann mit der linken Hand nach ihrem Gebiß, nahm es heraus, hielt es seitlich über den Tischrand und spülte es mit einem Glas Wasser ab. Dann schob sie es wieder in den Mund. Das alles geschah mit so viel graziöser Nonchalance, vor allem aber derart blitzschnell, daß ich zunächst meinen Augen nicht trauen wollte."*

Elisabeths Hauptinteresse in den letzten Jahren galt ihrer schwindenden Gesundheit. Dennoch machte sie immer noch Hungerkuren. Dr. Viktor Eisenmenger,

Die 54jährige Kaiserin Elisabeth am Schreibtisch.

der Leibarzt von Thronfolger Franz Ferdinand, untersuchte die Kaiserin in den neunziger Jahren: *„Ich fand bei der sonst gesunden Frau ziemlich starke Hautanschwellungen, besonders an den Knöcheln. Ein Zustand, den die Ärzte damals sehr selten zu sehen bekamen und der erst im Krieg zu einer traurigen Berühmtheit kam. Hungerödem!“* Auf Befragen erfährt der Arzt, daß sie manchmal am ganzen Tag nur sechs Orangen gegessen hat. *„Aber ich nehme doch an Gewicht zu“*, wendet Elisabeth ein. *„Natürlich, Majestät, weil sich in den Geweben infolge Unterernährung Wasser ansammelt.“* Elisabeth versprach nun, im Tage wenigstens ein paar Gläser Milch trinken zu wollen. Die Kaiserin betrieb sowohl in Schönbrunn wie im Lainzer Tiergarten je eine eigene Molkerei mit ihren Lieblingskühen und nahm auch auf ihren Schiffsreisen meist zwei Kühe und eine Ziege mit, um stets frische Milch zu haben.

1898, Elisabeth war 61 Jahre alt, schrieb sie an ihren Mann: *„Ich fühle mich wie achtzig Jahre.“* Franz Joseph: *„Daß Du Dich wie achtzigjährig fühlst, ist übertrieben, aber alt, immer schwächer und blöder wird man allerdings, und die Nerven lassen immer mehr nach. Das alles fühle ich auch, und die Fortschritte in meinem Verfalle sind in diesem Jahr besonders groß ...“* Franz Joseph war zu dieser Zeit 68 Jahre alt.

In Bad Nauheim, 1898, geht Elisabeth zu einem Arzt und läßt sich untersuchen; das erste, was dieser will, ist eine Röntgenaufnahme:
„Nein, mein lieber Professor, daraus wird nichts.“
„Aber Majestät, das ist doch sehr wichtig.“
„Vielleicht für Sie oder meinen Bruder Carl Theodor, aber für mich nicht. Ich lasse mich nicht bei lebendigem Leibe sezieren.“

Und beim Fortgehen sagt sie der Assistentin des Professors: *„Wissen Sie, Fräulein, ich lasse mich überhaupt nur sehr ungern photographieren, denn jedesmal, wenn ich ein Photo habe machen lassen, hatte ich Unglück.“*

Überblickt man Elisabeths Leben bis ins fortgeschrittene Alter, so erkennt der Mediziner nicht so sehr organische Krankheiten als vielmehr psychische Störungen und deren Auswirkung auf das körperliche Befinden. In der modernen medizinischen Terminologie läßt sich sagen: die psychischen Extravaganzen Elisabeths hatten ihre Wurzeln in ihren Wittelsbacher Vorfahren. Diese Disposition wurde durch die massive Frustration am Wiener kaiserlichen Hof in psychosomatische und neurotische körperliche Symptome umgewandelt und gesteigert, sodaß – aus heutiger Sicht – die Kaiserin behandlungsbedürftig gewesen wäre; solches gab es zu dieser Zeit jedoch nicht. Da keinerlei finanzielle Hemmnisse entgegenstanden, konnte Elisabeth ihre gestörte Persönlichkeit voll ausleben, sich zwar alle Wünsche erfüllen, aber dennoch nicht glücklich werden. Sie flüchtete aus der Realität und bewegte sich an der Grenze von Traum und Wirklichkeit – eine Erfüllung ihres Lebens fand sie jedoch nicht.

Das Attentat

Im Winter 1896/97 wurde Elisabeth von einem entstellenden Ausschlag im Gesicht befallen. Sie kapselte sich noch mehr ab als zuvor und ließ sich in der Öffentlichkeit nur tief verschleiert sehen. Für eine so sehr von ihrer Schönheit besessene Frau wirkte sich die körperliche Beeinträchtigung verheerend auf den Gemütszustand aus: ihre Depressionen nahmen zu, sie schlief kaum noch, aß fast nichts und dachte unaufhörlich an den Tod. Sie sprach vom Sterben und davon, daß sie den Kaiser nicht überleben will, daß aber er und die Kinder bei ihrem Tod auch nicht anwesend sein sollten. Valerie schrieb in ihr Tagebuch, daß ihre Mutter *„trostloser als in den schlechtesten Zeiten“* war.

Durch die europäische Presse gingen wiederholt Nachrichten über einen angeblichen Irrsinn der Kaiserin. Das kam nicht von ungefähr, denn sie führte sich bei ihren Reisen derartig ungewöhnlich auf, daß man leicht auf den Gedanken kommen konnte, es mit einer Verrückten zu tun zu haben. Franz Joseph beschloß daher, der Öffentlichkeit, die immer nur hörte, daß Elisabeth abwesend sei und Kuren gebrauchte, einmal etwas Offizielles über den Gesundheitszustand zu sagen. In einer amtlichen Mitteilung vom 3. Juli 1898 wird von Anämie, Nervenentzündung, Schlaflosigkeit und einem mäßigen Grad von Herzerweiterung gesprochen und weiter, es gäbe zwar keinen Anlaß zu ernster Besorgnis, aber eine methodische Behandlung in Bad Nauheim sei erforderlich.

Am 16. Juli 1898 reiste die Kaiserin nach Nauheim ab, ihr Gemahl sollte sie nicht mehr lebend wiedersehen.

Nach Beendigung der Kur in Bad Nauheim traf Elisabeth am 30. August in der Schweiz ein und wohnte – wie schon einige Male – in Territet bei Montreux. Der Hautausschlag war verschwunden, sie war körperlich und seelisch in besserer Verfassung als seit vielen Monaten und fühlte sich kräftig genug, um Spaziergänge zu machen und am 9. September eine Einladung der Baronin Rothschild nach Genf anzunehmen. In Begleitung der Hofdame Gräfin Irma Sztáray absolvierte sie diesen Besuch, um dann im Genfer Hotel „Beau Rivage" die Nacht zu verbringen. Am nächsten Tag war die Rückreise per Schiff geplant.

Am 10. September brachte eine Morgenzeitung die Meldung, Kaiserin Elisabeth von Österreich sei im Hotel „Beau Rivage" abgestiegen. Diese Zeitungsnotiz war für Elisabeths Leben entscheidend: ein italienischer Anarchist, Luigi Lucheni, hatte sich auf eine aufsehenerregende Tat vorbereitet; er wollte eine prominente Persönlichkeit ermorden. So kam ihm die Zeitungsmeldung gerade recht, er hatte sein Opfer gefunden.

Um 1 Uhr 40 wollte die Kaiserin mit dem Linienschiff von Genf nach Montreux zurückfahren. Lucheni hatte den ganzen Vormittag in der Umgebung des Hotels gelauert. Er sah Elisabeth und die Gräfin Sztáray aus dem Haus treten und über den Quai du Mont-Blanc zur Schiffsanlegestelle gehen. Irma Sztáray berichtete in ihren Erinnerungen als Augenzeugin die folgenden Ereignisse:

„‚Majestät, das Schiffsignal!' sagte ich und zählte unwillkürlich die auf das Läuten folgenden dumpfen Schläge . . . eins . . . zwei . . .
In diesem Momente erblicke ich in ziemlicher Entfernung einen Menschen, der, wie von jemanden gejagt, hinter einem Baume am Wegrande hervorspringt und zum nächststehenden anderen läuft, von da zu dem eisernen Geländer am See hinübersetzt, sodann abermals zu einem Baume und so, kreuz und quer über das Trottoir huschend, sich uns naht. ‚Daß der uns auch noch aufhalten muß!' denke ich unwillkürlich, ihm mit den Blicken folgend, als er aufs neue das Geländer erreicht, und von da wegspringend, schräge auf uns losstürmt.
Unwillkürlich tat ich einen Schritt vorwärts, wodurch ich die Kaiserin vor ihm deckte, allein der Mann stellt sich nun wie einer, der arg strauchelt, dringt vor und fährt im selben Augenblick mit der Faust gegen die Kaiserin.
Als ob der Blitz sie getroffen hätte, sank die Kaiserin lautlos zurück und ich,

meiner Sinne nicht mächtig, beugte mich mit einem einzigen verzweiflungsvollen Aufschrei über sie hin. –
Die Kaiserin schlug die Augen auf und sah um sich. Ihre Blicke verrieten, daß sie bei vollem Bewußtsein war, dann erhob sie sich, von mir gestützt, langsam vom Boden.
Ein Kutscher half mir, der Himmel segne ihn dafür!
Wie ein Wunder erschien es mir, als sie jetzt gerade aufgerichtet vor mir stand. Ihre Augen glänzten, ihr Gesicht war gerötet, ihre herrlichen Haarflechten hingen, vom Falle gelockert, wie ein lose gewundener Kranz um ihr Haupt, sie war unaussprechlich schön und hoheitsvoll.
Mit erstickter Stimme, da die Freude den Schrecken überwand, fragte ich sie: ‚Was fühlen Majestät? Ist Ihnen nichts geschehen?‘
‚Nein‘, antwortete sie lächelnd, ‚es ist mir nichts geschehen.‘
Daß in jener gottverfluchten Hand sich ein Dolch befunden, ahnten in diesem Augenblicke weder sie noch ich.
Inzwischen waren von allen Seiten Leute herbeigeströmt, die sich über den brutalen Angriff entsetzten und mit Teilnahme die Kaiserin fragten, ob sie keinen Schaden genommen.
Und sie, mit der herzlichsten Freundlichkeit, dankte jedem in seiner eigenen Sprache, deutsch, französisch, englisch, für die Teilnahme, bestätigte, daß ihr nichts fehle, und gestattete mit herzlicher Bereitwilligkeit, daß der Kutscher ihr bestaubtes Seidenkleid abbürste.
Währenddessen war auch der Portier des Beau Rivage zur Stelle gelangt, er hatte vom Tore aus die schreckliche Szene mitangesehen und bat dringendst, ins Hotel zurückzukehren.
‚Warum?‘ fragte die Kaiserin, während sie ihr Haar in Ordnung zu bringen versuchte, ‚es ist ja nichts geschehen, eilen wir lieber aufs Schiff.‘
Sie setzte unterdessen, obschon es ihr nicht recht gelungen war, ihr Haar in Ordnung zu bringen, den Hut auf, nahm Fächer und Schirm, grüßte freundlich das Publikum und wir gingen.
‚Sagen Sie, was wollte denn eigentlich dieser Mensch?‘ fragte sie unterwegs.
‚Welcher Mensch, Majestät, der Portier des Hotels?‘
‚Nein, jener andere, jener furchtbare Mensch!‘
‚Ich weiß es nicht, Majestät, aber er ist gewiß ein verworfener Bösewicht.‘
‚Vielleicht wollte er mir die Uhr wegnehmen‘, sagte sie nach einer Weile.
Frisch und elastisch schritt sie neben mir her, ihre Haltung schien ungebrochen und sie lehnte meinen Arm ab. Nach einer Weile wendete sie sich zu mir. ‚Nicht wahr, jetzt bin ich blaß?‘ ‚Ein wenig‘, antwortete ich, ‚vielleicht vom Schrecken.‘ – Mittlerweile kam uns der Portier mit der Neuigkeit nachgeeilt, daß man den Missetäter ergriffen habe.
‚Was sagt er?‘ fragte die Kaiserin.
Als ich antwortete und sie ansah, bemerkte ich, daß ihre Züge sich schmerzlich veränderten. Erschrocken bat ich sie, sie möchte mir die Wahrheit sagen, was sie

Zeitgenössische Zeitungsillustration des Attentats am Quai du Mont-Blanc in Genf.

fühlte und ob sie keine Schmerzen hätte, und während sie scheinbar leicht ihren Weg fortsetzte, hing ich mit tödlicher Besorgnis an jedem ihrer Schritte.
‚Ich glaube, die Brust schmerzt mich ein wenig‘, sagt sie, ‚doch bin ich dessen nicht sicher.‘
Wir gelangten in den Hafen. Auf der Schiffsbrücke ging sie noch leichten Schrittes vor mir her, doch kaum hatte sie das Schiff betreten, als ihr plötzlich schwindelte.
‚Jetzt Ihren Arm‘, stammelte sie mit erstickender Stimme.
Ich umfing sie, konnte sie aber nicht halten und, ihren Kopf an meine Brust pressend, sank ich ins Knie. – ‚Einen Arzt! Einen Arzt! Wasser!‘ schrie ich dem zu Hilfe eilenden Lakai entgegen.
Die Kaiserin lag totenbleich mit geschlossenen Augen in meinen Armen.
Der Lakai und andere stürzten mit Wasser herbei.
Als ich ihr Antlitz und Schläfe besprengte, öffneten sich ihre Augenlider und mit Entsetzen erblickte ich hinter ihnen den Tod.
Ich habe ihn schon oft gesehen und jetzt erkannte ich ihn in den verglasten Augen. Diese furchtbare Last, die mich unter die Erde drücken wollte, ist seine Last; diese Kälte, die mein Herz erstarren macht, sie ist seine Kälte.
Ich dachte an Herzschlag.
Ein Herr machte mich aufmerksam, daß wir uns in der Nähe der Maschine befänden und es besser wäre, die Dame aufs Verdeck zu bringen, so sie rascher zu sich kommen würde.

Mit Hilfe zweier Herren trugen wir sie also aufs Verdeck und legten sie auf eine Bank.
‚Einen Arzt! Einen Arzt! Ist kein Arzt auf dem Schiffe?‘ rief ich den Umstehenden zu, worauf ein Herr hervortrat und mir die Hilfe seiner Gattin anbot, die halb und halb Ärztin sei und sich auf die Krankenpflege verstehe.
Madame Dardelle ließ Wasser und Eau de Cologne bringen und machte sich sogleich an die Wiederbelebung der Kaiserin. Sie ordnete an; ich schnitt ihre Miederschnüre auf, während eine barmherzige Schwester ihre Stirne mit Eau de Cologne rieb.
Inzwischen war das Schiff abgefahren, aber trotz seiner Bewegung nahm ich wahr, wie die Kaiserin bemüht war, sich zu erheben, damit ich das Mieder unter ihr hervorziehen könnte. Dann schob ich ein in Äther getauchtes Stückchen Zucker zwischen ihre Zähne und ein Hoffnungsstrahl durchzuckte mich, als ich hörte, daß sie ein- oder zweimal darauf biß.
Auf dem in Bewegung befindlichen Schiffe wehte kühle Seeluft und trug dazu bei, daß die unter den peinlichsten Zweifeln unternommenen Belebungsversuche Erfolg hatten.
Die Kaiserin öffnete langsam die Augen und lag einige Minuten mit umherirrenden Blicken da, als wollte sie sich orientieren, wo sie sei und was mit ihr geschehen war. Dann erhob sie sich langsam und setzte sich auf. Wir halfen ihr dabei und sie hauchte, gegen die fremde Dame gewendet: ‚Merci.‘
Obgleich die Kaiserin sich aus eigener Kraft sitzend erhielt, sah sie doch sehr gebrochen aus.
Ihre Augen waren verschleiert und unsicher schwankend strich ihr trauriger Blick umher.
Die Passagiere des Schiffes, die uns bisher umstanden hatten, zogen sich zurück und nur wir vier blieben um die Kaiserin: Madame Dardelle, die Klosterfrau, ich und der treue Lakai, dem ich meine Aufträge ungarisch geben konnte.
Vor der Kaiserin kniend, beobachtete ich mit Spannung ihre Züge und flehte zum Himmel um Barmherzigkeit.
Ihre Blicke suchten den Himmel, dann blieben sie an dem Dent du Midi[1]*) haften und, von da langsam herabgleitend, ruhten sie auf mir, um sich für ewig meiner Seele einzuprägen.*
‚Was ist denn jetzt mit mir geschehen?‘
Das waren ihre letzten Worte, dann sank sie bewußtlos zurück.
Ich wußte, daß sie dem Tode nahe war. –
Die Kaiserin trug ein kleines schwarzes Seidenfigaro[2]*), das ich, um ihr auch diese Erleichterung zu verschaffen, über der Brust öffnen wollte. Als ich die Bänder auseinanderriß, bemerkte ich auf dem darunter befindlichen Batisthemde in der Nähe des Herzens einen dunklen Fleck in der Größe eines Silberguldens. Was war das? Im nächsten Augenblicke stand die lähmende Wahrheit klar vor mir. Das*

---

[1]) Bergmassiv (3257 m) südöstlich des Genfer Sees.
[2]) Jackenteil, Bolero.

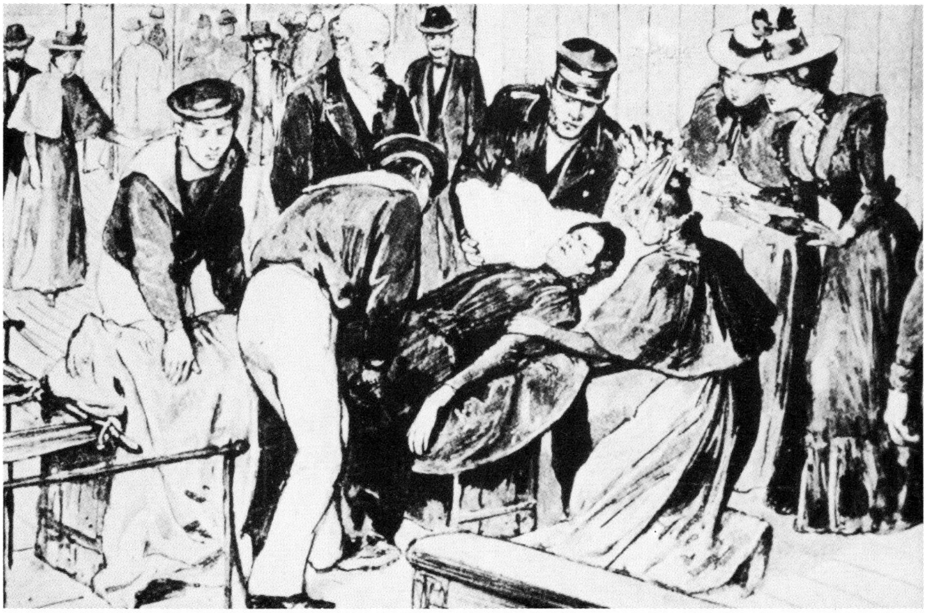

Kaiserin Elisabeth sterbend auf dem Linienschiff von Genf nach Montreux
(Zeitgenössische Zeitungsillustration).

Hemd beiseite schiebend, entdeckte ich in der Herzgegend eine kleine, dreieckige Wunde, an der ein Tropfen gestocktes Blut klebte. – Lucheni hat die Kaiserin erdolcht."

Das Schiff war indessen abgefahren, nun ließ der Kapitän wenden und aus Rudern und Strecksesseln eine Tragbahre improvisieren. Elisabeths Atem geht nur mehr röchelnd. Sie wird eilends ins Hotel zurückgebracht, dort konnte ein herbeigerufener Arzt[1]) nur noch den Tod feststellen. In die Schlagader des rechten Unterarmes wurde, zum Beweis für einen Kreislaufstillstand, ein kleiner Einschnitt gemacht, es kam kein Blut mehr heraus.

Vom Zeitpunkt der Tat her waren ungefähr zwanzig Minuten vergangen, d. h. Elisabeth starb um etwa 2 Uhr nachmittags.
Kaiser Franz Joseph befand sich in Schönbrunn, als die Todesnachricht eintraf. Er war wie immer fast emotionslos und beherrscht. Wiederholt sagte er: „*Wie kann man eine Frau ermorden, die keinem je etwas zuleide getan hat?*" Er soll auch gesagt haben: „*Mir bleibt doch nichts erspart.*" Valerie schrieb ins Tagebuch: „*Nun ist es gekommen, wie sie es immer wünschte, rasch, schmerzlos, ohne ärztliche Beratungen, ohne lange, bange Sorgentage für die Ihren.*"

---

[1]) Dr. Etiènne Golay, der später auch im Protokoll der Leichenbeschau erwähnt wird.

Der Täter, Luigi Lucheni, wußte noch nicht, daß sein Opfer tot war; als man ihm dies beim ersten Verhör mitteilte, zeigte er sich außerordentlich befriedigt. Er war ein 25jähriger Mann mittlerer Größe, von kräftigem Körperbau, mit dunklem Haar und borstigem Schnurrbart. Arbeitslos in die Schweiz gekommen, hatte er Kontakt zu einer Gruppe von Anarchisten gefunden, und er war dazu ausgewählt worden, einen spektakulären Mord zu begehen. Dazu habe ihn nur der Haß auf die herrschende Gesellschaftsschichte und seine Begeisterung für die Sache der Anarchisten bewogen. Kaiserin Elisabeth hatte er nicht gekannt, er habe auch keine persönlichen Motive gehabt; allerdings war eine Kaiserin ein geeignetes Opfer. Als Waffe hatte er eine alte spitze Eisenfeile am Markt gekauft und eigenhändig dazu einen Holzgriff gebastelt. Die Feile hatte er im Rockärmel versteckt, als er auf Elisabeth wartete, und sie ihr dann einmal in den Brustkorb gestoßen.

Es ist sicher, daß die Ermordung Elisabeths keine geplante Verschwörung, sondern die Tat eines Einzelnen war, der durch materielle Not und gesellschaftliche Isolierung für die Parolen der Anarchisten empfänglich wurde. Einen Monat nach dem Mord fand die Gerichtsverhandlung statt. Da im Kanton Genf die Todesstrafe abgeschafft war, wurde Lucheni zu lebenslänglichem Kerker verurteilt. Er rief in den Saal: *„Es lebe die Anarchie, Tod der Aristokratie!“* Am 16. Oktober 1910, zwölf Jahre nach seiner Tat, erhängte er sich in der Gefängniszelle.

Sein Kopf wurde anläßlich der Obduktion vom Rumpf getrennt und konserviert. Das Präparat befindet sich zur Zeit im Pathologisch-anatomischen Bundesmuseum in Wien, wird jedoch nicht öffentlich ausgestellt.

Leichenbeschau und Obduktion der Kaiserin

Entsprechend den gesetzlichen Vorschriften der Schweiz, wurde noch am Todestag eine Leichenbeschau vorgenommen. Dabei werden äußerlich der Körper und insbesondere die Wunde am Brustkorb beschrieben. Das angefertigte Protokoll ist in französischer Sprache abgefaßt und kann hier erstmals in vollständigem Wortlaut sowie deutscher Übersetzung veröffentlicht werden.
Der erste Teil des Dokuments (3 Seiten) betrifft den Auftrag zur Leichenbeschau durch den Untersuchungsrichter, die Zusammenstellung der medizinischen Kommission sowie die äußere Besichtigung und Beschreibung des Leichnams, durchgeführt am 10. September 1898 nachmittags. Die Reinschrift des Protokolls und die Unterzeichnung desselben durch die Sachverständigen und Amtspersonen erfolgte erst Tage später.

Im Folgenden wird jeweils ein Absatz des französischen Originals der deutschen Übersetzung gegenübergestellt.

„Je soussigné Louis J. A. Mégeraud, docteur en médecine, privat-docent de Médecine légale à la Faculté de Médecine de Genève, assistant au Laboratoire de

médecine légale de la dite Faculté, commis en vertu d'une réquisition de Monsieur le Juge d'Instruction de la République du Canton de Genève, en date du 10 Sept. 1898 et recue à quatre heures de l'après-midi, réquisitions ainsi concues:"

„Ich Endsgefertigter Louis J. A. Mégeraud, Doktor der Medizin, Privatdozent für gerichtliche Medizin an der medizinischen Fakultät von Genf, Assistent des Laboratoriums der gerichtlichen Medizin der genannten Fakultät, wurde vom Herrn Untersuchungsrichter der Republik des Kantons Genf, mit einer Untersuchung beauftragt und mit Datum vom 10. September 1898 vier Uhr nachmittags ist der Auftrag eingelangt:"

„*Le Juge d'Instruction de la République et canton de Genève délégue Mr le Dr L. Mégeraud, aux fins d'adresser au Juge d'Instruction un rapport au sujet du décès de Sa Majesté la Impératrice d'Autriche; cause du décès, autopsie s'il y a lieu d'accord avec le ou les héritiers de l'Impératrice.*"

„Der Untersuchungsrichter der Republik des Kantons Genf, beauftragt Herrn Dr. L. Mégeraud, ein Gutachten über das Hinscheiden Ihrer Majestät der Kaiserin von Österreich zu erstellen; Todesursache und nötigenfalls eine Autopsie im Einvernehmen mit dem oder den Erben der Kaiserin[1])."

„*Monsieur le Dr Mégeraud s'adjoindra au besoin un ou deux confrères, professeurs de la Faculté.*"

„Herr Dr. Mégeraud wird zur Unterstützung einen oder zwei Kollegen, Professoren der Fakultät, beiziehen."

„*Serment préalablement prêté.*"

„*Déclare m'être rendu le 10 Septembre 1898 à 5 heures de l'après midi à l'hôtel Beau-Rivage, quai du Léman, Genève, aux fins de procéder à l'examen du cadavre de Sa Majesté.*"

„Vorherige Vereidigung."

„Ich erkläre, daß ich mich am 10. September 1898 um 5 Uhr nachmittags in das Hotel Beau-Rivage am Léman-Kai zum Zwecke der Untersuchung der Leiche Ihrer Majestät begeben habe."

„*J'ai procédé à cet examen au présence du Dr Auguste Reverdin, professeur à la Faculté de Médecine de Genève, mandé également par le Parquet. Le professeur Gosse, absent de Genève, n'a pu assister à cette première partie de l'examen. Le Dr Etiènne Golay ayant donné ses soins à Sa Majesté a été autorisé par Monsieur le Juge d'Instruction à assister à cette constatation.*"

„Ich schritt zu dieser Untersuchung in Anwesenheit von Dr. Auguste Reverdin, Professor der Medizinischen Fakultät in Genf, der ebenfalls von der Staatsanwaltschaft bestellt wurde. Professor Gosse, der von Genf abwesend war, konnte nicht an diesem ersten Teil der Untersuchung teilnehmen. Dr. Etiènne Golay, der Ihrer Majestät seine Dienste geleistet hat, wurde von dem Herrn Untersuchungsrichter ermächtigt, bei dieser Befunderhebung anwesend zu sein."

---

[1]) Man hatte in Wien angefragt, ob man eine Autopsie vornehmen dürfe. Franz Joseph ließ antworten, man möge nach den Gesetzen des Landes verfahren.

„10 Sept. 1898 à 5 heures du soir. Arrivés a l'hôtel Beau-Rivage nous avons été introduis dans la chambre No 34, située au premier étage et donnant sur le quai du Léman. Dans cette chambre se trouve étendu sur un lit le corps d'une femme qui Madame le Comtesse de Sztáray nous a dit être celui de Sa Majesté Elisabeth – Amalie – Eugénie, Impératrice d'Autriche, Reine de Hongrie. Le corps est entièrment nu et couvert d'une drap. Nous procédons à l'examen du cadavre. Ce quel sarait être celui d'une femme âgée d'environ 60 ans et dont voici le signalement:"

„Am 10. Sept. 1898 um 5 Uhr abends. Angekommen im Hotel Beau-Rivage traten wir in das Zimmer Nr. 34 ein, welches im ersten Stock liegt und auf den Léman-Kai geht. In diesem Zimmer lag ausgestreckt auf einem Bette der Körper einer Frau, den uns Frau Gräfin von Sztáray als den Ihrer Majestät Elisabeth-Amalia-Eugenie, Kaiserin von Österreich, Königin von Ungarn, bezeichnete. Der Körper war völlig nackt und mit einem Bettlaken bedeckt. Wir schreiten nun an die Untersuchung der Leiche. Diese ist die einer Frau von etwa 60 Jahren, mit folgender Beschreibung:"

„La figure est calme et sans contraction musculaire apparente. La peau est encore tiède, la rigidité cadavérique n'existe pas. Teint jaune pâle. Les cheveux sont châtains-bruns. Jeux gris bleus. Bonne dentitions. Le panicule adipeux est peu développé. Taille 1 m 72. Sur l'abdomen vegetures nacrées, anciennes. Sur les parties déclives on remarque déjà quelques indices de livididés cadavériques. Nous ne constatons aucun écoulement par le nez ou par le bouche."

„Der äußere Eindruck ist ruhig, scheinbar ohne Muskelverkrampfungen. Die Haut ist schlaff, die Totenstarre nicht vorhanden. Die Hautfarbe gelblich-blaß. Die Haare dunkelbraun. Die Augen graublau. Gute Bezahnung[1]). Das Unterhautzellgewebe wenig entwickelt. Die Körpergröße 1 Meter 72. Auf dem Abdomen perlmutterartige, alte Striemen[2]). An den abhängigen Partien bemerkt man schon einige Anzeichen von Totenflecken. Wir finden keinerlei Austritt aus Nase oder Mund."

„Sur la partie antérieure et latérale gauche du thorax, nous notons les lésions suivantes:"

„An der linksseitigen Vorder- und Seitenwand des Thorax vermerken wir folgende Verletzungen:"

„A/. A onze centimètres au deśsous de la clavicule gauche, à onze centimètres en dehors de la ligne médiane du sternum, du côté gauche, et quatre centimètres audessus du mamelon, existe une plaie en forme de V à ouverture supéro externe. La branche superieur qui se dirige de haut en bas et un peu de gauche à droite mesure 0,01 centimètre de largeur. De sa partie inférieure part une autre branche à directione presque horizontale de 0,012 de longeur. Les bords de la branche

---

[1]) Dies rührt von einer sehr oberflächlichen Besichtigung her, denn Elisabeth trug eine Zahnprothese.

[2]) Damit sind sog. Schwangerschaftsstreifen (Striae gravidarum) gemeint.

verticale presentent un écartement de 0,002 mmill.[1]*), coup de la branche horizontale, de 0,004 m. Le plaie celle-même a un aspect desséché et brunâtre; Ses bords sont entourés d'une petite zone ecchymotique, legèrement bleuâtre de quelques millimètres de largeur.*"

„A/. Elf Zentimeter unterhalb der linken Klavikula und elf Zentimeter außerhalb der durch das Sternum gehenden Medianlinie besteht linksseitig und vier Zentimeter über der Brustwarze eine Wunde in Form eines ‚V', mit der Öffnung nach oben-außen. Der obere Ast, der sich von oben nach unten und ein wenig von links nach rechts richtet, mißt 1 Zentimeter in der Breite. Von seinem unteren Anteil entspringt ein anderer Ast in beinahe horizontaler Richtung von 1,2 Zentimeter Länge. Die Ränder des vertikalen Astes zeigen einen Spalt von 2 mm, das horizontale Stückchen einen solchen (Spalt) von 4 mm. Die Wunde selbst hat ein vertrocknetes und bräunliches Aussehen; ihre Ränder sind umgeben von einer kleinen, blutunterlaufenen, leicht bläulichen Zone von einigen Millimetern Breite."

„Autour du mamelon et voisin quelques lésions, qui nous ont été indiquées par les Drs Golay und Mayor comme étant le résultat de l'application du marteau de Mayor. Les lésions toutes superficielles nous paraissent correspondre à la déclaration de nos confrères."

„Um die Brustwarze und in ihrer Nachbarschaft fanden sich einige Verletzungen, die uns von den Doktoren Golay und Mayor als Folge der Anwendung des Reflexhammers[2]) von Mayor erklärt wurden. Die ganz oberflächlichen Verletzungen scheinen uns mit der Erklärung unserer Kollegen übereinzustimmen."

„B/. Le poignet droit est entouré d'une bande de gaze hydrophile tachée de liquide sanguinolent. Après avoir enlevée cette bande, nous constatons à la partie inférieure de la région radiale, une petite plaie, à bords nettement délimités rectiligne, parallèle à l'axe du membre et correspondant au trajet de l'artère radiale. Cette plaie mesurant 0,02 cent. de long environ, à été faite post mortem, au dire de nos confrères dans le but de constater la réalité du décés; ses bords sont réunis par deux points de suture."

„B/. Das rechte Handgelenk ist mit einem Streifen hydrophiler Gaze, die mit blutiger Flüssigkeit befleckt ist, umwickelt. Nachdem dieser Streifen abgenommen ist, bemerken wir an der unteren Partie der Radialregion eine kleine Wunde, deren Ränder klar geradlinig abgegrenzt sind und welche parallel zur Gliedmaßenachse und korrespondierend zum Verlauf der Arteria radialis verläuft. Diese Wunde mißt etwa 2 cm in der Länge und wurde *post mortem* gesetzt,

---

[1]) Die Maßbezeichnungen sind im Urtext offensichtlich teilweise verschrieben. Ich habe daher im Urtext die ursprünglichen Maßbezeichnungen (Millimeter, Zentimeter, Meter) beibehalten, in der Übersetzung jedoch diesselben korrigiert, da Bezeichnungen wie „0,002 Millimeter" als Wundspaltangabe sicher nicht gemeint waren.

[2]) Die Franzosen prüften im vorigen Jahrhundert den Eintritt des Todes durch Beklopfen der Brustwarze mit dem Reflexhammer.

nach Aussage unserer Kollegen zu dem Zwecke, um den Eintritt des Todes festzustellen[1]). Ihre Ränder wurden durch zwei Knopfnähte vereinigt."

„Enfoi de quoi nous avons signé le présent rapport.
Genêve le 12 Septembre 1898
(signe) L. Mégeraud
(signe) Professeur Auguste Reverdin."

„Unter Ansehung dieser Umstände haben wir den vorliegenden Befund unterzeichnet.
Genf, den 12. September 1898
(gezeichnet) L. Mégeraud
(gezeichnet) Professor Auguste Reverdin."

Im Originaltext folgen dann noch die (unleserlichen) Unterschriften und Beglaubigungen des Untersuchungsrichters, des Gerichtsschreibers und des Sekretärs der Staatsanwaltschaft.

Das obiger Übersetzung zugrunde liegende Dokument wird im Österreichischen Haus-, Hof- und Staatsarchiv aufbewahrt (Fam. Arch. Nr. 2790).

Der zweite Teil des Dokuments (3 Seiten) ist das gerichtsmedizinische Protokoll über die Teilobduktion Kaiserin Elisabeths mit der genauen Schilderung der Verletzung und der Todesursache.

Die Gegenüberstellung des französischen Originals mit der deutschen Übersetzung erfolgt wie oben.

„Nous soussignés Hippolyte Jean Gosse, Docteur et Professeur de Médecine légale à l'Université de Genêve, Auguste Reverdin, Docteur et Professeur à la Faculté de Médecine de Genêve et Luis Mégeraud, Docteur et Privat docent à la Faculté de Mèdecine de Genêve, avons été requis le 11 Septembre 1898 par M. Lèchet, Juge d'Instruction de la République et Canton de Genêve de procéder à l'autopsie partielle de S. M. l'Impératrice Elisabeth d'Autriche aux fins de déterminer d'une manière certaine les causes de son decès."

„Wir, die Unterzeichneten, Hippolyte Jean Gosse, Doktor der Medizin und Professor der Gerichtsmedizin an der medizinischen Fakultät in Genf, und Auguste Reverdin, Doktor und Professor an der medizinischen Fakultät in Genf, und Luis Mégeraud, Doktor und Privatdozent an der medizinischen Fakultät in Genf, wurden am 11. September 1898 von Herrn Lèchet, Untersuchungsrichter der Republik und des Kantons Genf, beauftragt, die Teilobduktion Ihrer Majestät der Kaiserin Elisabeth von Österreich zwecks eindeutiger Feststellung ihrer Todesursachen vorzunehmen."

„Nous avons procédé à cette investigation le 11 Septembre 1898 à deux heures et demis après-midi, en présence de Madame la Comtesse Sztáray, Dame d'Honneur

---

[1]) Dieser Schnitt wurde auf Seite 69 bereits erwähnt, u. zw. bei der Schilderung der Vorgänge, als die sterbende Elisabeth ins Hotel zurückgebracht wurde.

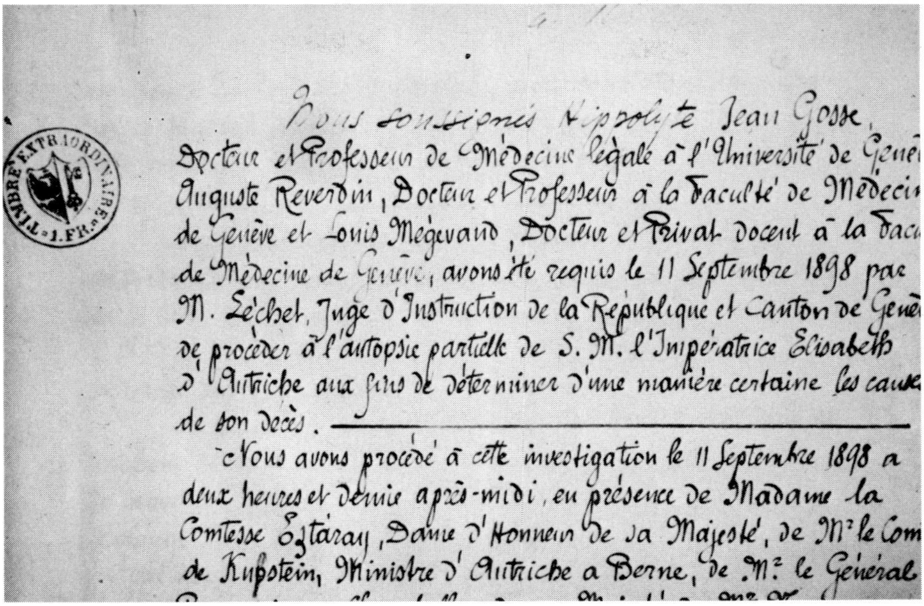

Nous soussignés Hippolyte Jean Gosse,
Docteur et Professeur de Médecine légale à l'Université de Genè
Auguste Reverdin, Docteur et Professeur à la Faculté de Médeci
de Genève et Louis Mégevand, Docteur et Privat docent à la Fac
de Médecine de Genève, avons été requis le 11 Septembre 1898 par
M. Léchet, Juge d'Instruction de la République et Canton de Genè
de procéder à l'autopsie partielle de S. M. l'Impératrice Elisabeth
d'Autriche aux fins de déterminer d'une manière certaine les caus
de son décès.
Nous avons procédé à cette investigation le 11 Septembre 1898 à
deux heures et demie après-midi, en présence de Madame la
Comtesse Sztaray, Dame d'Honneur de sa Majesté, de Mr le Com
de Kupstein, Ministre d'Autriche à Berne, de Mr le Général

Beginn der Handschrift des gerichtsmedizinischen Protokolls über die Teilobduktion der Kaiserin.

de sa Majesté, de Mr. le Comte de Kupstein[1]), *Ministre d'Autriche a Berne, de Mr. le Général Berzeviczy, Chambellan de sa Majesté, de Mr. Navazza, Procureur Général de la République et Canton de Genêve, de Mr. le Dr. Mayor, Professeur a la Faculté de Médecine de Genêve et de Mr. le Docteur Etiènne Golay; ces deux derniers ayant donnedes soins a Sa Majesté."*

„Am 11. September 1898 um halb drei Uhr nachmittags schritten wir an die Obduktion, in Gegenwart von Frau Gräfin Sztáray, Hofdame Ihrer Majestät, von Herrn Graf von Kuefstein, österreichischer Gesandter in Bern, von Herrn Generalmajor von Berzeviczy, Kammerherr von Ihrer Majestät, von Herrn Navazza, Oberstaatsanwalt der Republik und des Kanton von Genf, von Herrn Dr. Mayor, Professor an der medizinischen Fakultät in Genf, und Herrn Doktor Etiènne Golay; die beiden letzteren haben Ihre Majestät betreut[2])."

„Une incision est faite partant du bord externe de la région sternale et s'étendant sur une longeur de quarante trois centimetres suivant une ligne concave en dehors. Elle circonscrit un volet intéressant toutes les parties molles qui recouvrent la partie latérale gauche du thorax."

[1]) Der im Text stehende Name „Kupstein" ist nachträglich ausgebessert auf „Kufstein", müßte jedoch richtig lauten „Kuefstein".
[2]) Singgemäß wäre zu ergänzen: „. . . haben Ihre Majestät nach dem Attentat ärztlich betreut."

„Eine Schnittführung wurde vorgenommen vom äußeren Rande der Sternalregion, sich in 43 cm Länge in einer konkaven Linie nach außen erstreckend. Diese Linie umgrenzt einen fensterartigen Lappen, welcher alle Weichteile, die den linksseitigen Thorax bedecken, betrifft."

„Ce volet, resté adhérent a sa partie latérale externe, permet d'apercevoir les côtes, les muscles intercostaux et de découvrir une plaie pénétrante en relation directe avec la plaie des parties molles, déjà décrite dans le rapport précédent."

„Dieser Lappen bleibt an seiner äußeren Partie anhaftend und erlaubt, die Rippen und die Interkostalmuskeln zu betrachten und eine penetrierende Wunde zu entdecken, welche in direkter Verbindung zu jener Weichteilwunde steht, welche schon bei der vorherigen äußeren Beschreibung beschrieben wurde."

„Cette plaie, de forme triangulaire mesure huit millimètres de côte. Elle est située a onze centimètres de la ligne médiane et passe dans le troisième espace intercostal, en interessant la quatrième côte, laquelle est fissurée dans toute son épaisseur."

„Diese dreieckige Wunde hat eine Seitenlänge von acht Millimetern. Sie liegt elf Zentimeter von der Medianlinie entfernt und gelangt durch den dritten Interkostalraum zur vierten Rippe, die sie in ihrer ganzen Dicke spaltet."

„L'on remarque autour de cette plaie une largo ecchymose. Relevant alors la paroi thoracique, que nous avons sectionnée au niveau du bord costosternal, nous constatons un écoulement de sang assez abondant et l'orifice interne d'une plaie allongée dans le sens vertical et en rapport direct avec la fracture de la côte."

„Man bemerkt um diese Wunde eine sie umfassende Blutunterlaufung. Wenn man die Thoraxwand aufhebt, welche wir im Bereiche des Rippensternalrandes zerteilt haben, stellen wir einen ziemlich reichlichen Blutsaustritt und die innere Öffnung einer Wunde fest, die sich vertikal ausdehnt und in direkter Beziehung zur Rippenfraktur steht."

„Le poumon gauche recouvre le coeur et présente sur son bord antérieur une plaie perforante longue de un centimètre sur la face antérieure et de huit millimètres sur la face postérieure. Autour de cette plaie, petite ecchymose rouge-violacée, d'un centimètre sur huit millimètres."

„Die linke Lunge bedeckt das Herz und zeigt an ihrem vorderen Rande eine perforierende Wunde von einem Zentimeter Länge an der Lungenvorderseite und acht Millimeter an der Lungenhinterseite. Um diese Wunde findet sich eine kleine Blutunterlaufung von rot-violetter Farbe, von einem Zentimeter zu acht Millimetern."

„Le péricarde présente une large déchirure ovalaire, se dirigeant de haut en bas et de dehors en dedans, et au travers de laquelle fait hernie un caillot volumineux, qui se prolonge dans la cavité péricardique qu'il remplit. Après avoir enlevé ce caillot, nous constatons une légère surcharge graisseuse du coeur. Sur la partie antérieure du ventricule hauche et tout près de la branche descendante de l'artère coronaire antérieure et en dehors d'elle, on remarque une plaie dirigée un peu

obliquement de haut en bas et de dehors en dedans. Ses bords sont un peu hâchés et présentent une forme triangulaire."

„Das Perikard zeigt einen breitovalen Riß, der sich von oben nach unten und außen nach innen erstreckt. Quer über ihn (findet sich) ein herniöses, voluminöses Blutgerinnsel, welches sich in den Perikardialraum verlängert und ihn ausfüllt. Nachdem dieses Blutgerinnsel aufgehoben wurde, stellen wir eine geringe Fettbewachsung des Herzens fest. Über dem vorderen Anteil des linken Ventrikels und ganz nahe dem absteigenden Aste der vorderen Koronararterie und außerhalb derselben bemerkt man eine Wunde, die ein wenig schief von oben nach unten und von außen nach innen verläuft. Ihre Ränder sind ein wenig zerhackt und bieten eine dreieckige Form."

„*Un stylet pénétre facilement au travers d'elle sur une longueur de cinquante cinq millimètres et va ressortir à la partie postérieure due coeur, en passant dans une plaie intéressant la paroi postérieure du ventricule gauche, plaie triangulaire située a quinze millimètres en dehors du sillon interventriculaire, et a six centimètres au dessus de la pointe du coeur.*"

„Eine feine Sonde (‚un stylet') dringt leicht durch diese Wunde auf eine Länge von 55 Millimeter ein und tritt wieder auf der Rückseite des Herzens heraus. Dabei passiert sie eine dreiwinkelige Wunde, die die Hinterwand des linken Ventrikels betrifft und 15 Millimeter außerhalb der Interventrikularfurche und 6 Zentimeter über der Herzspitze liegt."

„*Cette plaie a bords contus mesure cinq millimètres. Faisant alors passer une sonde depuis la plaie cutanée au travers des plaies viscérales que nous venons de décrire, nous notons que le trajet de l'instrument vulnérant mesure en totalité quatre vingt cinq millimètres.*"

„Diese Wunde hat gequetschte Ränder und mißt fünf Millimeter. Nachdem wir eine Sonde durch die Hautwunde und die inneren Wunden, die wir eben beschrieben haben, steckten, notieren wir, daß die Wegstrecke des verwundenden Instruments in der Gesamtheit fünfundachtzig Millimeter mißt."

„*La direction genérale est légèrement oblique de haut en bas et de gauche a droite.*"

„Die allgemeine Richtung (ergänze: des Wundkanales) ist schief, von oben nach unten und von links nach rechts."

„*Ces constations achevées, nous jujeons util de fermer les plaies du coeur par deux points de suture en avant et un en arrière, afin d'éviter un insuccès au cours de l'embaumement.*"

„Nach Beendigung dieser Feststellungen finden wir es nützlich, die Herzwunden vorne und rückwärts durch zwei Knopfnähte zu schließen, um einen Mißerfolg im Verlauf der Einbalsamierung zu vermeiden."

„Dans le même but, nous placons encore une ligature en masse sur la plaie pulmonaire. – Ceci fait huit points de suture profonds rapprochent les côtes du sternum et maintiennent le muscle pectoral; après quoi les bords du lambeau sont réunis par cinquante points de suture en surjet et quatre points de soutien.“

„Zu demselben Zwecke legen wir noch eine Unterbindung im Bereiche der Lungenwunde an. – Nachdem dies geschehen ist, fügen wir durch acht tiefe Knopfnähte die sternalen Rippenstücke zusammen und vereinigen die Pektoralmuskulatur; nachher werden die Ränder des Lappens durch fünfzig fortlaufende, überwendige Nähte und vier Festigungsnähte vereinigt.“

„Conclusions:“

„En raison des constatations ci-dessus mentionnées, il est permis de conclure d'une facons certaine que les lésions décrites ont été produites par un instrument allongé, de forme triangulaire, a bords plus ou moins émoussés.

Cet instrument a pénétré avec violence a travers la paroi thoracique; fracturant une côte et perforant le ventricule gauche du coeur de part en part. – La direction générale du trajet correspond a une ligne dirigée un peu de haut en bas et de dehors en dedans.

La mort à été causée sans aucun doute par l'écoulement progressif et lent d'une quantité de sang suffisante pour comprimer le coeur et en suspendre les fonctions. La constatation du volumineux caillot occupant le péricarde en est la démonstration absolue.“

„Genêve, le 12 Septembre 1898.
(signé) H. J. Gosse
(signé) Professeur Auguste Reverdin
(signé) L. Mégeraud“

„Schlußfolgerungen:“

„Unter Berücksichtigung der oben angeführten Feststellungen ist es erlaubt, mit Sicherheit zu folgern, daß die beschriebenen Verletzungen durch ein längliches, in der Form dreieckiges Instrument, mit mehr oder weniger stumpfen Rändern, bewirkt wurden.

Dieses Instrument ist mit Gewalt durch die Thoraxwand eingedrungen; es hat eine Rippe frakturiert und den linken Herzventrikel durch und durch perforiert. Die allgemeine Richtung des Wundkanales entspricht einer Linie, die ein wenig von oben nach unten und von außen nach innen verläuft.

Der Tod wurde ohne Zweifel durch das fortschreitende und langsame Ausfließen einer Blutmenge verursacht, deren Quantität das Herz komprimierte und seine Funktionen unterbrach.

Die Feststellung des umfangreichen Blutgerinnsels, welches das Perikard ausfüllt, ist der absolute Beweis."

„Genf, 12. September 1898.
(gezeichnet) H. J. Gosse
(gezeichnet) Professor Auguste Reverdin
(gezeichnet) L. Mégeraud"

Es folgen auch hier im Originaltext noch Unterschriften von Gerichtspersonen und Beglaubigungen durch Ämter. Das der Übersetzung zugrunde liegende Dokument wird im Österreichischen Haus-, Hof- und Staatsarchiv aufbewahrt (Fam. Arch. Nr. 2791).

Nun war also auch pathologisch-anatomisch geklärt, daß Kaiserin Elisabeth an eine Herzbeuteltamponade, ausgelöst durch eine Stichverletzung des Herzens, gestorben ist. Die Zeit zwischen Attentat und Tod betrug etwa 20 Minuten; die Betroffenen verspüren keine größeren Schmerzen, sondern werden zunehmend schwächer und schließlich bewußtlos.

Elisabeth war so einsam gestorben, wie sie es sich gewünscht hatte. In ihrem Testament bestimmte sie zwar, auf Korfu beigesetzt zu werden, aber das ließ die Tradition der Habsburger nicht zu. Der Leichnam wurde in Genf einbalsamiert und am 16. September 1898 in der Kapuzinergruft beigesetzt, mit allem Prunk des von Elisabeth so verabscheuten spanischen Zeremoniells.

Als die spätere Kaiserin Elisabeth 1837 in München zur Welt kam, begann ein in Ungarn geborener, 19 Jahre junger Mann seine Universitätsstudien in Wien. Er sollte die Geburtshilfe revolutionär verändern und als „Retter der Mütter" in die Geschichte eingehen. Der Name des Studenten war Ignaz Philipp Semmelweis.

Gehirnerkrankungen waren eine häufige Komplikation der Syphilis

Syphilis (= Lues) ist eine ganz überwiegend durch Geschlechtsverkehr übertragene Infektionskrankheit. Neben frühzeitig auftretenden lokalen Krankheitserscheinungen an den Geschlechtsorganen, kann es viele Jahre später (5–20) zu einem Befall des Gehirns kommen, wobei charakteristische psychiatrische Symptome auffallen: im Vordergrund stehen Persönlichkeitsveränderungen, entweder als manische Anfälle oder als depressiv-hypochondrische Zustände. Diese *„progressive Paralyse"* führt entweder in kurzer Zeit infolge nervlicher Erschöpfung und körperlichen Verfalls zum Tod oder es beginnt ein chronisch progredienter Verlauf oft über viele Jahre.

Eine weitere luetische Erkrankung ist der Befall des Rückenmarks, wobei zunächst Gangstörungen auftreten. Diese *„Tabes dorsalis"* kann mit einer progressiven Paralyse kombiniert sein: *„Tabo-Paralyse"* – die Krankheit beginnt mit einer symptomarmen Tabes, die Paralyse pfropft sich auf und beherrscht den weiteren Verlauf.

Die Syphilis und ihre Folgekrankheiten waren bis in den Anfang dieses Jahrhunderts nicht heilbar. Die ersten erfolgreichen Therapiemaßnahmen verdanken wir Paul Ehrlich (Nobelpreis 1903) mit der Entwicklung des Medikamentes Salvarsan und Julius Wagner Freiherr v. Jauregg (Nobelpreis 1927) mit der Einführung der Fiebertherapie.

Heute ist die Syphilis in Frühstadien durch Antibiotika heilbar.

IGNAZ PHILIPP SEMMELWEIS

(1818–1865)

Semmelweis, frühzeitig gealtert als 43jähriger, vier Jahre vor seinem Tod.

Biographische Übersicht

1818	Ignac Fülöp wurde am 1. Juli 1818 in Ofen (heute als Buda zu Budapest) als fünftes von neun Kindern geboren. Die Familie seines Vaters Joseph Semmelweis (1778–1846) stammte aus dem heutigen Burgenland, die Familie der Mutter Terezia (Therese) Müller kam aus Bayern. Der Vater betrieb einen Gewürz- und Kolonialwarenladen.
bis 1837	Er absolvierte 1835 als zweitbester Schüler das Piaristengymnasium in Ofen, dann zwei Jahre (bis 1837) philosophischer „Lehrgang" an der Pester Universität; dies entsprach den letzten zwei Jahren eines heutigen Gymnasiums und war das verbindliche Vorstudium für den Besuch der Universität.
1837–1844	Nach einjährigem Jus-Studium in Wien trat er zur Medizinischen Fakultät über und promovierte am 21. April 1844 zum Doctor medicinae mit einer lateinisch verfaßten Dissertation über ein botanisches Thema: „*Tractatus de vita plantarum*" (Abhandlung über das Leben der Pflanzen). Nach einem zweimonatigen Lehrgang wurde er am 1. August 1844 Magister der Geburtshilfe – das entspricht dem Facharzt. Er bewarb sich um einen Assistentenposten an der Geburtshilflichen Klinik des Wiener Allgemeinen Krankenhauses; obwohl es keine freie Stelle gab, gestattete ihm der Klinikchef Prof. Klein, solange als Aspirant zu kommen, bis er endgültig zum Assistenten ernannt würde. Semmelweis mußte eineinhalb Jahre warten.
1845	Am 30. November erwarb er den Grad (Facharzt) eines Doctor chirurgiae.
1846	Von 27. Februar bis 20. Oktober erste Assistentenzeit in der Gebärklinik bei Prof. Klein.
1847–1849	Von 20. März 1847 bis 19. März 1849 zweite Assistentenzeit. In dieser Periode entdeckte Semmelweis als 29jähriger Arzt die Ursache des Kindbettfiebers sowie der damit verbundenen hohen Müttersterblichkeit und ordnete die allgemein verbindliche Händedesinfektion an.
1849	Ein Ansuchen um Verlängerung der Assistentenzeit wurde abgelehnt und Semmelweis mußte die Universitätsklinik verlassen.
1850	Ernennung zum Privatdozenten für „theoretische Geburtshilfe". Semmelweis übt diese Tätigkeit nicht aus und kehrt im Oktober in seine Heimat zurück.
1851–1855	Leitung der Gebärabteilung des St. Rochus-Spitals in Pest. Ab Oktober 1855 Universitätsprofessor und Vorstand der Lehrkanzel für Geburtshilfe an der Pester Universität. Er hielt seine Vorlesungen in ungarischer Sprache.

1857 Der 39jährige Semmelweis heiratet die 20jährige Maria Weidenhofer, sie sollte ihren Mann um 45 Jahre überleben. Das Ehepaar hatte fünf Kinder: Ignaz (geb. 1858) starb nach 36 Stunden; die Obduktion ergab einen Wasserkopf.
Mariska (geb. 1859) starb nach einem halben Jahr an Bauchfellentzündung.
Margit (geb. 1861) erreichte ein hohes Alter und blieb ledig.
Bela (geb. 1862) beging mit 23 Jahren Selbstmord.
Antonia (geb. 1864) heiratete den Richter Kalman Lehoczky.
Frau Semmelweis und ihre Kinder ließen ihren Namen 1879 auf Szemerenyi magyarisieren; die männlichen Sprößlinge des Lehoczky-Zweiges nahmen hingegen später den Doppelnamen Lehoczky-Semmelweis an.

1861 Es erscheint das große Buch von Semmelweis *„Die Ätiologie, der Begriff und die Prophylaxis des Kindbettfiebers“* (543 Seiten). Darin werden mit logischen Schlußfolgerungen und gestützt auf zahlreiche statistische Tabellen die Ursache sowie die Maßnahmen zur Verhütung des Puerperalfiebers dargestellt.

1861/62 Semmelweis klagt in *„Offenen Briefen“* sämtliche Geburtshelfer, d. h. die Gegner seiner Lehre, der Ignoranz und der Mitschuld am Tode unzähliger junger Mütter an. Der Ton in diesen Briefen ist ungewöhnlich aggressiv und persönlich verletzend. Veränderungen seiner Persönlichkeit, rasche Alterung, unsicherer Gang und eine zunehmende Einengung seines Bewußtseins markieren die ersten Symptome seiner Gehirnerkrankung.

1865 Im Juli bricht akut und mit heftigen Symptomen die Geisteskrankheit aus. Semmelweis wird nach Wien gebracht und am 31. Juli in eine in der Lazarettgasse befindliche Irrenanstalt, die damals dem Land Niederösterreich gehörte, aufgenommen. Wegen mehrfacher Tobsuchtsanfälle wurde er in eine Zwangsjacke gesteckt. Rasch verschlechterte sich sein Befinden, und nach knapp zwei Wochen Aufenthalt im Krankenhaus starb Ignaz Philipp Semmelweis am

13. August 1865 47 Jahre alt.

Das Kindbettfieber zur Zeit des jungen Semmelweis

Das ausgehende 18. Jahrhundert in Wien war eine zwiespältige Zeit ungezügelter, heimlicher Lebenslust und nach außen moralisierender Prüderie. Verhütungsmöglichkeiten im heutigen Sinne kannte man nicht. Die unerwünschten Kinder wurden heimlich geboren und ebenso heimlich beseitigt. Um diesem Übelstand abzuhelfen, gründete Kaiser Joseph II. 1784 eine Gebärklinik. Diese wurde bald die betriebsamste Anstalt Europas, und die Zahl der Entbindenden stieg derart an, daß die Abteilung erweitert werden mußte. 1834 – Semmelweis besuchte noch das Gymnasium – wurde ein neuer Gebäudetrakt angeschlossen und die Klinik zweigeteilt. Professor Johann Klein (1788–1856) bezog die neue Abteilung, die man nun die I. Geburtshilfliche Klinik nannte, während die alte Abteilung unter der Leitung von Professor Franz Xaver Bartsch (1800–1861) die II. Klinik wurde.

Beide Kliniken wirkten anfänglich unter gleichen Voraussetzungen, mit gleichen Methoden und gleichen Ergebnissen; die Müttersterblichkeit war nahezu gleich und betrug in beiden Abteilungen durchschnittlich 6%. Im Jahre 1840 wurde die Ausbildung der Ärzte und der Hebammen getrennt. Von da an praktizierten die Medizinstudenten und die Ärzte an der I. Klinik von Klein, die Hebammen an der II. Klinik von Bartsch. Das Ergebnis der Trennung war bestürzend. An der Ärzteklinik stieg die Sterblichkeit an Kindbettfieber auf 10%, an der Hebammenklinik aber ging sie auf 3% zurück.

Das Kindbettfieber (= Puerperalfieber[1]) war eine seit dem Altertum bekannte Krankheit, doch massenweise trat es erst auf, seit die Frauen im Krankenhaus gebaren, und in noch größerem Maße seit der *„Ära der pathologischen Anatomie“*, d. h. seit die Ärzte immer mehr Leichenöffnungen durchführten und sezierten.

Heute kennen wir das Wesen dieser Krankheit genau; bis zur Mitte des vorigen Jahrhunderts tappte man jedoch völlig im dunkeln. Das Puerperalfieber ist eine septisch[2]-fieberhafte Erkrankung, verursacht durch Eindringen von Bakterien in die Geburtswege der Frau (Scheide, Gebärmutter). Die Infektion erfolgt meist kurz vor der Geburt durch Hände oder Instrumente des Geburtshelfers, die Erreger gelangen in das Blut und werden im ganzen Körper verteilt. Es resultiert eine lebensbedrohliche Allgemeinerkrankung. Die Sterblichkeit betrug vor der Entdeckung der Antibiotika[3] über 80%.

In ganz Wien war die hohe Müttersterblichkeit an der Ärzteklinik bekannt. Die Frauen, welche an der I. Klinik aufgenommen wurden, mußten mit dem Tode rechnen. Zwar blieben von zehn Wöchnerinnen auch hier neun am Leben, doch in jedem Zimmer starb täglich eine Frau.

Semmelweis schrieb in seinem Buche: *„Daß sie sich wirklich vor der ersten Abtheilung fürchteten, davon konnte man sich leicht überzeugen, da man manchmal herzzerreissende Scenen mitansehen musste, wenn Individuen knieend und die Hände ringend um ihre Wiederentlassung baten, welche auf die zweite Abtheilung zur Aufnahme gehen wollten und wegen Unkenntnis des Locals auf die erste Abtheilung geriethen, welches ihnen die Anwesenheit vieler Männer*

---

[1]) Puerpera, lat. Wöchnerin.

[2]) Sepsis, sog. Blutvergiftung: Ausbreitung von Krankheitserregern auf dem Blutweg und Verschleppung derselben in alle Organe; Schüttelfrost, hohes Fieber, Bildung von Eiterherden verstreut im ganzen Körper.

[3]) Bakterientötende Medikamente.

klarmachte. Wöchnerinnen mit unzählbaren Pulsschlägen, meteoritisch aufgetriebenem Bauch, trockener Zunge, d. h. am Puerperalfieber schwer erkrankt, betheuerten wenige Stunden vor dem Tode, vollkommen gesund zu sein, um nur nicht ärztlich behandelt zu werden, weil sie wussten, dass ärztliche Behandlung der Vorläufer des Todes sei."

Die Frauen aus dem Volk wußten um die Zusammenhänge, aber die Ärzte nahmen das nicht zur Kenntnis. Professor Klein war von der für ihn unverständlichen statistischen Differenz unangenehm berührt, es starben schließlich an seiner Klinik dreimal soviel Frauen wie an der Hebammenklinik; es störte ihn allerdings nicht – wie Semmelweis – der Tod der Mütter, sondern lediglich die „*kränkende*" Statistik.

Da man über die Natur des Kindbettfiebers völlig im unklaren war, vermutete man eine eigenartige Epidemie und beschuldigte atmosphärische, kosmische und tellurische Einflüsse, die Überfüllung der Lokale, das verletzte Schamgefühl der Frauen, die sich gefallen lassen mußten, von Studenten untersucht zu werden. Ja, man ging so weit, die Ausländer von der Klinik auszuschließen, und zwar mit der Begründung, sie untersuchten roh.

Auch die Behörden wurden auf das erschreckende Mißverhältnis zwischen beiden Kliniken aufmerksam. Mehrmals wurden Kommissionen eingesetzt, die Ursache der Differenz der Sterblichkeit festzustellen. Die Untersuchungen verliefen stets ergebnislos.

Semmelweis charakterisierte die Situation: „*Alles war unerklärt, alles war zweifelhaft, nur die große Anzahl der Toten war eine unzweifelhafte Wirklichkeit.*"

Professor Klein versuchte lediglich die Statistik zu verschönen; die sterbenden Frauen verlegte er in andere Abteilungen des Krankenhauses.

Wer waren nun die Frauen, die trotz allem in einer Klinik ihr Kind zur Welt brachten? Jede Frau, die es sich leisten konnte, gebar zu Hause. In der Regel gab eine Hebamme oder auch nur eine erfahrene Nachbarin Hilfe; an den Arzt wandte man sich nur dann, wenn irgendeine Komplikation auftrat.

In die Gebärklinik kamen die mittellosen Frauen, die zu Hause weder Platz noch Geld hatten, um ein Kind auf die Welt zu bringen. Ein Teil von ihnen war anständig, doch bettelarm, der andere Teil war ebenso anständig, bestritt aber durch Prostitution seinen kärglichen Lebensunterhalt. Das waren die Patientinnen der Gebärkliniken. Diese Kliniken lockten auch mit einem großzügigen Angebot: die Versorgung war kostenlos, es mußte weder für die Hebamme noch für den Arzt, die Verpflegung oder die Ausstattung bezahlt werden, man konnte sogar das Kind dort lassen – und dies war die Hauptanziehungskraft der Klinik. Jene unverheirateten Mütter, die keine materiellen Möglichkeiten oder keine Lust hatten, ihr Kind großzuziehen, konnten es in das Findelhaus geben, wo es kostenlos und unter Geheimhaltung des Namens aufgezogen wurde, doch nur dann, wenn die Geburt in der Klinik erfolgt war. Um den ganzen sozialen

Hintergrund verstehen zu können, muß man wissen, daß etwa 1847 in Wien genau die Hälfte der Lebendgeburten außerehelich waren.

Wenn die werdenden Mütter ihr Kind zu Hause oder auch in einem Torweg zur Welt brachten und dann mit dem Neugeborenen unverzüglich in die Klinik eilten, so entgingen sie den unangenehmen und lebensgefährlichen ärztlichen Untersuchungen, ihr Kind wurde aber ebenso vom Findelhaus übernommen, als wäre es in der Klinik geboren worden. Häufig wurde zu dieser List gegriffen – zum Glück für die Frauen, weil diese Mütter meist vom Kindbettfieber verschont blieben. Diese Geburten wurden *„Gassengeburten"* genannt und erweckten als erstes das Interesse von Semmelweis.

„Bei der großen Ausbreitung der Stadt Wien ereignete es sich sehr oft, dass Kreissende auf dem Wege ins Gebärhaus, davor sie das Gebärhaus erreichten, auf der Gasse, auf dem Glacis, unter den Thoren der Häuser, wo sie der Zufall eben hinbrachte, entbanden, und dann nach der Geburt mit dem Säugling in der Schürze oft bei der ungünstigsten Witterung ins Gebärhaus gehen mussten.
Ich habe bemerkt, daß nun gerade die Wöchnerinnen, welche eine Gassengeburt überstanden hatten, auffallend seltener erkrankten als diejenigen, welche im Gebärhaus geboren hatten, obwohl bei den Gassengeburten die Geburt offenbar unter ungünstigeren Verhältnissen vorsichging, als bei denjenigen, welche bei uns auf dem Kreissebette gebaren."

Als es später Semmelweis gelungen war, die Ursache des Kindbettfiebers zu enträtseln, wurde ihm klar, warum die Erkrankung bei den Gassengeburten seltener auftrat als bei den Entbindungen im Krankenhaus. Diese Mütter entgingen den mit der Gefahr der Ansteckung verbundenen ärztlichen Untersuchungen.

Der Weg zur Entdeckung – Der Retter der Mütter

Zwei einschneidende Erlebnisse brachten Semmelweis die Erkenntnis über die Ursache des Kindbettfiebers: einmal seine vorübergehende Entlassung als Assistent von November 1846 bis März 1847 und zum anderen der Tod des Gerichtsmediziners Prof. Kolletschka[1]).

In dem fünfmonatigen Intervall zwischen der ersten und zweiten Assistentenzeit von Semmelweis sank die Müttersterblichkeit von über 10% auf etwa 3%, gleich wie an der Hebammenklinik. Als Semmelweis zurückkehrte, schnellte schon in seinem ersten Dienstmonat die Todesfallfrequenz auf 18%. Da Semmelweis die Statistik genau beobachtete, mußte er diesen Zahlen entnehmen, daß er selbst das Kindbettfieber verursachte – und das begriff er auch.

---

[1]) Dr. Jakob Kolletschka (1803–1847), seit 1843 Professor für Staatsarzneikunde; dies entsprach der heutigen Hygiene und Gerichtsmedizin.

In der alten Prosektur des Wiener Allgemeinen Krankenhauses sezierte Semmelweis selbst, bevor er in die Klinik zur Untersuchung der Schwangeren ging.

Inzwischen war aber noch etwas geschehen, das ihm die Augen öffnete. Er hatte eine Urlaubsreise nach Venedig unternommen und berichtete in seinem Buch über die Ereignisse:

„. . . wenige Stunden nach meiner Rückkehr nach Wien übernahm ich mit verjüngten Kräften die Stelle eines Assistenzarztes an der Gebärklinik, aber bald überraschte mich die traurige Nachricht, dass Professor Kolletschka, von mir hochverehrt, inzwischen gestorben sei.

Die Krankheitsgeschichte ist folgende: Kolletschka, Professor der gerichtlichen Medizin, nahm häufig in gerichtlicher Beziehung mit seinen Schülern Sectionsübungen vor; bei einer derartigen Uebung wurde er von einem Schüler mit dem Messer, welches zur Section benützt wurde, in einen Finger gestochen, in welchen? ist mir nicht mehr erinnerlich. Professor Kolletschka bekam hierauf Lymphangoitis[1]*), Phlebitis*[2]*) an der entsprechenden oberen Extremität, und starb während meines Aufenthaltes in Venedig an beiderseitiger Pleuritis*[3]), *Pericarditis*[4]), *Peritonitis*[5]), *Meningitis*[6]), *und es bildete sich noch einige Tage vor dem Tode eine*

[1]) Heute Lymphangitis genannt; eine eitrige Lymphgefäßentzündung.
[2]) Venenentzündung.
[3]) Rippenfellentzündung.
[4]) Herzbeutelentzündung.
[5]) Bauchfellentzündung.
[6]) Gehirnhautentzündung.

Metastase[1]) *in einem Auge. Noch begeistert durch die Kunstschätze Venedigs, durch die Nachricht des Todes Kolletschka's noch mehr erregt, drängte sich in diesem aufgeregten Zustande meinem Geiste mit unwiderstehlicher Klarheit die Identität der Krankheit, an welcher Kolletschka gestorben, mit derjenigen, an welcher ich so viele hunderte Wöchnerinnen sterben sah, auf. Die Wöchnerinnen starben ja auch an Phlebitis, Lymphangoitis, Peritonitis, Pleuritis, Pericarditis, Meningitis, und es bilden sich auch bei Wöchnerinnen Metastasen.*
Tag und Nacht verfolgte mich das Bild von Kolletschka's Krankheit, und mit immer grösserer Entschiedenheit musste ich die Identität der Krankheit, an welcher Kolletschka gestorben, mit derjenigen Krankheit, an welcher ich so viele Wöchnerinnen sterben sah, anerkennen."

Semmelweis dachte logisch weiter: wenn Kolletschka und die Frauen an der gleichen Krankheit verstorben waren, so mußte auch die Ursache die gleiche sein. Bei Kolletschka waren die erzeugende Ursache Kadaverteile, welche aus dem Leichnam bei der Sektion durch die Messerverletzung ins Blut gelangten. Wäre das auch bei den Wöchnerinnen möglich? Ja! Da an der Wiener Universität viel seziert wurde, kamen Professoren, Assistenten und Studenten häufig mit Leichen in Berührung. Besonders Semmelweis selbst hat täglich seziert, bevor er an die Klinik ging und Visite machte und die Frauen untersuchte. Das gewöhnliche Waschen mit Seife konnte die mit Leichenteilen verunreinigten Hände nicht desinfizieren, es blieben noch Bakterien auf der Haut und wurden so übertragen. Von Bakterien wußte Semmelweis allerdings noch nichts, er sprach von *„zersetzten organischen Stoffen"*.

Das erschütterndste war die Erkenntnis, daß die Ärzte, ja vor allem er selbst, es waren, welche die Infektion von den daran Verstorbenen auf die noch Lebenden übertrugen.

Dafür war auch der üble Geruch, der den Händen noch stundenlang nach einer Obduktion anhaftete, ein Beweis. Diesen Geruch zu vertreiben halfen am besten Chlorlösungen. Es wurden deshalb an der Klinik von Semmelweis für alle Personen obligate Waschungen mit Chlorkalk eingeführt. Der Erfolg war verblüffend. Die Sterblichkeit sank nach zwei Monaten von 17% auf 1,2%. Aber schon kurze Zeit später schien die Richtigkeit der Semmelweis'schen Anschauung zu wanken. Eines Tages lagen 13 Frauen im Kreißsaal. Die erste Frau, die untersucht wurde, litt an einem vereiterten Gebärmutterkrebs. Dann untersuchte man die andere, wobei zwischen den einzelnen Untersuchungen die Hände der Ärzte in der üblichen Weise mit Seife gewaschen wurden. Von den zwölf im Saale liegenden normalen Gebärenden starben damals elf an Kindbettfieber! Eine Übertragung der Krankheit durch Leichenteile konnte hier nicht die Ursache des Massensterbens gewesen sein, da nach Obduktionen stets die Hände mit Chlorkalk desinfiziert wurden. Semmelweis erkannte durch diesen Vorfall, daß neben Leichenteilen auch eitrige Substanzen lebender Personen als Überträger der

[1]) Absiedelung im Sinne eines Abszesses.

Krankheit wirken können. Es schien ihm deshalb notwendig, fortan auch nach jeder Verunreinigung der Hände mit Eiter eine Chlorkalkwaschung vorzunehmen.

Semmelweis forderte: „. . . *es müssen daher die Hände des Untersuchenden nicht blos nach Beschäftigung mit Cadavern, sondern nach Untersuchungen von Individuen, bei welchen die Hand mit Jauche verunreinigt werden kann, ebenfalls in Chlorwasser gewaschen werden, bevor zur Untersuchung eines zweiten Individuums geschritten wird.*"

Von da an hörte die „*Epidemie des Kindbettfiebers*" in der Wiener Gebärklinik auf.

Trotz der eindrucksvollen Resultate seiner Maßnahmen war Semmelweis in Wien kein Erfolg beschieden. Vor allem ist dies darauf zurückzuführen, daß die Ärzte seiner Zeit so betroffen von der Vorstellung waren, die Krankheit selbst von Frau zu Frau übertragen zu haben, und daher die neue Lehre zunächst ignorierten. Ende März 1849 wurde Semmelweis' Vertrag nach Ablauf seiner zweijährigen Assistentenzeit nicht mehr weiter verlängert. Im Jahre 1850 verließ er enttäuscht Wien und kehrte nach Budapest zurück.

Semmelweis erlebte den Durchbruch seiner Entdeckung nicht mehr, umso tiefer beeindrucken daher die letzten Zeilen im Nachwort seines Buches: „*Sollte es mir aber, was Gott verhüten möge, nicht gegönnt sein, diese glückliche Zeit mit eigenen Augen zu schauen, wird die Überzeugung, dass diese Zeit früher oder später nach mir unaufhaltsam kommen muss, noch meine Todesstunde erheitern.*"

Semmelweis' eigene Krankheit

Die Darstellung der meisten Biographen, Semmelweis' Krankheit sei im Sommer 1865 – wenige Wochen vor seinem Tode – unerwartet und akut ausgebrochen, ist falsch.

Die Vorgeschichte der Symptome reicht bis in das Jahr 1860 zurück. In dieser Zeit stellte er sein großes Buch „*Die Ätiologie, der Begriff und die Prophylaxis des Kindbettfiebers*" fertig und begann mit der Formulierung der „*Offenen Briefe*". In diesen Schriften zeigt sich ein charakteristischer Wandel seiner Persönlichkeit, die Anzeichen einer kranken Psyche werden deutlich; dazu kommt noch der Bericht seiner Gattin, er wäre um diese Zeit höchst reizbar gewesen, hätte nächtelang nicht geschlafen und sei fortwährend in seinem Zimmer auf und ab gegangen, laut die den Gegnern zugedachten Argumente formulierend.

Die krankhaften Anzeichen waren typisch:

1. Der Ton in seinen Streitschriften war ungewöhnlich aggressiv, seine Gegner nannte er „*Mörder*" und „*Nero*". Die krankhafte Übersteigerung wird auch dadurch nicht gemildert, daß er recht hatte. Wäre er bei klarem Verstand

gewesen, hätte er wissen müssen, daß er mit solchen Mitteln sein Ziel nicht erreichen konnte.

2. Er wiederholte stereotyp die gleichen Argumente unzählige Male; dies schwächte ihre Wirkung dementsprechend ab.
3. Semmelweis blieb im Jahre 1860 bei den Erkenntnissen von 1847 stehen, er war nicht mehr imstande, seine Erfahrungen mit den in der Zwischenzeit erfolgten Fortschritten der Medizin, insbesondere der aufstrebenden Bakteriologie, zu koordinieren. Stattdessen fertigte er endlose Statistiken an und trug diese in immer wieder abgewandelten Variationen vor.
   Semmelweis hatte den Schlüssel zur Entdeckung der bakteriellen Infektionskrankheiten in der Hand, er konnte dies aber intellektuell nicht mehr realisieren.
4. Er bemerkte nicht die zahlreichen Fehler in seinen statistischen Berechnungen. Es gibt eine Prozentzahl in einer wichtigen Tabelle, die er siebenmal, und jedesmal fehlerhaft, mitteilte.
5. Für seine Schreibweise charakteristisch ist ein Wortschwall, d. h. er schrieb, als würden gesprochene Worte unaufhaltsam aus ihm hervorbrechen. Dabei kümmerte er sich nicht darum, dies und jenes schon mehrmals gesagt zu haben.
6. Obwohl immer mehr Geburtshelfer seine Lehre anerkennen, nimmt Semmelweis keine Notiz von ihnen. Er sieht nur die Gegner und bekämpft diese mit starrem Fanatismus.
7. Wenn er von sich behauptete, *„die puerperale Sonne ist aufgegangen"* und *„meine ewig wahre Lehre"*, so bedarf dies keines Kommentars und wirft ein erschreckendes Bild auf seine monomanische Kritiklosigkeit.
8. Die von Semmelweis existierenden Photographien zeigen innerhalb von drei Jahren (1858–1861) eine rapide Alterung, ja frühe Vergreisung.
9. Er wurde psychisch labil und unberechenbar; von einem Extrem fiel er in das andere, oft ganz unvermittelt. Stimmte ihn etwas heiter, so zeigte er sich geradezu ausgelassen, und im nächsten Augenblick konnte ein kleiner Ärger seine ganze Wut entfachen. Widerspruch versetzte ihn geradezu in Raserei.
10. Er wurde zerstreut und vergeßlich, was er früher nie gewesen, und der Gattin fiel auf, daß sein Gang unsicher und schwankend geworden war.

All das war, als Semmelweis noch als gesund erachtet wurde, daher *„ahnte niemand Böses, man hatte sich an seine stürmischen Aufwallungen, sein exzentrisches Benehmen nach und nach gewöhnt"*. Dies waren zumindest die Worte seiner Frau – ob die befreundeten Ärzte auch so ahnungslos waren, ist nicht überliefert.

Im Kontrast zu den oben genannten Symptomen, wird Semmelweis am Höhepunkt seiner Kraft (1847) vom deutschen Arzt Adolf Kussmaul[1]) wie folgt charakterisiert: *„Er war mehr als mittelgroß, breit und stark gebaut, sein Gesicht*

---

[1]) Adolf Kussmaul (1822–1902), später Ordinarius für Innere Medizin in Straßburg und Heidelberg. 1847 befand er sich zu einem Studienaufenthalt in Wien.

Semmelweis wurde nach akuter Verschlechterung seiner Krankheit in die Niederösterreichische Landesirrenanstalt (die spätere Psychiatrische Universitätsklinik in der Wiener Lazarettgasse) gebracht, wo er nach 2 Wochen starb.

rund, mit etwas vortretenden Backenknochen, seine Stirne hoch und das Kopfhaar dünn; er hatte auffallend fleischige geschickte Hände, ein lebhaftes Temperament, große Arbeitskraft und Arbeitslust, ein warmes und gewissenhaftes Herz.“

Am prägnantesten formulierte die Medizinhistorikerin Erna Lesky den Übergang vom gesunden zum kranken Semmelweis: *„Hier hört der Fall Semmelweis auf, ein historischer zu sein, und beginnt ein psychologischer zu werden.“*

Nach all den geschilderten warnenden Vorzeichen kam es im Sommer 1865 zu einer akuten Verschlechterung im Befinden von Semmelweis. Berühmtestes Beispiel für die eingetretene Geistesverwirrung ist die „Hebammeneid-Szene“, worüber sein Assistent Fleischer berichtet: Semmelweis hatte im Juli 1865 in einer Sitzung des Professorenkollegiums in Budapest einen Vorschlag zur Besetzung einer vakanten Assistentenstelle zu unterbreiten, stattdessen er jedoch *„aus der Tasche seines Anzuges eine Hebammen-Eidesformel hervorzog und diese zur großen Überraschung der Anwesenden bis zu Ende las. Daraufhin wurde er durch seine erschütterten Kollegen, die nicht mehr an der entsetzlichen Wahrheit zweifeln konnten, in seine Wohnung begleitet.“*

Die Situation wurde untragbar, Semmelweis mußte behandelt werden. Da dies für einen amtierenden Universitätsprofessor in Pest nicht angebracht war, entschloß man sich, ihn nach Wien zu schicken. Am 30. Juli 1865 – nach einem Ärztekonsilium – erfolgte die Einweisung in die Niederösterreichische Landes-irrenanstalt in der Lazarettgasse in Wien.

Über die der Einlieferung vorangegangenen und die ihr folgenden Ereignisse steht uns heute eine zuverlässige Dokumentation zur Verfügung: die offizielle Einweisung (Parere) des Ärztekonsiliums, die ausführliche Krankenvorgeschichte und die in der Wiener Anstalt gefertigte Krankengeschichte. Diese Dokumente wurden, nachdem sie 112 Jahre lang verschollen waren, 1977 wieder zugänglich.

Die Einweisung von Semmelweis in die Irrenanstalt erfolgte durch folgendes

„Ärztliches Zeugnis

Unterfertigte bestätigen hiermit, daß der k. (königliche) Professor Dr. Ignatz Semmelweiss seit 3 Wochen mit einer dahin gehenden Störung seines Gemüthslebens behaftet ist, welche einer Seits die Entfernung von seiner gewohnten Umgebung und aus seiner Berufsthätigkeit, – andererseits eine geeignete Aufsichtigung und ärztliche Behandlung in sich schließt; – was in einer Anstalt für Gemüthskranke am sichersten erreicht werden kann: – daher die Unterfertigten für dessen Unterbringung in der k. k. Staats-Irrenanstalt einrathen. Pest den 29. Juli 1865.

Dr. Wagner
Prof. der m. (medizinischen) Klinik
Balassa
Prof. der prakt. Chirurgie
Dr. Bókai
Dirig. Primararzt des Kinderspitals“

Am 30. Juli unternahm man die Reise nach Wien, Semmelweis machte keine Schwierigkeiten. In klaren Augenblicken spürte er, daß mit ihm etwas nicht in Ordnung war. *„Es fehlt mir was im Kopf!“*, klagte er seiner Gattin. Als Krankenvorgeschichte hatten die Ärzte in Pest ein ausführliches Schreiben mitgegeben.

„Geschichtliche Mittheilung über den krankhaften Zustand
des Pr. Semmelweiss

Semmelweis Ignatz, 47 Jahre alt, R. Kath. Religion, Doctor der Medizin und seit 10 Jahren Professor der Geburtshilfe an der k. ung. Universität in Pest, seit 8 Jahren verheiratet, Vater von 3 Kindern, war laut Angabe seiner Umgebung stets gesund und gut genährt und wurde in seinen körperlichen Funktionen früher nichts abnormes beobachtet, Patient litt weder an Kopfschmerzen noch an Schwindel, doch bemächtigte sich seiner in den letzten Jahren zuweilen eine Schlafsucht, der er oft selbst im heitersten Kreise nicht zu widerstehen vermochte; gesteigert wurde diese Neigung zum Schlafe selbst durch den mäßigen Genuß geistiger Getränke.

In seinen geistigen Funktionen wurde von seinen Collegen bis zum Beginn der Entwicklung seines gegenwärtigen krankhaften Zustandes nichts beobachtet, was als anormale Äußerung seines geistigen Lebens hätte beurtheilt werden können.

Ignaz Philipp Semmelweis

Sein Gedankengang war stets correct und consequent, sein Urtheil seinen Motivirungen entsprechend richtig; seine wissenschaftlichen Ansichten verfocht er mit an Fanatismus grenzender Leidenschaftlichkeit, aber mit steter Consequenz in seiner Meinung und in seiner Motivirung. Die Aetiologie des Puerperalfiebers war stets das Thema, welches er mit Vorliebe in ärztlichen Kreisen zur Sprache brachte und bei dessen Besprechung er seine Leidenschaft nie zügeln konnte und Widersprüche nicht litt. Jeden Widersprechenden betrachtete er als seinen Feind und schonte hierbei selbst seine besten Freunde nicht.

Aufrichtigkeit, Biederkeit, Gutmüthigkeit sind die Hauptzüge seines Charakters; doch trotz seiner Gutmüthigkeit war er oft sehr barsch und schonungslos in seinen Äußerungen, den er mit Leidenschaft grob behandelte, den umarmte und küßte er in den nächsten Minuten.

Thätig in seinem Berufe, verfolgte er die Fortschritte seiner Fachwissenschaft mit Liebe und Fleiß; sein Handeln erschien jedoch zuweilen phantastisch.

Seit 3 Wochen merkt seine nächste Umgebung, daß seine Äußerungen und Handlungen sich von seinen früheren Gewohnheiten unterscheiden; er, der früher ganz seiner Familie lebte, fing an dieser gegenüber gleichgültig zu sein; sein häuslicher Zirkel hatte nun für ihn wenig anziehendes, er suchte Gelegenheit sich anderwärts zu unterhalten, was früher seinem Wesen nicht eigen war. Er, der früher geistige Getränke nur bei besonderen Gelegenheiten trank, überschritt nun oft die Grenzen der Mäßigkeit. Seine Berufsthätigkeit wurde lauer, sein Benehmen unanständiger. Obwohl er sich auch früher in seiner Conversation nicht selten einer freieren Sprache bediente, und auf die Umgebung wenig Rücksicht nahm, beobachtete er doch ein streng sittliches Leben; seit 4 Wochen jedoch beobachtete seine nächste Umgebung eine gesteigerte geschlechtliche Aufregung; er, der seiner Frau mit Liebe zugethan war, knüpfte nun Verhältniße mit einem Freudenmädchen an und fand darin nichts tadelnswerthes; seine geschlechtliche Aufregung steigerte sich bis zur Onanie; nach unmittelbar vollgebrachtem Coitus, den er nun auch häufiger ausübte, als früher. – Er wurde nachläßiger in seinem Anzuge, underweit in seinem Benehmen, sowohl Bekannten als Fremden gegenüber. In seinen Ausgaben wurde er verschwenderisch, ohne für seine Familie zu sorgen. Seine Einnahmen schätzte er hoch, seine Ausgaben gering.

Gegenwärtig beschäftigt ihn vorzüglich der Gedanke, daß er sein Werk über Puerperalfieber nun ungarisch ausarbeiten wolle und Siebold ins ungarische übersetzen werde, um Mitglied der ungarischen Akademie zu werden. Zu bemerken ist, daß er der ungarischen Sprache nicht in dem Grade mächtig ist, um eine solche Arbeit unternehmen zu können. Sein Werk will er mit seiner Photographie versehen, den 22 Universitäten zusenden und wollte zu diesem Zwecke 100 Photographien anfertigen lassen. Gegenwärtig sind seine Nächte unruhig, seine Eßlust sehr groß. Sein starker wohlgenährter Körper schwitzt sehr profus, was durch sein schon früher gebräuchliches häufiges übermäßiges Wassertrinken noch unterhalten wird; seine Stuhlentleerungen sind normal. Die Herzthätigkeit zeit-

weise gesteigert; Respirationsorgane normal; in den Unterleibsorganen keine wahrnehmbare Unregelmäßigkeit.

Die oben angeführten Erscheinungen, bestimmten uns zur Annahme einer Geistesstörung, die erst in den letzten Tagen deutlicher auftrat und uns dazu bestimmte den unglücklichen Collegen aus seiner jetzigen Umgebung zu entfernen und unter solche Verhältniße versetzen, die unter ärztlicher Leitung eines Fachmannes auf seine Geistesstörung günstig einwirken dürften.

Dr. Bókai e. U."

Allein schon diese Schilderung ist eine fast lehrbuchmäßige Darstellung der Symptome einer „*Progressiven Paralyse*". Das Krankheitsbild war zur damaligen Zeit bekannt, allerdings hatte man keinerlei Möglichkeit, therapeutisch zu helfen.

Der Aufnahmebefund in der Irrenanstalt beginnt wie folgt:
„*Bei der Aufnahme war er aufgeregt. Sprach viel und lebhaft . . . bei längerem Sprechen zeigte er sich verwirrt . . . Nebst einem heissen Kopf und Pulsfrequenz 120 zeigte er nichts auffallendes, Pupillen gleich, mässig weit. Am Mittelfinger der rechten Hand am Radialrande der letzten Phalange*[1]) *eine dunkelblaurothe von harter Epidermis bedeckte Stelle (Contusion oder Gangraen*[2])); *er habe sich weder angeschlagen noch gestochen noch bei der vor 3 Wochen auf eine scandalöse Weise vorgenommenen Entbindung inficirt. Es kam von selbst, sagt er.*"

Am folgenden Tage: „*. . . Der rechte Mittelfinger über das Metacarpofalangialgelenk*[3]) *hinaus so wie der Handrücken geschwellt roth aber unempfindlich. Ein Verband wird bei der Unruhe des Kranken stets verschoben und herabgerissen.*"

Was die Verletzung des Fingers betrifft, konnte die Ursache nicht festgestellt werden. In der Literatur erscheinen abwechselnd verschiedene Möglichkeiten: einmal eine Operation, einmal eine Geburt, einmal ein Kratzer – die Wahrheit wissen wir nicht.

Die Krankengeschichte der noch verbleibenden Tage ist kurz. Einen großen Teil seiner Zeit verbrachte der in verwirrtem Zustand befindliche Kranke in der Zwangsjacke oder in kalten Umschlägen. Sprach- und Gehstörungen wurden auffallender. Mehrfach Tobsuchtsanfälle. Immer mehr verbreitete sich die Gangrän an seiner Hand. Am 12. August ließ die Unruhe stufenweise nach, er lag wach, hatte röchelndes Atmen und einen schwachen Puls. Er erkannte niemanden mehr und starb am 13. August 1865, nach knapp zwei Wochen Aufenthalt im Krankenhaus. Ob ihm in der Anstalt außer der Zwangsjacke und kalten Umschlägen irgendeine Behandlung zuteil wurde, davon ist im Krankenblatt nichts gesagt.

---

[1]) Der daumenwärts gelegene Rand des Fingerendgliedes.
[2]) Contusion (lat.) = Quetschung; Gangraen (griech.) = Wundbrand.
[3]) Gelenk zwischen Finger und Mittelhandknochen.

Ignaz Philipp Semmelweis

Der Obduktionsbefund

Am 14. August 1865 wurde die Leichenöffnung durchgeführt. Das handschriftliche Original des Obduktionsprotokolls befindet sich im Wiener Pathologischen Institut (Nr. 49514/1404).

„Der Körper mittelgroß, gut genährt, blass, mit einem Stich ins Gelbe. Am Rücken und an der hinteren Fläche der Extremitäten mit violetten Totenflecken versehen. Das Kopfhaar grau, die Pupillen enge, der Hals dick, der Brustkorb gewölbt. Entsprechend dem linken Musculus pectoralis major die Haut grünlich missfärbig, zu einer luftkissenähnlich anzufühlenden halbkugeligen Geschwulst emporgehoben. Der Unterleib eingezogen. Die letzte Phalanx des rechten Mittelfingers, die Spitze der zweiten und ein bohnengrosser Anteil der ersten Phalanx teils völlig mit Missfärbung blossgelegt, teils nur mehr mit zerfallenden Gewebsfetzen bedeckt. Das letzte Interpalangealgelenk eröffnet, des Knorpels beraubt. Entsprechend dem rechten Olecranon ein silbergroschengrosser, von unterminierten, eitrig infiltrierten Rändern umgebener, bis an das Periost dringender Substanzverlust. Am linken Arme, ferner am Knie und dem Malleolus externus der rechten unteren Extremität, je eine Borke von der Grösse einer Haselnuss. Entsprechend dem Metacarpophalangealgelenk des linken Zeigefingers die Haut zu einer walnussgrossen knisternden Geschwulst emporgehoben.

Das Schädeldach dickwandig, kompakt, die harte Hirnhaut innig mit demselben verwachsen, die inneren Hirnhäute blutreich, serös infiltriert, längs der erweiterten, geschlängelten Gefässe milchig getrübt, beim Abziehen derselben Rindensubstanz stellenweise haften bleibend. Das Hirn dem Vorderlappen entsprechend verdünnte Windungen zeigend, vorzüglich in der grauen Substanz blutreich, derb, mässig feucht, in den Hirnhöhlen, deren Auskleidung verdickt ist, je eine Unze klares Serum. Das Septum an ein paar Stellen durchbrochen, vor ihm in der linken mittleren Schädelgrube eine über bohnengrosse, zarte, safrangelb gefärbte Pseudomembran.

Die Schilddrüse derb, kolloidhältig, in der Luftröhre, deren Schleimhaut blass, schaumige Flüssigkeit.

An einer übernussgrossen Stelle des linken Rippenbogens im subcutanen Bindegewebe ein mit gelbgrünem Eiter erfüllter Herd, entsprechend der Geschwulst des linken Brustkorbes, zwischen Pectoralis major und minor, ein mit stinkenden Gasen gemengter, schmutzig-gelber Jaucheherd. Die beiden genannten, ferner die Intercostalmuskeln jener Gegend in den dem Herd nächstgelegenen Schichten jauchig infiltriert, weiterhinaus missfärbig. Die sechs ersten Rippenknochen von ihrem vorderen Ende angefangen bis zu ihrem hinteren von einem stellenweise missfärbigen Periost bedeckt. Der 3. linke Intercostalmuskel nahe zu der Insertion des Rippenknorpels mit einer ungefähr erbsgrossen Öffnung perforiert und mit ihm die Pleura costalis. Entprechend jener Stelle im linken Thorax ein mannsfaustgrosser Jaucheherd, dessen Wände teils von Pleura costalis, teils von der Pleura visceralis und dem Pericardium gebildet werden.

Die linke Lunge in der Ausdehnung dieses Jaucheherdes frei und retrahiert, während sie sonst überall durch derbe Bindegewebsmembranen fixiert ist. Die rechte Lunge im hinteren oberen Umfange angeheftet, beide fein-schaumig oedematös, mässig mit Blut versehen.
Im Herzbeutel einige Quäntchen gelblichrötlichen Serums. Das Herz gross, schlaff, sein Fleisch blassrot, in seinen Höhlen kirschrotes flüssiges Blut.
Die Leber derb, mässig mit Blut versehen, in ihrer Blase hellgelbe Galle.
Die Milz braunrot, derb.
Der Magen und die Därme von Gasen mässig ausgedehnt, die Schleimhaut des ersteren im Fundus etwas erweicht, im Pylorusanteil mamelonniert. Die Schleimhaut der Därme blass, in ihren Höhlen gallig gefärbte Faeces.
Beide Nieren derb, mässig mit Blut versehen. An der Oberfläche der linken Niere ein überwalnussgrosses Aggregat von streifenförmigen Eiterherden, deren nächste Umgebung injiziert ist. In der Harnblase einige Unzen klaren Harnes.
Das Rückenmark feucht, über die Schnittfläche vorquellend, vorzüglich in den Hintersträngen der Halsanschwellung bis an die graue Substanz hin von graurötlichen Streifen durchsetzt.

Diagnose:
Hyperaemia meningum et cerebri.
Degeneratio grisea medullae spinalis.
Gangraena digiti medii manus dextrae.
Metastatici abscessus ad metacarpum indicis sinistri et in extremitate inferiore dextra, nec non in thoracis lateris sinistro quorum ultimus musculum intercostalem III et pleuram costalem perforat."

Es war bis 1970 im Wiener Institut für Pathologische Anatomie üblich, die Diagnosen in lateinischer Sprache abzufassen. Die Übersetzung lautet:
„Blutfülle der Gehirnhäute und des Gehirns.
Graue Degeneration des Rückenmarkes.
Brandige Zerstörung des Mittelfingers der rechten Hand.
Absiedelungsabszesse im Bereich des linken Zeigefingers und der rechten unteren Extremität sowie an der linken Brustkorbseite, wobei die Zwischenrippenmuskulatur unter der 3. Rippe und das Rippenfell eitrig durchbrochen war."

Bezüglich des Befundes am Rückenmark sowie der lateinischsprachigen Diagnose besteht zwischen oben stehender Urschrift und den Eintragungen in der Krankengeschichte eine krasse Diskrepanz. Die Befundvariante der Landes-Irrenanstalt lautet: *„Die hinteren Stränge des Rückenmarks besonders nach unten zu in einen graurötlichen Brei verwandelt, das übrige Rückenmark stark ödematös über die Schnittfläche überwallend."* Auch die daran anschließende Diagnose lautet anders:
Hyperaemia meningum (Blutfülle der Hirnhäute).
Hyperaemia et atrophia cerebri cum hydrocephalo chronico
(Blutfülle und Atrophie des Gehirns mit chronischem Wasserkopf).
Myelitis acuta (Akute Rückenmarksentzündung).

In dieser Variante wird, anstelle der grauen Rückenmarksdegeneration (= syphilitische Tabes dorsalis), von einer akuten Entzündung gesprochen. Sollte dies einer Verschleierung der Diagnose Lues dienen?

Die Tatsache bleibt bestehen, daß über die Obduktion von Semmelweis zwei völlig unterschiedliche Protokolle vorliegen. Die täuschende Variante bezweckte wahrscheinlich eine Vertuschung der unerwünschten Diagnose „Syphilis".

Wenn man aufgrund der klinischen Symptome in der Krankheit von Semmelweis die Progressive Paralyse nicht erkennen sollte, so kann nach der Zusammenfassung der pathologisch-anatomischen Angaben kein Zweifel mehr bestehen. Genau formuliert handelt es sich um eine „Progressive Paralyse mit Hinterstrangsymptomen (Taboparalyse)"; bestimmend für das Schicksal des Kranken war die Paralyse, nicht die nur bescheidene Symptomatik der Tabes.

Zur Paralyse mußte Semmelweis notwendigerweise auch Lues gehabt haben. Über Symptome, die auf Art und Zeit der Syphilisinfektion hinweisen, haben wir aus seiner Lebensgeschichte keine Kenntnis. Der Grund für die große Geheimniskrämerei um Semmelweis' Krankheit und Tod verbirgt sich darin, daß diese Krankheit im vorigen Jahrhundert für schandbar und schmachvoll gehalten wurde und sie noch heute als unehrenhaft gilt.

Zu der damals unbeeinflußbaren Paralyse kam als Nebenumstand die aus der Fingerinfektion entstandene Entzündung mit einer daraus hervorgehenden Septikopyämie. Es besteht kein Grund, anzunehmen, daß ein Nichtauftreten der Pyämie etwas am Schicksal Semmelweis' geändert hätte. Es wäre möglich, daß er ein paar Tage oder Wochen länger gelebt hätte, doch die Paralyse war offenbar derart foudroyant, daß er keine wesentlich größeren Überlebenschancen hatte.

Semmelweis wurde am Schmelzer-Friedhof in Wien bestattet, seine sterblichen Überreste sind 1891 in die Heimat überführt worden. 1894 erhielt er ein Ehrengrab in Budapest.

Semmelweis' Tod traf jene, die von seiner Krankheit wußten, nicht unerwartet; nicht vorhersehbar war sein schnelles Sterben, ausgerechnet durch eine Blutvergiftung. Die daran geknüpfte Mythologie – Semmelweis sei an derselben Krankheit gestorben, die er entdeckt hat – läßt sich nicht aufrechthalten. Seine Grundkrankheit war Syphilis, im Zusammenhang damit ist er an einer interkurrenten Infektionskrankheit gestorben.

Fünf Jahre nach dem frühzeitigen Tod von Ignaz Philipp Semmelweis wurde in einer Kleinstadt an der Wolga einem zaristischen Schulinspektor 1870 ein Knabe geboren, der Wladimir Iljitsch genannt wurde. Er nannte sich selbst später Lenin.

Ein Revolutionär leidet an Hirnarterienverkalkung

Die Arteriosklerose befällt das Blutgefäßsystem immer mit Bevorzugung eines Organs. Man bekommt eine Herzkranzarterienverkalkung mit der Gefahr eines Herzinfarktes oder es stellt sich eine Beinarteriensklerose ein mit der Folge einer Behinderung beim Gehen.

Obwohl die Arteriosklerose eine Allgemeinerkrankung des Arteriensystems ist, steht meistens ein Organ im Mittelpunkt der Schädigung. Erschwerend wirkt dabei eine gleichzeitige Bluthochdruck-Erkrankung.

Durch Arteriosklerose ausgelöste Durchblutungsstörungen des Gehirns sind nicht selten. Epidemiologische Untersuchungen haben gezeigt, daß von tausend Menschen jährlich ein Todesfall durch Schlaganfall ausgelöst wird. Nach Herzkrankheiten und Krebs ist der Schlaganfall die dritte führende Todesursache in der Statistik. In jedem Jahr werden etwa 300.000 Amerikaner einen Schlaganfall erleiden, 25% der Betroffenen werden innerhalb des ersten Monats sterben und die Hälfte der Überlebenden wird an einer Langzeitbehinderung leiden.

20% der Erwachsenen-Bevölkerung leidet an Bluthochdruck, d. h. in der Bundesrepublik Deutschland ca. 12 Millionen Menschen. Ein Bluthochdruck wirkt für die Arteriosklerose beschleunigend und erschwerend.

Für beide Erkrankungen – Arteriosklerose und Bluthochdruck – besteht eine erbliche Disposition; meistens erben Männer von den Vätern und Frauen von den Müttern. Ein enger Zusammenhang besteht zwischen erblicher Belastung und Prognose der Erkrankung. Familiär disponierte Hochdruckkranke zeigen einen schweren Verlauf und eine höhere Sterblichkeit.

Die Kombination beider Risikofaktoren – Arteriosklerose und Bluthochdruck – verkürzt die Lebenserwartung des Betroffenen ganz einschneidend.

WLADIMIR ILJITSCH ULJANOW, genannt LENIN
(1870–1924)

Lenin als 48jähriger, sechs Jahre vor seinem Tod.

Biographische Übersicht
Ein Kranker macht Weltgeschichte
Das offizielle Protokoll über Lenins Krankheit und Tod
Ein Gehirn wird seziert

Biographische Übersicht

1870 Am 22. April (10. April nach dem alten russischen Kalender) wird Wladimir als viertes Kind seiner Eltern in Simbirsk an der Wolga, dem heutigen Uljanowsk, geboren.
Sein Vater, Ilja Nikolajewitsch Uljanow (1831–1886), war Mittelschullehrer für Mathematik und Physik, später Schulinspektor im Bezirk Simbirsk; er wurde 1874 in den Beamtenadel erhoben. Die Mutter, Maria Alexandrowna Blank, war die Tochter eines Arztes und wolhynien-deutschen Ursprungs.

1875 Mit fünf Jahren begann Wladimir lesen zu lernen. Die Mutter widmete der Lektüre ihrer Kinder große Aufmerksamkeit und fing, nachdem sie das Russische beherrschten, schon bald mit dem Fremdsprachenunterricht (Deutsch, Französisch, Englisch) an. Wladimir verlebte eine glückliche und frohe Kindheit. *„Er war ein lebhafter, aufgeweckter und fröhlicher Junge, liebte lärmende Spiele und tollte gern umher. Für Spielsachen interessierte er sich wenig, meist zerbrach er sie"*, schildert seine ältere Schwester Anna.

1879 Beginn der Gymnasialzeit; er war ein hervorragender Schüler und schloß immer mit Auszeichnung ab. Frühzeitig konnte man eine starke körperliche und geistige Ähnlichkeit mit dem Vater feststellen: Gesichtszüge, Statur, Charaktereigenschaften bezüglich Willensstärke, Energie und Pflichtbewußtsein.

1886 Unerwarteter plötzlicher Tod des Vaters im 55. Lebensjahr.

1887 8. Mai: Hinrichtung seines Bruders Alexander (geb. 1866) wegen Mitgliedschaft bei einer Gruppe studentischer Terroristen, die ein Attentat auf Zar Alexander III. geplant hatten.
Das Henken des Bruders hinterließ einen unauslöschlichen Eindruck; sicher hat ihn dieses Erlebnis nicht nur auf die revolutionäre Bahn gelenkt, sondern auch zu einem haßerfüllten Gegner des Zarismus gemacht. Er sagte später: *„Mein Weg ist mir durch meinen älteren Bruder vorgezeichnet worden"*, meinte damit aber nicht Attentate, sondern eine revolutionäre Organisation.
22. Juni: Ende der Reifeprüfung am Gymnasium, Wladimir Uljanow wurde als Bester qualifiziert.

1892 Nach Absolvierung des Jus-Studiums erlangte er das Universitätsdiplom. Wladimir hatte sich, wie viele junge Intellektuelle, der revolutionären Bewegung gegen die zaristische Herrschaft angeschlossen. Der Marxismus war seine ideologische Basis: sein Ziel war die klassenlose Gesellschaft, er übte Kritik an den bestehenden Zuständen und er hielt es für unbedingt notwendig, die Welt zu verändern; auch war er überzeugt davon, daß der Emanzipationskampf der unterdrückten Klassen das treibende Element in der Geschichte sei.

1893 Wladimir wird Gehilfe des Rechtsanwaltes Wolkenstein; tatsächlich betrieb er jedoch vor allem revolutionäre Propaganda gegen den Zarismus.

1895 Lungenentzündung im Frühjahr.
Im Dezember Verhaftung und 14 Monate Einzelhaft im Untersuchungsgefängnis.

1897 Beginn einer dreijährigen Verbannung in Schuschenskoje (Ostsibirien).

1898 Heirat mit Nadeshda Krupskaja (1869–1939), einer Lehrerin und ideologischen Genossin.

1900 Wladimir Iljitsch Uljanow unterzeichnet erstmals einen Zeitungsartikel mit „*Lenin*“[1]), nachdem er vorher meist als Wl. Iljin oder Tulin unterschrieben hatte.

1903 Erste Bekanntschaft mit Trotzki (Lejb Bronstein) in London. Auf dem 2. Parteitag der Sozialdemokratischen Arbeiterpartei Rußlands erfolgte die Spaltung in die Bolschewiki (Mehrheitler) unter Lenin und die Menschewiki unter Martow.

1907 Lenin begann an Kopfschmerzen und Schlaflosigkeit zu leiden. Dies waren die ersten Zeichen seiner Krankheit – Bluthochdruck und im Gefolge dessen Arterienverkalkung.
Beginn einer zehnjährigen Emigration.

1910 Anfang der Liebesromanze zwischen Lenin und Inés Armand in Paris.

1917 Märzrevolution in Rußland. Zar Nikolaus II. dankt ab und wird gefangen genommen.
Lenin reist mit einer Gruppe von Emigranten aus dem Schweizer Exil durch Deutschland nach Petrograd (der „versiegelte Zug“ wird von den Deutschen als „exterritorial“ anerkannt und durchgelassen).
Sieg der Oktoberrevolution.

1918 3. März: Friede von Brest-Litowsk zwischen Rußland, Deutschland und Österreich-Ungarn.
17. Juli: Erschießung der Zarenfamilie in Jekaterinburg (ab 1924 Swerdlowsk).
30. August: Die Sozialrevolutionärin Fanija Kaplan verwundet Lenin bei einem Attentat.

1920 Seelischer Zusammenbruch Lenins beim Tod seiner Geliebten Inés Armand.

---

[1]) Lenin = Mann von der Lena, dem Fluß, der durch das Gebiet seiner Verbannung floß.

1921	Ernstliche Verschlechterung des Gesundheitszustandes von Lenin: Erschöpfung, Schlaflosigkeit, Schwindelanfälle.
1922	26. Mai: Erster Schlaganfall. 20. November: Letzte öffentliche Rede. 16. Dezember: Zweiter Schlaganfall.
1923	9. März: Dritter Schlaganfall. 15. März: Übersiedlung nach dem Dorf Gorki nahe Moskau. 19. Oktober: Lenin besucht für einige Stunden Moskau.
1924	21. Jänner: Neuerlich schwerer Schlaganfall. Nach kurzer Bewußtlosigkeit stirbt Lenin im 54. Lebensjahr, 6 Jahre und 3 Monate nach dem Sieg der Oktoberrevolution. 22. Jänner: Obduktion des Leichnams durch ein Ärztekollegium in Moskau. Herausnahme und Fixierung des Gehirns zur späteren mikroskopischen Untersuchung. 27. Jänner: Der einbalsamierte Leichnam wird in einem (zunächst provisorischen) Mausoleum an der Kremlmauer in Moskau beigesetzt.

Ein Kranker macht Weltgeschichte

Die Krankheit von Lenin begann unbemerkt und schleichend. Bluthochdruck (Hypertonie) macht in den Anfangsstadien überhaupt keine Beschwerden, und auch die Arteriosklerose der Gehirnarterien beginnt mit uncharakteristischen Symptomen. Rückblickend erkennt man jedoch eine entscheidende erbliche Disposition: die Anlage zu Hypertonie und frühzeitiger Arteriosklerose wird vererbt – Lenins Vater starb im 55. Lebensjahr unerwartet; höchstwahrscheinlich litt er unter denselben Krankheiten. In allen Berichten wird die auffallende konstitutionelle Ähnlichkeit zwischen Lenin und seinem Vater betont.

Wladimir Iljitsch trug schon seit seinem 27. Lebensjahr den Spitznamen *„der Alte"*. Er sah wesentlich älter aus, der Kopf war kahl, mit Ausnahme weniger dünner Haare an den Schläfen und einem schütteren roten Bart. Überhaupt machte seine Erscheinung keinen imponierenden Eindruck: untersetzt und kaum mittelgroß, fast kahl, mit breiten Backenknochen und geschlitzten, schielenden Tartarenaugen.

Die ersten Symptome seiner Krankheit bemerkte Lenin 1907, als 37jähriger in Finnland und zehn Jahre vor der Oktoberrevolution. Er begann an Kopfschmerzen und Schlaflosigkeit zu leiden, die ihn mit Unterbrechungen bis an sein Lebensende quälen sollten. Gleich nach dem Frühstück pflegte er fünf bis sechs Stunden zu schreiben. Spät abends machte er lange Spaziergänge, in der Hoffnung, sich müde zu laufen. Nach schlaflosen Nächten stand er spät und verstimmt auf.

Dies ist charakteristisch für Bluthochdruck, eine damals nicht zu behandelnde Erkrankung. Lenin wußte von der Bedrohlichkeit der Hypertonie nichts, er arbeitete weiter und erlebte 1917 seinen großen Triumph. Vom Beginn der russischen Revolution erfuhr er, als er – wie gewohnt – nach dem Mittagessen in Zürich in die Bibliothek gehen wollte. Lenin versuchte sofort, nach Rußland zu kommen. Nach langen diplomatischen Verhandlungen gelang es, für ihn und andere Exilrussen eine Durchreisemöglichkeit durch das mit Rußland im Kriegszustand befindliche Deutsche Reich zu erhalten. Keiner hat diese für den weiteren Lauf der Weltgeschichte so entscheidende Reise dramatischer geschildert als Stefan Zweig:

„Am 9. April 1917, um halb drei Uhr, bewegt sich vom Restaurant Zähringerhof ein kleiner Trupp schlechtgekleideter, Koffer tragender Leute zum Bahnhof von Zürich. Es sind im ganzen zweiunddreißig, darunter Frauen und Kinder. Von den Männern ist nur der Name Lenins, Sinowjews und Radeks weiter bekannt geblieben[1]*). Sie haben gemeinsam ein bescheidenes Mittagsmahl genommen, sie haben gemeinsam ein Dokument unterzeichnet, daß ihnen die Mitteilung des ‚Petit Parisien' bekannt ist, wonach die russische provisorische Regierung beabsichtigt, die durch Deutschland Reisenden als Hochverräter zu behandeln. Sie haben mit ungelenken, schwerflüssigen Lettern unterschrieben, daß sie die ganze, volle Verantwortung für diese Reise auf sich nehmen und alle Bedingungen gebilligt haben. Still und entschlossen rüsten sie nun zu der welthistorischen Fahrt. Ihre Ankunft auf dem Bahnhof verursacht keinerlei Aufsehen. Es sind keine Reporter erschienen und keine Photographen. Denn wer kennt in der Schweiz diesen Herrn Ulianow, der mit zerdrücktem Hut, in einem abgetragenen Rock und lächerlich schweren Bergschuhen (er hat sie bis nach Schweden gebracht) da inmitten eines Trupps mit Kisten beladener, korbbepackter Männer und Frauen schweigsam und unauffällig einen Platz im Zuge sucht. Nicht anders sehen diese Leute aus wie die zahllosen Auswanderer, die von Jugoslawien, von Ruthenien, von Rumänien her oft in Zürich auf ihren Holzkoffern sitzen und ein paar Stunden Rast halten, ehe man sie weiterbefördert ans französische Meer und von dort nach Übersee. Die schweizerische Arbeiterpartei, die die Abreise mißbilligt, hat keinen Vertreter gesandt, nur ein paar Russen sind gekommen, um ein bißchen Lebensmittel und Grüße in die Heimat mitzugeben, ein paar auch, um in der letzten Minute noch Lenin von ‚der unsinnigen, der verbrecherischen Reise' abzumahnen. Aber die Entscheidung ist gefallen. Um drei Uhr zehn Minuten gibt der Schaffner das Signal. Und der Zug rollt fort nach Gottmadingen, zur deutschen Grenzstation. Drei Uhr zehn Minuten, und seit dieser Stunde hat die Weltuhr andern Gang.*

Millionen vernichtender Geschosse sind in dem Weltkriege abgefeuert worden, die wuchtigsten, die gewaltigsten, die weithintragendsten Projektile von den Ingenieuren ersonnen worden. Aber kein Geschoß war weittragender und schicksalsentscheidender in der neueren Geschichte als dieser Zug, der, geladen mit den

---

[1]) Neben seiner Frau war unter den Reisenden auch Lenins Geliebte Inés Armand.

gefährlichsten, entschlossensten Revolutionären des Jahrhunderts, in dieser Stunde von der Schweizer Grenze über ganz Deutschland saust, um in Petersburg zu landen und dort die Ordnung der Zeit zu zersprengen.

In Gottmadingen steht auf den Schienen dieses einzigartige Projektil, ein Wagen zweiter und dritter Klasse, in dem die Frauen und Kinder die zweite Klasse, die Männer die dritte belegen. Ein Kreidestrich auf dem Boden begrenzt als neutrale Zone das Hoheitsgebiet der Russen gegen das Abteil der zwei deutschen Offiziere, welche diesen Transport lebendigen Ekrasits begleiten. Der Zug rollt ohne Zwischenfall durch die Nacht. Nur in Frankfurt stürmen plötzlich deutsche Soldaten heran, die von der Durchreise russischer Revolutionäre gehört haben, und einmal wird ein Versuch der deutschen Sozialdemokraten, sich mit den Reisenden zu verständigen, zurückgewiesen. Lenin weiß wohl, welchem Verdacht er sich aussetzt, wenn er ein einziges Wort mit einem Deutschen auf deutschem Boden wechselt. In Schweden werden sie feierlich begrüßt. Ausgehungert stürzen sie über den schwedischen Frühstückstisch, dessen Smörgås ihnen wie ein unwahrscheinliches Wunder erscheint. Dann muß sich Lenin erst statt seiner schwerfälligen Bergstiefel noch neue Schuhe kaufen lassen und ein paar Kleider. Endlich ist die russische Grenze erreicht.

Die erste Geste Lenins auf russischem Boden ist charakteristisch: er sieht nicht die einzelnen Menschen, sondern wirft sich vor allem auf die Zeitungen. Vierzehn Jahre war er nicht in Rußland gewesen, hat er die Erde nicht gesehen, nicht die Landesfahne und die Uniform der Soldaten. Aber nicht wie die andern bricht dieser eiserne Ideologe in Tränen aus, nicht umarmt er wie die Frauen die ahnungslos überraschten Soldaten. Die Zeitung, die Zeitung zuerst, die Prawda, um zu untersuchen, ob das Blatt, sein Blatt, den internationalen Standpunkt genug entschlossen einhält. Zornig zerknüllt er die Zeitung. Nein, nicht genug, noch immer Vaterländerei, noch immer Patriotismus, noch immer nicht genug in seinem Sinne reine Revolution. Es ist Zeit, fühlt er, daß er gekommen ist, um das Steuerrad umzureißen und seine Lebensidee vorzustoßen gegen Sieg oder Untergang. Aber wird er dazu noch kommen? Letzte Unruhe, letztes Bangen. Wird nicht Miljukow gleich in Petrograd – so heißt die Stadt damals noch, aber nicht lange mehr – ihn verhaften lassen? Die Freunde, die ihm entgegenfahren sind in dem Zuge, Kamenew und Stalin, zeigen ein merkwürdiges geheimnisvolles Lächeln in dem dunklen Abteil dritter Klasse, das von einem Lichtstumpf unsicher beleuchtet ist. Sie antworten nicht oder wollen nicht antworten.

Aber unerhört ist dann die Antwort, die die Wirklichkeit gibt. Wie der Zug einläuft in den finnischen Bahnhof, ist der riesige Platz davor voll von Zehntausenden von Arbeitern, Ehrenwachen aller Waffengattungen erwarten den aus dem Exil Heimgekehrten, die Internationale erbraust. Und wie Wladimir Ilitsch Ulianow jetzt heraustritt, ist der Mann, der vorgestern noch bei dem Flickschuster gewohnt, schon von Hunderten Händen gefaßt und auf ein Panzerautomobil gehoben. Scheinwerfer von den Häusern und der Festung sind auf ihn gerichtet, und von dem Panzermobil herab hält er seine erste Rede an das Volk. Die Straßen

Während der Revolutionswirren 1917/18 war Lenin zeitweilig bartlos, aber mit Perücke und dadurch unkenntlich.

beben, und bald haben die ‚zehn Tage, die die Welt erschüttern' begonnen. Das Geschoß hat eingeschlagen und zertrümmert ein Reich, eine Welt."

Am 16. April ist Lenin in Rußland und führt gemeinsam mit Trotzki und Stalin die Revolution zum Sieg.

Am 10. Juli 1918, auf dem Fünften Allrussischen Sowjetkongreß, wurde die „Russische Sozialistische Föderative Sowjetrepublik" (USSR) begründet, Lenin war an der Macht. Er regierte mit seinem Politbüro, mit seiner jungen Roten Armee und der Tscheka, seiner Geheimpolizei. Sieben Tage später werden in

Jekaterinburg, dem heutigen Swerdlowsk, der ehemalige Zar Nioklaus II. und seine Familie – seit einem Jahr inhaftiert – erschossen.

Lenin fühlte sich zwar nicht wohl – Kopfschmerzen und Schlaflosigkeit –, dennoch arbeitete er fast „rund um die Uhr". Als Abendmensch stand er um zehn Uhr auf, um elf saß er an seinem Schreibtisch und las die Zeitungen. Dann erfolgten vereinbarte Interviews oder Vorträge. Alles war zeitlich genau begrenzt. Um fünf Uhr verließ Lenin sein Büro im Kreml zum Mittagessen. Um sieben Uhr abends begannen die Kabinettssitzungen. Sie dauerten gewöhnlich bis ein oder zwei Uhr morgens. In seiner Wohnung pflegte er dann noch bis fünf oder sechs Uhr morgens zu arbeiten.

Dies war eine gesundheitsraubende Lebensweise, aber typisch für Menschen mit Bluthochdruck. Lenin war Nichtraucher und betrieb sogar zeitweise körperliche Ertüchtigung. Da ihm auch von seiner Krankheit noch nichts Auffälliges anzumerken war, stand fest: wenn nicht etwas Unvorhersehbares geschieht, so wird Lenin alt, sehr alt werden. Er selber hoffte dies auch, denn die russische Revolution war ja nur der Anfang, die Weltrevolution galt es noch in Gang zu bringen.

Wie jeder Mensch an der Spitze einer revolutionären Bewegung, lebte auch Lenin gefährlich. Das Unvorhersehbare geschah am 30. August 1918. Lenin sprach bei einer Arbeiterversammlung in Moskau, auf dem Rückweg wurde er von einer Frau attackiert und durch zwei Schüsse schwer verletzt. Er stürzte zu Boden und blieb wie leblos liegen; man legte ihn auf den Rücksitz des Autos und er wurde in den Kreml gebracht. Sofort machte das Gerücht mit Windeseile die Runde: „Lenin ist tot!" Die Ärzte stellten fest, daß eine Kugel Lenins linke Schulter zerschlagen, eine andere die Lungenspitze durchbohrt hatte. Sein Zustand war kritisch, denn er hatte sehr viel Blut verloren. Innerhalb von vier Wochen erholte er sich und übernahm wieder die Staatsgeschäfte.

In der Lubianka, dem Moskauer Gefängnis, gab die Frau zu Protokoll: *„Ich heiße Fanija Kaplan. Ich habe auf Lenin geschoßen. Es war mein freier Wille. Ich hatte schon lange vor Lenin zu töten. In meinen Augen hat er die Revolution verraten . . ."*

Drei Wochen nach dem Attentat – Lenin war noch nicht völlig wiederhergestellt – erreichte ihn ein Telegramm aus Simbirsk, seiner Heimatstadt. Die Rote Armee unter Führung Trotzkis hatte die Stadt erobert. *„Das ist die Antwort auf eine Ihrer Wunden"*, telegraphierte die Truppe. Lenin antwortete: *„Die Einnahme von Simbirsk, meiner Heimatstadt, ist der heilkräftigste, der beste Verband für meine Wunden. Ich fühle einen ungewöhnlichen Zustrom von Kraft und Energie."*

Als Lenin, vier Wochen nach dem Attentat, sich wieder in der Öffentlichkeit zeigte, skandierten die Arbeiter *„Lange lebe Lenin"*. Niemand zweifelte daran, er selber am wenigsten. Keiner ahnte, daß er nur noch sechs Jahre zu leben hatte.

Der erste Schlag – es war ein seelischer Zusammenbruch – traf Lenin im September 1920. Seine langjährige Geliebte, Inés Armand, war am 24. September 1920 an Cholera gestorben.

Als Lenin das Telegramm mit der Todesnachricht erhielt, schien er von einer Sekunde zur anderen zu verfallen. Angelica Balabanoff, führendes Mitglied der kommunistischen Partei, erzählt:
„Nie habe ich einen Menschen so ganz in seinem Schmerz aufgehen sehen, zugleich aber in der Anstrengung, diesen Schmerz für sich zu behalten und der Aufmerksamkeit der anderen zu entziehen. Seine ganze Erscheinung, nicht nur sein Gesicht, drückten einen solchen Kummer aus, daß ich nicht einmal wagte, ihn mit einem Kopfnicken zu begrüßen. Es war klar, daß er mit seiner Trauer allein sein wollte. Er schien kleiner geworden. Die Mütze bedeckte sein Gesicht, die Augen schienen in den mühsam verhaltenen Tränen unterzugehen."

Lenin war knapp über 50 Jahre alt, der Tod der Geliebten hatte ihn an den Rand einer psychischen Katastrophe gebracht.

Hektischer, härter und bedingungsloser nahm er nach der Beisetzung von Inés Armand seine Arbeit wieder auf. Aber er war ein gebrochener Mann. Nur eine Frage der Zeit, dann mußte diesem psychischen Verfall auch der physische folgen. . . .

Als nun Lenin, am Gipfel seines Sieges, die Früchte seines langen Weges ernten wollte, machte sich die schon längere Zeit bestehende Krankheit bemerkbar.

Seine Blässe, die Ringe unter seinen Augen und die Mattigkeit entgingen auch seiner Umgebung nicht. Wenn seine Sekretäre das Büro betraten, wurden sie oft vom Anblick eines völlig kraftlosen Mannes überrascht. Wenn er abends in seine Wohnung zurückkam, sah der Wachhabende des Kremls bei seinem Kontrollgang, wie er schwankte und versuchte, zu Atem zu kommen, während er an einem Möbelstück lehnte.

Gegen Ende des Jahres 1920 begann Lenins Gesundheitszustand sich ernstlich zu verschlechtern. Während er arbeitete, faßte er sich oftmals an den Kopf und blieb mehrere Minuten bewegungslos sitzen. Er klagte über zunehmende Schlaflosigkeit und Erschöpfung, seine Kopfschmerzen traten häufiger auf. Dies alles entwickelte sich langsam, aber fortschreitend.

Am 30. Dezember 1920 muß er beim VIII. Kongreß der Sowjets zum erstenmal öffentlich seine Krankheit zugeben. Das Programm sieht vor, daß er nach dem Berichterstatter und möglichen Gegenreden als letzter Redner sprechen soll. Er fühlt sich jedoch so schlecht, daß er darum bittet, als erster gehört zu werden. Bei seinen Zuhörern entschuldigt er sich mit folgenden Worten: *„Es tut mir leid, aber ich bin sehr krank, es geht nicht anders."* Zwei Tage später fährt er zu einem Erholungsurlaub in das Dorf Gorki bei Moskau.

Diese Entscheidung einer Ruhepause war vom medizinischen Standpunkt absolut notwendig. Politisch war sie durch die wachsende Autorität eines Getreuen

Lenins und mit dessen Zustimmung möglich: Josef Stalin[1]). Man hat ihn gerade zum Volkskommissar für nationale Minderheiten und vor allem zum Generalsekretär der kommunistischen Partei ernannt. Lenin kann Atem schöpfen, nachdem Stalin eingesetzt ist.

Stalin ist 1920 41 Jahre alt und damit neun Jahre jünger als Lenin.

Die innenpolitischen Schwierigkeiten nahmen Lenin stark in Anspruch. Bauern wandten sich von seinem Regime ab, es kam zum offenen Aufstand. Trotzki unterdrückte diesen mit seiner Roten Armee. Danach revoltierten die Matrosen in Kronstadt. Lenin mußte seine Politik ändern. Dabei konnte er auf Stalins Unterstützung zählen.

Die Anstrengung läßt Lenins Kräfte erlahmen, Müdigkeit und Schlaflosigkeit nehmen zu. Er beginnt seine Krankheit zu erkennen und zu akzeptieren, er begibt sich in ärztliche Behandlung. Am 15. Dezember 1921 schreibt er an den Sekretär des Zentralkomitees der kommunistischen Partei, Molotow: *„Bitte um Verlängerung meines Urlaubs um fünfzehn Tage, gemäß Entscheidung meiner Ärzte."* Seine Redetätigkeit wird eingeschränkt, Auslandsbesuche werden abgesagt. Im April 1922 versuchen Chirurgen die Projektile zu entfernen, welche seit Fanija Kaplans Attentat (1918) in seinem Körper stecken. Jedoch nur eines kann herausoperiert werden, der Zustand Lenins verbietet einen längeren Eingriff. Ärzte aus dem Ausland werden konsultiert, die damalige Medizin ist jedoch machtlos. Am 20. Mai 1922 erleidet Lenin den ersten Schlaganfall.

Für kurze Zeit verlor er die Sprache, der rechte Arm und das rechte Bein waren gelähmt. Ab diesem Ereignis war Lenin ein vom Tode gezeichneter Mensch; im Kreml begannen die Machtkämpfe um seine Nachfolge. Die Hauptakteure waren Stalin und Trotzki.

Lenin selbst wurde gepflegt, seine Frau lehrte ihn mit unendlicher Geduld das Schreiben mit der linken Hand; wie ein Kind mußte er wieder sprechen lernen.

Im Juli konnte Lenin wieder aufstehen, sein Zustand besserte sich soweit, daß er nach Moskau zurückkehren konnte. Er begann seine politische Aktivität mit einer Hektik und Brutalität wie nie zuvor. Die ganze Welt war fassungslos, sogar die befreundeten Parteien protestierten gegen die Flut von Todesurteilen, die sowjetische Gerichte gegen Konterrevolutionäre verhängten. Doch Lenin bestätigte sie, die Proteste verhallten ungehört.

Der nächste Zusammenbruch deutete sich am 13. November 1922 an. Auf dem IV. Weltkongreß der kommunistischen Internationale sprach Lenin. Sein Thema: „Fünf Jahre russische Revolution und die Aussichten der Weltrevolution." Mitten in seiner Rede ließ Lenins Kraft nach, seine Stimme wurde schwächer, er schnappte öfters mit den Fingern, als suche er nach einem Wort. Er war schweißgebadet.

---

[1]) Josef Wissarionowitsch Dschugaschwili (1879–1953), sein Deckname während der Revolution war „Stalin", d. h. der Stählerne.

Lenin im Rollstuhl (1923); eine der letzten Aufnahmen.

Vier Wochen später, am 16. Dezember 1922, erlitt Lenin seinen zweiten Schlaganfall. Damit war er praktisch aus der Tagespolitik ausgeschieden. Obwohl ihm von den Ärzten jegliche Tätigkeit verboten wurde, diktierte er noch zahlreiche Briefe. Der bekannteste wurde der Brief an den Parteitag – sein politisches Testament –, worin er sich mit den anderen Parteiführern, vor allem mit Stalin und Trotzki, auseinandersetzte.

Er schrieb: *„Genosse Stalin hat dadurch, daß er Generalsekretär geworden ist, eine unermeßliche Macht in seinen Händen konzentriert, und ich bin nicht überzeugt, daß er es immer verstehen wird, von dieser Macht vorsichtig genug Gebrauch zu machen. Andererseits zeichnet sich Genosse Trotzki, wie sein Kampf gegen das Zentralkomitee in der Frage des Volkskommissariats für Verkehrswesen schon bewiesen hat, nicht nur durch hervorragende Fähigkeiten aus. Persönlich ist er wohl der fähigste Mann im gegenwärtigen Zentralkomitee, aber auch ein*

Mensch, der ein Übermaß von Selbstbewußtsein und eine übermäßige Leidenschaft für rein administrative Maßnahmen hat. Diese zwei Eigenschaften zweier hervorragender Führer des gegenwärtigen Zentralkomitees können unbeabsichtigt zu einer Spaltung führen . . .“
Lenin sah die kommende Entwicklung klar voraus.

In der Nacht zum 9. März 1923 traf Lenin der dritte und schwerste Schlaganfall, dessen Folgen er nicht mehr überwand. Die rechte Körperhälfte war völlig gelähmt, er konnte nicht sprechen. Obwohl noch Führer des Staates, nahm Lenin ab diesem Zeitpunkt die Geschehnisse in der Welt nicht mehr wahr. Europas bedeutendste Mediziner wurden gerufen – aus Deutschland der Neurologe Professor Oswald Bumke und der Internist Professor Strümpell, aus Breslau die Professoren Otfried Foerster und Minkowski, aus Schweden Professor Salomon Henschen.

Fast eine Woche lang untersuchten sie Lenin, sie kamen zu einer klaren Diagnose: hochgradige Arteriosklerose der Gehirnarterien.

Mitte Mai war Lenin transportfähig und man brachte ihn zum letzten Mal vom Kreml nach Gorki. Es gab keine Hoffnung mehr auf Genesung – der Begründer der Revolution verschwand von der Bühne des Weltgeschehens. Er lebte zwar, aber sein Leben war nur mehr ein Vegetieren, humpelnd auf Krücken und unfähig zu sprechen. Er wußte wohl, welches Wort er suchte, aber er konnte es nicht aussprechen. Anstatt *„Revolution“* brachte er nur *„Rev-rev-rev-vo-vo-vo-lu“* heraus. Seine Frau, als Lehrerin, half ihm so gut sie konnte. Sie ließ ihn immer wieder die erste Silbe sagen, dann die zweite, dann die nächste. Wenig Erfolg. Lenin wurde seiner Sprache nicht mehr mächtig.

Geschichtlich interessant ist, daß seine engsten Mitarbeiter ihn nicht mehr besuchten. Sie schickten Männer der zweiten Garnitur, die lediglich Grüße von den Genossen Stalin und Trotzki überbrachten.

Die Nachricht, auf die man so lange gewartet hatte, kam am späten Abend des 21. Jänner 1924. Sie hieß: *„Lenin ist tot. Er starb um 18 Uhr 50.“*

Lenin hatte einen weiteren Schlaganfall erlitten. Er starb an einem Versagen des Atemzentrums in seinem 54. Lebensjahr.

Das offizielle Protokoll über Lenins Krankheit und Tod

Lenins Tod kam für den engeren Kreis der Ärzte und auch seine Verwandten und Freunde nicht unerwartet. Der Leichnam wurde seziert, einbalsamiert und das Gehirn zur besonderen Untersuchung herausgenommen.

Der Bericht in der Prawda vom 24. Jänner 1924 lautete:
„Mitteilung über Krankheit und Ableben von W. I. Ulianow-Lenin.
Der Anfang der Krankheit von Wladimir Ilitsch Ulianow (Lenin) bezieht sich auf das Ende von 1921; den Beginn der Krankheit jedoch genau festzulegen, ist

schwer, weil sie sich in der Tat langsam entwickelte und nur allmählich seinen mächtigen Organismus im Aufschwung seiner Tätigkeit vernichtete, wobei Wladimir Ilitsch selbst nicht die nötige Achtung auf seine Krankheit gerichtet hat.

Im März 1922 konnten die Ärzte, die Wladimir Ilitsch untersuchten, noch keine organischen Schäden, weder am Nervensystem noch allgemein an den inneren Organen entdecken. Aber im Hinblick auf die starken Kopfschmerzen und die auftretende schnelle Ermüdbarkeit wurde ihm vorgeschlagen, einige Monate auszuruhen, daraufhin siedelte er nach Gorki über. Indessen wurden bald danach, Anfang Mai, zusätzlich die ersten Erscheinungen organischer Gehirnschläge festgestellt. Anfänglich zeigten sie sich als allgemeine Schwäche, durch Verlust der Sprache und Kraftverlust der rechten Extremitäten. Dieses Stadium dauerte drei Wochen.

Im weiteren Verlauf wiederholten sich ähnliche Anfälle, hinterließen aber keine bleibenden Folgen, sie traten periodisch während des Mai und Juni auf und verlängerten sich dabei von einer halben bis zu zwei Stunden. Dank des kräftigen Organismus und der sorgsamen Pflege durch seine Umgebung begann schon Anfang Juli eine anhaltende Besserung. Sie verstärkte sich im August und September dermaßen, das Wladimir Ilitsch im Oktober zu seiner Tätigkeit zurückkehrte, wenn auch nicht im früheren Ausmaß. Im November hielt er drei programmatische Reden.

Anfang Dezember wiederholten sich die Anfälle, drückten sich in vorübergehenden Lähmungen der rechten Extremitäten aus und am 16. Dezember fand man Lenin im Bett mit einer bleibenden Lähmung der rechten Hand und des rechten Beines.

Im Januar und Februar 1923 beobachtete man Schwankungen im Befinden von Wladimir Ilitsch, das sich einerseits besserte, andererseits verschlechterte. Im Februar diktierte Wladimir Ilitsch noch seine politischen Abhandlungen.

Am 9. März kam es in einem schweren Anfall zur dauernden Lähmung der rechten Körperseite mit starker Affektion der Sprache, die sogleich beständigen Charakter annahm.

Mitte Mai, im Hinblick auf die wohltätige Wirkung des Klimas, wurde Wladimir Ilitsch wieder nach Gorki überführt, wo er die ganze letzte Zeit seiner Krankheit blieb. In Gorki traten anfangs einige Besserungen ein, aber in der zweiten Hälfte Juni verschlechterte sich das Krankheitsbild. Erregungszustände und Schlaflosigkeit hielten etwa einen Monat an. In der zweiten Hälfte Juli beruhigten sich die Krankheitserscheinungen, und von da an begann eine Periode der langsamen, aber ununterbrochenen Besserung. Täglich unternahm Wladimir Ilitsch eine Spazierfahrt, fuhr im Lehnstuhl im Park, war guter Stimmung, hatte Appetit und der Schlaf stellte sich in normalen Ausmaßen wieder ein. Allmählich begann er mit seitlicher Hilfe zu gehen, und Anfang August wurde es möglich, mit der Übung für die Wiederherstellung der eingebüßten Sprache zu beginnen.

Diese Übungen führte man anfangs systematisch mit Ärzten durch, später jedoch von der Frau von Wladimir Ilitsch, Nadeshdija Konstantinowna, unter Anleitung der Ärzte und sie führte sie beinahe bis zum Tode von Wladimir Ilitsch durch. Die Sorge für die physische Hilfe des Kranken übernahm von Anfang an seine Schwester Maria Ilitschnaja und hielt bis zum letzten Tag durch.

Im September konnte Wladimir Ilitsch schon ohne fremde Hilfe die Treppe begehen, indem er sich am Geländer hielt und im Oktober ging er selbständig im Zimmer umher, indem er sich auf einen Stock stützte. Im September machte er fast täglich eine Spazierfahrt mit dem Auto in den Wald und blieb zwei bis drei Stunden an der Luft.

Die Sprache besserte sich allmählich, Wladimir Ilitsch nahm täglich die Zeitung, sah sie durch und zeigte auf die Stellen, die ihm vorgelesen werden sollten, wobei er lebhaft für die Unterhaltungen interessiert war und sie sich deutlich einprägte. Obgleich langsam und mit Mühe begann er das Schreiben mit der linken Hand zu üben.

Mit dem Vorrücken der sonnigen Wintertage fuhr Wladimir Ilitsch nicht selten in Begleitung der Jäger in den Wald. Während der Zeit dieser Spazierfahrten wurde er lebendig und lustig. Zu Weihnachten war ein Weihnachtsbaum für die Kinder hergerichtet worden, dabei war Wladimir Ilitsch anwesend. Er war in guter Stimmung und sorgte dafür, daß die Kinder nicht in ihrem Spielen beengt wurden.

Es war erlaubt anzunehmen, daß sich der Gesundheitszustand von Wladimir Ilitsch festigen würde und die Besserung, wenn auch langsam, vorwärts gehen werde. Indessen brach die Katastrophe, nach einer kurzen Periode warnender Vorzeichen, am 21. Januar gegen 6 Uhr abends aus. Im Verlauf fast einer Stunde entwickelte sich ein Schlaganfall, der sich akut und heftig verstärkte, indem er sich auf völligen Bewußtseinsverlust und starke allgemeine Spannung der Muskulatur ausdehnte. Um 6 Uhr 50 folgte der tödliche Ausgang infolge Atemlähmung, wobei eine Hyperthermie (Überhitzung des Körpers) auftrat. Der tödliche Ausgang des Anfalls wurde von den Anwesenden und Hilfe leistenden Professoren Foerster, Osipoff und Dr. Elistratoff festgestellt.

Schon vom Beginn der Erkrankung an und während der Krankheit von Wladimir Ilitsch wurden alle Mittel für die genaue Aufklärung der Erkrankung und für die Wiederherstellung seiner Gesundheit angewandt. Der Kranke befand sich unter dauernder Beobachtung und Behandlung der Ärzte; periodische Konsultationen wurden abgehalten durch russische und ausländische Ärzte und Professoren. An der Behandlung von Wladimir Ilitsch und an den Konsultationen nahmen teil: Professor Darkschewitsch, Prof. Foerster, Prof. Klemperer, Prof. Borchardt, Prof. Rosolimo, Prof. Kramer, Dr. Koshewnikoff, Dr. Lewin, Dr. Getje, Prof. Minkowski, Prof. Strümpell, Prof. Kenscher, Prof. Nonne, Prof. Bumke, Dr. Elistratoff, Prof. Obuch, Prof. Weissbrod, Dr. Rosanoff, Prof. Dwerbach, Prof. Osipoff, Prof. Bechtereff, Dr. Dobrogaeff, Prof. Kroll, Prof. Feldberg, Dr. Popoff und Narkomsdraw, (Volkskommissar) Semaschko.

Die Sektion des Körpers des verstorbenen Wladimir Ilitsch wurde am 22. Januar von Prof. Abrikosoff in Anwesenheit von Prof. Foerster, Prof. Osipoff, Prof. Djeschin, Prof. Weissbrod, Prof. Bunak, Dr. Getje, Dr. Elistratoff, Dr. Rosanoff,

Dr. Obuch und Volkskommissar Semaschko ausgeführt. Die Sektion ergab eine weitgehend ausgebildete Sklerose des gesamten Gefäßsystems mit besonders schweren Veränderungen der Hirnarterien, die einen hohen Grad an Verkalkung zeigten, vielfache ausgedehnte Erweichungsherde auf Grund der Arteriosklerose in der linken und Herde in der rechten Grosshirnhemisphäre; eine frische Blutung im Gebiet der Vierhügel.

Die Befunde der Sektion und auch die Krankengeschichte zeigten, daß die einzige Krankheitsursache des verstorbenen Wladimir Ilitsch in einer verbreiteten und scharf ausgeprägten chronischen Sklerose der Gehirngefäße zu sehen ist, die sich als Folge der übermäßigen Gehirntätigkeit in Verbindung mit der ererbten Disposition zur Sklerose erweist. Infolge der Verengung des Lumens der Gehirnarterien und der Störung seiner Ernährung in Abhängigkeit von dem ungenügenden Blutzufluß enwickelten sich herdförmige Erweichungen des Gehirngewebes, welche alle vorangegangenen Krankheitssymptome (Lähmungen, Sprachstörungen) erklären. Als unmittelbare Todesursache erweist sich eine Verstärkung der Störung der Blutzirkulation im Grosshirn und eine Blutung im Gebiet der Vierhügel.

Die Befunde der Sektion klärten daher auf, daß bei Wladimir Ilitsch ein einheitlicher Krankheitsprozeß in den Gefäßen bestand, welcher trotz aller Heilmittel unmittelbar zum verhängnisvollen Ende führen mußte.

Prof. Foerster, Prof. Osipoff, Prof. Abrikosoff, Prof. Feldberg, Prof. Weissbrod, Prof. Djeschin, Volkskommissar Semaschko.

Moskau, 23. Januar 1924.“

Ein Gehirn wird seziert

Lenin war tot. Seine Leiche wurde weder begraben noch verbrannt, sondern einbalsamiert und in einem schnell erbauten Mausoleum am Roten Platz aufgebahrt und zur Schau gestellt.

Lenin, der Heldenverehrung haßte und die „Religion als Opium für das Volk“ bekämpfte, wurde im Interesse der Politik heilig gesprochen. Er wurde als Reliquie ausgestellt wie ein Gott, der er nie sein wollte.

Aber was dort an der Kremlmauer lag, war ein Leichnam ohne Gehirn. Die Aufregung und Erschütterung nach dem Tode Lenins waren derartig, daß zunächst unklar war, was mit den sterblichen Überresten geschehen sollte. Entgegen den Einwänden der Witwe, Nadeshda Krupskaja, ließ Stalin die Leiche einbalsamieren.

Das dabei gebräuchliche Verfahren besteht darin, in die großen Körperschlagadern mehrere Liter einer Konservierungsflüssigkeit (meistens Formol[1])) einzu-

[1]) Formaldehyd, führt zu einer Eiweißfällung. Die behandelten Gewebe werden trocken und hart, der Verwesungsprozeß wird gestoppt, die äußere Form bleibt erhalten.

spritzen, welche sich auf dem Wege der Blutgefäße im ganzen Körper verteilt. Dieses Formol härtet das Gewebe und tötet die Bakterien ab, welche eine Verwesung auslösen könnten. Es handelt sich also um eine chemische Konservierung und eigentlich nicht um eine Balsamierung, d. h. eine Behandlung der Leiche mit balsamischen Stoffen. Eine regelmäßige Verteilung der Konservierungsflüssigkeit im Körper erreicht man nur dann, wenn die Blutgefäße noch ein geschlossenes System bilden. Ist es an einer oder mehreren Stellen leck geworden, dann rinnt bei der Injektion mehr und mehr der eingespritzten Flüssigkeit durch diese Lücken ab und vereitelt so den Erfolg.

Nun war die Leiche Lenins bereits obduziert, ehe man den Entschluß zur Konservierung faßte. Das Gefäßsystem war an unzähligen Stellen aufgeschnitten, sodaß es als Röhrensystem zur Verteilung der Konservierungsflüssigkeit nicht mehr in Frage kam.

Der später weltberühmte Pathologe Herwig Hamperl[1]) war 1929/30 zu einem medizinischen Studienaufenthalt in Rußland und beschreibt gleichsam als Augenzeuge, was mit Lenins Körper und Gehirn gemacht wurde:

„Da erinnerte man sich, daß in Charkow ein Anatom lebte, der außerordentlich geschickt war, durch zahlreiche feinste Einstiche Organe und Leichenteile zu konservieren. Prof. Worobjoff und sein Assistent Shabadash wurden deshalb beauftragt, mit ihrer Methode zu versuchen, die sterbliche Hülle Lenins zu erhalten. Sie haben dann in wochenlanger Arbeit mit feinsten Nadeln sozusagen Quadratzentimeter für Quadratzentimeter des Leichnams mit Konservierungsflüssigkeit injiziert und ihn so konserviert. Shabadash, den ich selbst noch in Charkow sprach, hatte dauernde Freifahrt auf der Strecke Charkow–Moskau und mußte jeden Monat kontrollieren, ob sich nicht irgendwo an der Leiche trotz aller aufgewendeten Mühe Zeichen der Verwesung und des Zerfalls eingestellt hatten, um in diesem Falle sofort eingreifen zu können. Zunächst wurde zur Aufbewahrung des konservierten Leichnams ein hölzernes Mausoleum auf dem Roten Platz errichtet. Es war fast während meines ganzen Moskauer Aufenthaltes gesperrt, da es gerade durch ein dauerndes Gebäude aus Marmor ersetzt wurde. Ich habe 1967 dieses neue Mausoleum besucht und nach den Spuren der stattgehabten Obduktion und Konservierung geforscht, soweit es bei dem im Raum herrschenden Dämmerlicht möglich war. Eigentlich sieht man ja nur die Hände und das wachsbleiche Gesicht Lenins. Die Hautschnitte, die zur Entnahme des Gehirns hinter den Ohren über den Schädel geführt werden, sind außerordentlich geschickt kaschiert. Im übrigen ist der Anblick eines Menschen, der vor über 40 Jahren gestorben ist, eher ein makabrer. Man kann sich aber der eigentümlichen erwartungsvoll-feierlichen Stimmung nicht entziehen, in die man schon allein durch die Menschenmenge versetzt wird, die langsam und in vollkommener Ordnung Tag für Tag durch das Mausoleum vor dem Leichnam vorbeidefiliert.

---

[1]) Professor Dr. Herwig Hamperl (1899–1976), Ordinarius für Pathologie in Prag, Marburg und Bonn. Er erhielt seine Ausbildung am Wiener Institut für Pathologische Anatomie.

Schweigend stehen die Leute in Hitze und Kälte stundenlang in einer kilometerlangen Reihe, bis sie endlich für einige Minuten langsam an dem aufgebahrten Heros vorbeigehen können. Wir Ausländer durften uns an einem Punkt nahe dem Mausoleum in die Kette einreihen, was aber keinerlei Proteste bei den länger Wartenden hervorrief.“

Der Leichnam Lenins liegt auch jetzt, d. h. mehr als 60 Jahre nach seinem Tod, aufgebahrt im Mausoleum. Er wirkt auf den medizinisch vorgebildeten Besucher völlig unpersönlich, wie eine Wachspuppe. Es wird auch hin und wieder gemunkelt, daß der ursprüngliche Leichnam bereits durch eine Wachsfigur – ähnlich wie im Londoner Kabinett der Madame Tussaud – ersetzt werden mußte. Der Autor dieses Buches hat selbst als Pathologe mehr als 50 Leichenkonservierungen durchgeführt, und ich glaube, daß mit etwa 60 Jahren die absolute Grenze der Haltbarkeit erreicht ist, es sei denn, eine laufende Nachkonservierung und Restaurierung zögert den körperlichen Verfall hinaus.

Hamperl schreibt in seinen Lebenserinnerungen weiter:
„Bei der Obduktion Lenins war auch das Gehirn entnommen und in Konservierungsflüssigkeit eingelegt worden. Es sollte besonders sorgfältig untersucht werden, einmal um festzustellen, welche krankhaften Veränderungen vorlagen – Lenin hatte ja mehrere Schlaganfälle erlitten, auch Lues wurde erwogen – zum anderen mußte es besonders interessieren, das Gehirn, den Sitz der Intelligenz eines so bedeutenden Mannes zu untersuchen, da doch nach materialistischer Anschauung geistigen Funktionen ein körperliches Substrat entsprechen müßte; man hätte bloß die richtigen Methoden anzuwenden, so hieß es, um den Sitz der Genialität im Gehirn von Lenin oder anderer hervorragender Menschen zu finden. Da die Sowjetunion über keinen Fachmann verfügte, der imstande gewesen wäre, die entsprechenden subtilen hirnanatomischen Untersuchungen durchzuführen, wandte man sich an Professor Oskar Vogt[1]*), der im befreundeten Deutschland arbeitete. Vogt hatte zusammen mit seiner Frau Cećile eigene Methoden entwickelt, um den feineren Bau des Gehirns zu erforschen; das war also gerade der Mann, den man brauchte. Er wurde eingeladen, die Untersuchung des Gehirns von Lenin zu übernehmen. Zu diesem Zwecke stellte man ihm das Obergeschoß einer von einem reichen Kaufmann im protzigen neurussischen Stil erbauten Villa als ‚Institut zur Erforschung des Gehirns von Lenin‘ zur Verfügung und stattete es mit dem nötigen russischen Dienstpersonal aus. Einige deutsche Fachkräfte, wie Techniker und Fotografen, brachte Vogt aus seinem Berliner Institut mit und nahm andererseits russische, an der Hirnanatomie interessierte Forscher als Gäste in sein Institut in Berlin auf, um sie für ihre Aufgaben in Moskau auszubilden.*

Das Gehirn Lenins wurde also eingebettet und in tausende dünner Scheiben zerlegt, die gefärbt und als mikroskopische Schnitte in einem Panzerschrank

---

[1]) Prof. Dr. Oskar Vogt (1870–1959), Gründer des Kaiser-Wilhelm-Instituts für Hirnforschung in Berlin.

Der konservierte Leichnam Lenins liegt im Mausoleum an der Kremlmauer auf dem Roten Platz.

aufbewahrt wurden. Vor dem Schrank saß Tag und Nacht eine Wache, um den Schatz zu behüten – es wäre ja immerhin möglich, sagte man mir, daß jemand diese ganzen Bemühungen um die Erforschung des Gehirns von Lenin vereiteln könnte, indem er Schnitte zerstörte oder andere unterschöbe; über Sabotage durch die immer noch vorhandenen Gegner des Regimes könne man doch täglich in den Zeitungen lesen.
Mit der Zerlegung des ganzen Gehirns Lenins in eine komplette mikroskopische Schnittserie war allerdings nur der erste, rein technische Teil der Aufgabe bewältigt. Die Schwierigkeit bestand darin, die Besonderheiten dieses Gehirns herauszufinden. Dazu gehörte natürlich auch Erfahrung an vergleichbaren Objekten, d. h. es waren mit derselben Gründlichkeit die Gehirne anderer hervorragender und nicht hervorragender Menschen zu untersuchen und die Ausprägung ihrer einzelnen Regionen zu vergleichen. Man legte deshalb eine Sammlung von sog. Elitegehirnen an, die sich im Laufe der Jahre immer mehr vergrößerte und so zu einem eigentümlichen, makabren Pantheon der russischen Geisteswelt wurde.“

Die medizinische Wissenschaft der damaligen Zeit, d. h. im ersten Viertel dieses Jahrhunderts, bemühte sich, das „Genie“ eines Menschen in dessen Gehirn zu lokalisieren. Es wurden Untersuchungen an sog. „Elitegehirnen“ durchgeführt, auf der Suche nach besonderen Strukturen, welche diese Gehirne auszeichnen.

„Oskar Vogt stand als Leiter des Instituts zur Untersuchung des Gehirns von Lenin zunächst in hohem Ansehen bei der Regierung. Er war in der Tat ein außerordentlicher Mensch und Wissenschaftler.“

Vom Gehirn Lenins wurden Abgüsse der Großhirnhalbkugeln gemacht, an denen die Erweichungsherde der Schlaganfälle deutlich zu sehen waren. Die technische Verarbeitung des Leninschen Gehirns erfolgte ausschließlich in Moskau, und nachdem die histologischen Schnitte fertig waren, hat Oskar Vogt vom November 1926 bis zum Jahre 1930 Lenins Hirn mikroskopisch untersucht.

Hamperl fährt in seinem Bericht fort:

„Im Zuge der veränderten Einstellung zu den Ausländern scheint es für die Russen schmerzlich geworden zu sein, daß gerade das Gehirn von Lenin einem deutschen Professor zur Untersuchung überantwortet werden mußte, und daß er ein russisches wissenschaftliches Institut leitete. Man hätte ihm sicher gerne alle Wege zu einem Rücktritt geebnet, aber Vogt fühlte sich wohl zu eng mit seinem russischen Filialinstitut verbunden, um diesen Schritt freiwillig zu tun. Da kam eines Tages an ihn die Aufforderung, er müßte sich, da er nun einmal ein russisches Institut leite, einer Prüfung im dialektischen Materialismus unterziehen. Aschoff, der davon erfuhr, war über eine solche Zumutung empört. Er wäre als deutscher Geheimrat zu stolz gewesen, sich von Russen prüfen zu lassen, und hätte lieber auf die Stelle als Direktor verzichtet – das war es auch offenbar, was man von russischer Seite mit dieser Prüfung bezweckte. Vogt war aus anderem Holze: Er bestand die Prüfung und blieb einige Jahre länger Direktor, hatte aber trotzdem schon wegen seiner seltenen Anwesenheit in Moskau wenig zu sagen.

Eine zweite Schwierigkeit bestand für Vogt darin, daß man von russischer Seite endlich zumindest vorläufige Ergebnisse der mit so großem Aufwand begonnenen Untersuchungen des Gehirns von Lenin erwartete. Wenn überhaupt, so waren aber Resultate aus den oben erwähnten Gründen nur nach jahrelangen vergleichenden Untersuchungen zu erwarten. Der auf Vogt lastende Druck, das Verlangen nach irgendwelchen Ergebnissen war jedoch zu groß. So verkündete er also gelegentlich eines Besuches von Regierungsmitgliedern im Institut, daß er im Gehirn Lenins in einer bestimmten Rindenschicht, in der sich die Assoziationen abspielen, besonders große Nervenzellen gefunden habe. Man könne daher Lenin gewissermaßen als Assoziationsathleten bezeichnen, da bekanntlich bei Athleten die Muskelfasern als Antwort auf die besondere Leistung am Umfang zunehmen wie bei Lenin die Nervenzellen. Eine diesbezügliche wissenschaftliche Arbeit ist meines Wissens nie erschienen, nur in der ‚Woche‘, einem besseren Unterhaltungsblatt, konnte man eine entsprechende Darstellung lesen. Von Medizinern wurde bald darauf hingewiesen, daß noch größere Nervenzellen bei besonderen Formen der Idiotie vorkämen.

Mit dem Bestreben nach größerer Selbständigkeit und der von Stalin unterstützten Abkapselung der Sowjetunion nach außen einerseits und dem Aufkommen des Nationalsozialismus in Deutschland andererseits war begreiflicherweise die Stellung Vogts als Direktor des Institutes nicht mehr zu halten. Auch hatte man inzwischen eingesehen, daß eine sinnvolle Erforschung des Gehirns von Lenin, wenn überhaupt, so nur in einem breiteren Zusammenhang möglich war. Dementsprechend ist das ‚Institut zur Erforschung des Gehirns von Lenin' in ein ‚Hirnforschungsinstitut' schlechtweg umgewandelt worden. Es untersteht heute der Akademie der Medizinischen Wissenschaften."

Oskar Vogt hat die Leitung des Hirnforschungsinstitutes Ende 1930 zurückgelegt, nachdem er nur einmal in einem später gedruckten Vortrag sich wissenschaftlich zum Problem der Bearbeitung und Beurteilung von Lenins Gehirn geäußert hat.

Auszug aus einem Vortrag *„1. Bericht über die Arbeiten des Moskauer Staatsinstitutes für Hirnforschung"*, gehalten von O. Vogt am 10. November 1929 im Pantheon des Staatsinstitutes für Hirnforschung in Moskau:
„Sie wissen alle, daß im Mittelpunkt dieses Institutes die Bearbeitung des Gehirns Lenins steht. Und Sie wissen oder Sie werden heute sehen, daß diese Bearbeitung die Errichtung eines ganzen Institutes erforderte. So war es nicht nur nötig, daß die russische kommunistische Partei den Entschluß faßte, das Kleinod, das sie im Gehirn Lenins besaß, der wissenschaftlichen Bearbeitung zugänglich zu machen, sondern Partei und Regierung mußten auch die Mittel zur Schaffung eines ganzen Institutes zur Verfügung stellen. Regierung und Partei haben dieses getan. Dafür gebührt ihnen dauernd Dank der Hirnforschung."
. . .
„Wenden wir uns nun der bisher im Hirnforschungsinstitut geleisteten Arbeit zu, so läßt sich diese in drei Etappen gliedern. In der ersten, welche die Jahre 1925, 1926 und die erste Hälfte von 1927 umfaßt, wurde das Gehirn Lenins in eine lückenlose Paraffinserie zerlegt. Hierdurch ist dafür Gewähr geleistet, daß für Generationen gut konservierte Präparate dieses Gehirns der Forschung zur Verfügung stehen." . . .
„Die zweite Periode umfaßt die zweite Hälfte des Jahres 1927. In dieser Zeit habe ich eine erste Überprüfung des Gehirns Lenins vorgenommen. Ich fand in der III. Rindenschicht . . . Pyramidenzellen in einer sonst von mir nie beobachteten Größe" (im Folgenden entwickelte Vogt seine Theorie vom Assoziationsathleten) . . .
„So mußte auf die erste Überarbeitung des Leninschen Gehirns als dritte Periode die einer Vorarbeit für die Detailuntersuchung folgen, weil wir noch zu wenig vom Bau anderer Gehirne und erst recht zu wenig von der funktionellen Bedeutung der einzelnen Strukturen wissen." (Hier berichtete Vogt im weiteren über den Beginn einer Sammlung von „Elitegehirnen" und Gehirnen verschiedener Rassen der Sowjetunion.)

Nach dem heutigen Stand der medizinischen Wissenschaft ist zu sagen, daß man aus dem mikroskopischen Bild der Gehirnzellen und deren Verbindungen untereinander keinerlei Rückschlüsse auf die Persönlichkeit und die intellektuellen Leistungen ziehen kann. Intelligenz ist zwar eine bestimmte Form der gehobenen

Funktion des Gehirns, die Funktion spielt sich aber ähnlich wie in der Kybernetik in Schaltkreisen und elektrischen Vernetzungsplänen ab, welche wir mit morphologischen Methoden noch nicht aufklären können. Verstand, Intelligenz und Genie stellen eine Gesamtleistung des Gehirns dar – ein eventuelles „Geniezentrum“ existiert nicht.

Aus diesem Grunde haben auch die Berichte über die Untersuchung von Lenins Gehirn aufgehört. Da es nicht gelingt, bestimmte Funktionen (z. B. eine revolutionäre Gesinnung) im Gehirn zu lokalisieren, hat die russische Auftragsbehörde das Interesse verloren.

Auch die absolute Masse an Hirnsubstanz ist für besondere Fähigkeiten nicht entscheidend. Das durchschnittliche Hirngewicht eines Mitteleuropäers beträgt 1300–1500 Gramm. Das schwerste Gehirn wird dem russischen Schriftsteller Iwan Turgenjew (1818–1883) mit einem Gewicht von 2010 Gramm zugeschrieben. In der medizinischen Literatur gibt es immer wieder Angaben über Menschen mit sehr schweren Gehirnen, ohne daß sie jedoch besonders genial gewesen wären. Nicht selten findet man übergroße Hirngewichte bei Idioten.

Als Wladimir Iljitsch Uljanow im Jahre 1870 in Rußland geboren wurde, hatte in der Haupt- und Residenzstadt des Kaiser- und Königreiches Österreich-Ungarn der damals zwölfjährige Thronfolger Erzherzog Rudolf schon neun Jahre Unterricht und Erziehung als Vorbereitung auf seine spätere Regentschaft hinter sich. Diese sollte er jedoch nie erreichen.

Ein Doppelselbstmord

Gerichtliche Medizin und Psychiatrie sind in gleicher Weise mit dem Problem des Selbstmordes beschäftigt. Die Gerichtsmedizin von der kriminalistischen Seite, die Psychiatrie von der psychologischen Seite her, noch dazu mit der Aufgabe, selbstmordgefährdeten Menschen Hilfe zu bringen.

Ein Doppelselbstmord liegt dann vor, wenn beide Partner den ernsthaften Willen hatten, aus dem Leben zu scheiden. Sie bringen sich nur selten gleichzeitig um, z. B. durch gleichzeitiges Fallenlassen in eine Erhängungsschlinge. Viel öfter tötet ein Partner zunächst den anderen – meist eine Frau – und nimmt sich erst dann selbst das Leben, in der Regel auf die gleiche Art.

Beim Entschluß und der Durchführung eines Selbstmordes handelt es sich um ein kompliziertes psychisches Problem, wobei in der Mehrzahl eine krankhafte seelische Verfassung die Voraussetzung bildet. Zum Selbstmörder wird man nicht geboren, sondern man entwickelt sich. Jeder Selbstmord ist eine enorm aggressive Handlung, sodaß es nicht verwundert, wenn ein Mensch dabei imstande ist, auch einen Partner zu töten.

Für einen Doppelselbstmord sind zwei gestörte Persönlichkeiten notwendig, einer der mordet und einer der sich freiwillig umbringen läßt. Die seelische Entwicklung der beiden zur Selbstmordtendenz kann dabei völlig getrennt und unabhängig erfolgen, treffen diese Menschen jedoch zusammen, wird der weitere Verlauf kritisch.

Vom Doppelselbstmord zu unterscheiden ist das sog. „Mitnehmen in den Tod“ ahnungsloser und keineswegs zum Sterben bereiter Menschen. Eine solche Tat wird in der Gerichtsmedizin als erweiterter Selbstmord bezeichnet.

KRONPRINZ RUDOLF VON HABSBURG-LOTHRINGEN

(1858–1889)

MARY, BARONESSE VON VETSERA

(1871–1889)

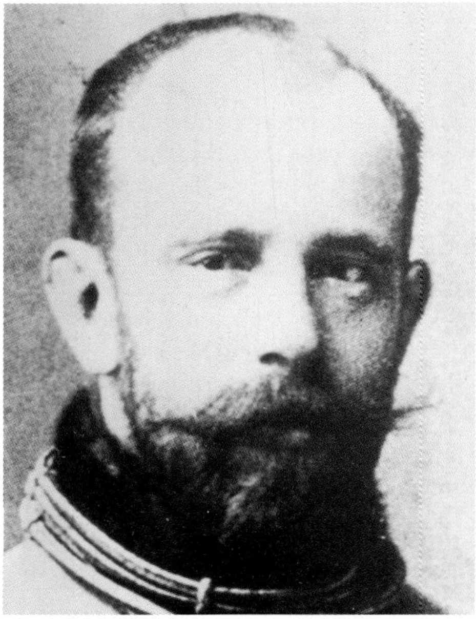

Kronprinz Rudolf, 31jährig, und Mary von Vetsera, noch nicht 18jährig, einen Monat vor dem gemeinsamen Tod.

Biographische Übersicht Rudolfs
Biographische Übersicht Marys
Das Scheitern eines Begabten
Ein Fall für den Arzt und Psychiater?
Der lange Weg nach Mayerling und das kurze Auftreten von Mary Vetsera
Die letzten fünf Tage
Die Reaktion auf den Selbstmord des Thronfolgers
Ein verschollener Obduktionsbefund und ein Gefälligkeitsgutachten
Ein unrichtiges Totenbeschauprotokoll und das weitere Schicksal des Leichnams von Mary Vetsera

Biographische Übersicht Rudolfs

1858 Rudolf Franz Carl Josef wird am 21. August in Schloß Laxenburg bei Wien geboren. Seine Eltern sind Kaiser Franz Joseph I. (1830–1916) und Elisabeth (1837–1898). Es war dies die letzte Kronprinzengeburt im regierenden Hause Habsburg, der offizielle Titel des Neugeborenen war: *„Kronprinz und Thronfolger des Kaiserhauses Österreich, Königlicher Prinz von Ungarn und Böhmen, der Lombardei und Venedig, von Dalmatien, Croatien, Slowenien, Galizien, Lodomerien und Illyrien. Erzherzog von Österreich, Ritter des Goldenen Vlieses und Inhaber des Infanterie-Regimentes Nr. 19.“* Letzteres entsprach nicht der Tradition, denn kein kaiserlicher Prinz vorher war bereits in der Wiege zum Offizier befördert worden; Franz Joseph machte seinen Sohn vom ersten Lebenstag an zum Militär.

1858–1864 Die Betreuung und Erziehung des Kleinkindes wird von der Mutter Franz Josephs, Erzherzogin Sophie, geleitet; als Kinderfrau („Aja“) wurde Karoline, Freifrau von Welden ernannt. Sie war eine 45jährige kinderlose Witwe und besaß keinerlei Erfahrung im Umgang mit Kindern, geschweige denn in der Pflege eines Säuglings. Kaiserin Elisabeth hatte als Mutter keinerlei Einfluß und war überdies in diesen Jahren lange Zeit von Wien abwesend.
Seit dem dritten Lebensjahr hatte der Kleine Unterricht in Religion, Tschechisch, Ungarisch, Rechnen und Schreiben. Dazu kamen tägliche Exerzierübungen, die den körperlich schwachen Knaben strapazierten.

1864 Generalmajor Leopold, Graf Gondrecourt wird Erzieher des Kronprinzen und beginnt ein militärisch hartes Regiment, das oft in Brutalität ausartet und den eher zarten Rudolf nur einschüchtert und gesundheitlich gefährdet: so sperrte er ihn im Lainzer Tiergarten ein und erschreckte das Kind durch die Behauptung, es käme ein Wildschwein; er ließ den Schlafenden durch Pistolenschüsse wecken, betrieb Kaltwasserkuren und es gab stundenlange, bei Wind, Regen und Schnee ohne Erbarmen durchgeführte Exerzierübungen.

1865 Gondrecourt wird nach einem Einschreiten von Kaiserin Elisabeth durch Joseph, Graf Latour von Thurmburg abgelöst. Dieser besaß gesunden Menschenverstand, psychologisches Einfühlungsvermögen sowie natürliches erzieherisches Talent. Rudolf blühte auf, wurde ein intelligenter und wißbegieriger Schüler mit Neigung zu den Naturwissenschaften.

1873 Erste öffentliche Rede des 15jährigen bei der Enthüllung eines Maria-Theresien-Denkmals in Klagenfurt.

1877 Beendigung der Unterrichtszeit, woran fast 50 Lehrer und Erzieher beteiligt waren. Rudolf wurde eine umfassende Bildung mit liberaler Grundeinstellung vermittelt, vielen seinen Lehrern blieb der Kronprinz auch später noch verbunden. Er war ein vorzüglicher Schüler und hatte in allen Gegenständen Erfolg; charakteristisch für ihn ist die einzige Beanstandung während der Schulzeit: seine Gleichgültigkeit im Religionsunterricht.
Am 24. Juli, einen Monat vor seinem 18. Geburtstag, wird Rudolf für großjährig erklärt; als Obersthofmeister wurde ihm Charles, Graf Bombelles, ein höfischer Bonvivant, zugeteilt.
Die größte Enttäuschung für den Kronprinzen war die kaiserliche Entscheidung, er dürfe kein Hochschulstudium beginnen, sondern er habe Soldat zu werden.

1878 Einrückung als Oberst zum k. k. Infanterieregiment Nr. 36 in Prag. Er wohnte im königlichen Schloß, dem Hradschin.

1879 Rudolf wird Regimentskommandant.

1880 In Brüssel Verlobung mit Stephanie von Sachsen-Coburg, einer Tochter König Leopolds II. von Belgien und dessen Frau Marie Henriette (geborene Habsburg, Tochter Erzherzog Josephs, eines Bruders von Kaiser Franz I. [II.]). Stephanie war somit mütterlicherseits mit den Habsburgern verwandt.

1881 Rudolf lernt den liberalen Journalisten Moritz Szeps, Herausgeber des „Neuen Wiener Tagblattes“, kennen und beginnt anonym politische Zeitungsartikel zu veröffentlichen.
Im Frühjahr Reise nach Ägypten und Palästina in Begleitung des Zoologen Alfred Brehm.
Am 10. Mai in Wien Vermählung mit Stephanie, Prinzessin von Belgien (1864–1945), welche kurz vor ihrem 17. Geburtstag stand. Der Kronprinz war damals 23 Jahre alt.

1883 Militärische Rückversetzung von Prag nach Wien, Rudolf wird Kommandant der 25. Truppendivision.
Am 2. September in Laxenburg Geburt der Tochter Elisabeth Maria („Erzsi“); nach einer ersten Ehe mit Fürst Windischgrätz heiratete diese den sozialdemokratischen Politiker Leopold Petznek und wurde als „die rote Erzherzogin“ bekannt (gest. 1963).

1884 Rudolf erhielt für sein erstes Buch *„Fünfzehn Tage auf der Donau“*, eine landschaftskundlich-biologische Arbeit vor allem mit Beobachtungen seltener Adlerarten, das Ehrendoktorat der Universität Wien.

1885 Erscheinen des ersten Heftes des großen, vom Kronprinzen herausgegebenen Werkes *„Die österreich-ungarische Monarchie in Wort und Bild“*. Letztendlich umfaßte das Werk 24 Bände.

1886 Rudolf erkrankt an Gonorrhoe, mit der er auch Stephanie ansteckt. Er fühlt sich von da an nie mehr ganz gesund und beginnt, sich mit einer Mischung aus Kognak und eisgekühltem Champagner aufzuputschen.

1887 Rudolf verfaßt sein zweites Testament und setzt seine Tochter als Universalerbin ein. (In einem ersten Testament aus der Prager Zeit – 1879 – hatte er noch burschikos-sentimental *„einen Abschiedskuß in Gedanken allen schönen Frauen Wiens, die ich so sehr geliebt!“* vermacht.) Jetzt legte er in diesem endgültigen Testament, das schon zwei Jahre später in Kraft treten sollte, Bilanz über die ihm gehörenden, recht bescheidenen materiellen Werte.
Nach Auskunft der Ärzte bestand aus der Ehe mit Stephanie keine Hoffnung auf weitere Nachkommen.
Im Oktober wurde das von Rudolf erworbene und umgebaute Jagdschloß Mayerling eingeweiht.

1888 Rudolf wird zum Generalinspektor der Infanterie ernannt. Seit dem Sommer sprach der Kronprinz häufig von Selbstmord und machte der Wiener Kokotte Mizzi Caspar den Vorschlag, sich gemeinsam mit ihm zu erschießen.
Im Herbst lernte Rudolf die 17jährige Baronesse Mary Vetsera kennen. Die Kousine des Kronprinzen, Marie, Gräfin Larisch (Tochter Herzog Ludwigs in Bayern, eines Bruders von Kaiserin Elisabeth), vermittelt die Zusammenkünfte mit dem Mädchen.

1889 Am 27. Jänner erscheint der Kronprinz bei einem Empfang in der deutschen Botschaft aus Anlaß des Geburtstages Kaiser Wilhelms II. zum letzten Mal in der Öffentlichkeit.
Am Morgen des 30. Jänner werden die Leichen von Rudolf und Mary Vetsera im Schlafzimmer des Schlosses Mayerling gefunden; Rudolf stand im 31. Lebensjahr.
Am 31. Jänner erfolgte die Obduktion des Kronprinzen in der Hofburg, am 5. Februar wurde Rudolf in der Kapuzinergruft bestattet.

Biographische Übersicht Marys

1871 Marie Alexandrine wird am 19. März, einem Sonntag, in Wien als drittes Kind des Diplomaten Albin, Freiherr von Vetsera (1825–1887) und seiner Frau Helene, geb. Baltazzi (1847–1925), geboren. Der Vater war slowakischer Herkunft, die Mutter entstammte einer italienisch-orientalisch-englischen Familie.
Marie wurde am 27. März nach röm.-kath. Ritus getauft und bereits in früher Kindheit „Mary“ genannt.

Zur Zeit der Geburt von Mary Vetsera war Kronprinz Rudolf dreizehn Jahre alt.

1876 Marys Ausbildung erfolgte, mit einer kurzen Unterbrechung (siehe 1882), nur durch Privatunterricht.
Beginn der Bekanntschaft der Familie Vetsera mit der Gräfin Larisch, einer Kousine Kronprinz Rudolfs. Dadurch häufige Teilnahme an Reitveranstaltungen, z. T. auch in Hofkreisen.

1877 Marys Mutter Helene lernt den Kronprinzen kennen und macht Rudolf Avancen. Helene ist elf Jahre älter als der damals 19jährige Kronprinz.
Die Brüder von Helene, Hector und Aristides Baltazzi, treten als erfolgreiche Sportreiter auf.

1880 Umzug der Familie Vetsera (aus dem heutigen II. Wiener Bezirk) in ein Palais in der Salesianergasse 11.

1881 Marys älterer Bruder Ladislaus (geb. 1865) gehört zu den 386 Todesopfern des Ringtheaterbrandes vom 8. Dezember.

1882 Mary besucht etwas länger als ein Jahr das „Erziehungsinstitut für adelige Mädchen" im Salesianerkloster; später wieder Privatunterricht.

1887 Albin von Vetsera, Marys Vater, stirbt 62jährig in Kairo an einem Schlaganfall.
Die Familie reist zu einem zweimonatigen Aufenthalt nach Ägypten.

1888 Mary war 17 Jahre alt, ihr Äußeres wurde folgendermaßen beschrieben. Marie Nunziante, Besitzerin eines Modesalons, sagte: *„Die Mary hatte auch ein reizendes Figürl, aber so was Süßes wie ihr Köpferl kann man sich gar nicht vorstellen. Ihr Teint spielte ins Bräunliche, sie hatte wunderbar frische Backerln, mandelförmig geschnittene Augen und schwarzes Haar. Man war glücklich, wenn man sie nur ansehen konnte."*
In einem Zeitungsartikel konnte man lesen: *„Die Baronesse war nicht eigentlich, was man eine Schönheit nennt, am wenigsten eine edle, vornehme Schönheit; das Wort Schopenhauers vom ‚Knalleffekt der Natur' paßt selten so gut wie hier; von der üppigen, früh erblühten Gestalt, dem hübschen Gesichtchen mit den zuckenden Lippen, dem kecken Stumpfnäschen, den feuchtschimmernden blauen Augen ging ein Hauch heißer Sinnlichkeit aus, welcher um so mehr auf die Männer wirkte, je sinnlicher ihre eigene Natur war . . . Sie war mäßig begabt, ihre Bildung entsprach nothdürftig jener ihrer Kreise, was für jeden Kenner einer gewissen Schichte des österreichischen Adels zur Orientierung genügen wird. Sie hatte keinerlei, und zwar buchstäblich keinerlei geistige Interessen und interessierte sich, außer für ihre Toilette, nur für den Rennsport."*

Am 12. April sieht Mary, bei einem Renntag in der Freudenau, den Kronprinzen in der Hofloge und glaubt sich von ihm beachtet. Von diesem Tag an stellt sie Rudolf in den Mittelpunkt ihres Denkens und konzentriert ihr Interesse nur auf ihn.

Im Herbst 1888 wird Mary neben drei anderen jungen adeligen Mädchen von den Gesellschaftsreportern zu den *„schönsten neuen Jungdamenzierden der kommenden Saison"* gewählt.

Mary schrieb an Kronprinz Rudolf einen Brief, die Gräfin Larisch arrangierte die Bekanntschaft, und am 5. November kam es zum ersten persönlichen Treffen in der Hofburg.

Im November und Dezember folgten zahlreiche Rendezvous zwischen Rudolf und Mary in der Hofburg, im Prater und in Schönbrunn.

1889 Ein entscheidendes Ereignis brachte der 13. Jänner: Ob es damals zum ersten Geschlechtsverkehr mit dem Kronprinzen kam und/oder der Entschluß zum gemeinsamen Selbstmord gefaßt wurde, ist ungeklärt.

Am 18. Jänner verfaßte Mary ihr Testament.

Am 28. Jänner führte sie der Leibfiaker des Kronprinzen, Bratfisch, in das Jagdschloß Mayerling.

Am Morgen des 30. Jänner wurde Marys Leiche neben der von Kronprinz Rudolf im Schlafzimmer des Schlosses Mayerling gefunden, Mary war noch nicht 18 Jahre alt.

Die Leiche wurde in der Nacht vom 31. Jänner zum 1. Februar nach Heiligenkreuz gebracht und dort in den Morgenstunden des 1. Februar beerdigt.

Das Scheitern eines Begabten

Rudolf war hübsch, aber nicht sehr kräftig und ein äußerst empfindsames, weinerlich-ängstliches Kind von schwächlicher Gesundheit. Er kränkelte seit früher Kindheit und seine körperliche Entwicklung blieb stets hinter der geistigen zurück. Franz Joseph nannte ihn liebevoll-abschätzig *„mein Krepierl"*, überforderte ihn jedoch mit militärischem Ehrgeiz. Das Ziel der Erziehung war, aus dem Knaben einen strammen Soldaten zu machen. Dies war allerdings für das intelligente, phantasiebegabte, aber übernervöse Kind – Rudolf blieb lange Zeit Bettnässer – eine Katastrophe. Die Anweisung für die Erziehung war eindeutig: *„Se. k. H. sind phisisch und geistig mehr als Kinder seines Alters entwickelt, jedoch eher vollblütig und nervös-reizbar, es muß daher die geistige Entwicklung verständig gedämpft werden, damit jene des Körpers gleichen Schritt halte."*

Das Interesse der kaiserlichen Eltern an der Entwicklung des heranwachsenden Sohnes blieb mehr als dürftig. Elisabeth war meistens abwesend und schrieb selten, den Vater sah das Kind nur bei offiziellen Veranstaltungen, Paraden und Jagden. Dem einzigen Sohn der österreichischen Kaiserfamilie fehlte es an elterlicher Zuwendung und Liebe. Er hat darunter sein ganzes Leben lang gelitten. Herzlich und interessiert war Franz Joseph dann, wenn ihm Erfolge bei der Jagd berichtet wurden. Noch vor dem neunten Geburtstag schoß Rudolf seinen ersten Hirsch. Der Kaiser telegraphiert nach Ischl: *„Weidmanns Heil. Ich gratuliere zum Hirsch. Habe eine ungeheure Freude.“* Von dieser Zeit an bildete den Hauptgesprächsstoff zwischen Vater und Sohn, ob und was dieser bei der Jagd geschossen hatte.

Es besteht keinerlei Zweifel, daß der Kronprinz bereits im sog. Volksschulalter ein schwer geschädigtes Kind war. Zu dieser Zeit erhielt er nach Karoline von Welden und Graf Gondrecourt schon den dritten Erzieher in der Person des etwas verständigen Graf Latour; Rudolf hat ihn wie einen Vater verehrt.

Die geistige Entwicklung des Kindes erfuhr dadurch eine entscheidende Förderung. Den Unterricht übernahmen sorgfältig ausgewählte Lehrer und Wissenschafter, welche Rudolf ungehindert in den Ideenkreis des Liberalismus führten. Für die Persönlichkeitsentwicklung des Kaisersohnes waren nicht seine Familie und der Hof ausschlaggebend, sondern liberale Lehrer und spätere Freunde. Nicht den hochadeligen Blutsverwandten fühlte sich Rudolf geistig verbunden, sondern dem liberalen Bildungsbürgertum. Dies mußte früher oder später unweigerlich zu schweren Konflikten zwischen dem progressiv denkenden Sohn und dem erzkonservativen Vater führen.

Mit der geistigen Ausbildung gingen jedoch die militärischen Übungen weiter, die Rudolf wohl oder übel über sich ergehen lassen mußte; zum Soldaten war er freilich nicht geschaffen. Es wäre sein sehnlichster Wunsch gewesen, an der Universität Naturwissenschaften zu studieren. Hier traf ihn jedoch wieder eine Enttäuschung, denn Franz Joseph hatte für dieses Anliegen seines Sohnes überhaupt kein Verständnis und hielt ein Universitätsstudium für ein Mitglied des Kaiserhauses sogar für unstandesgemäß. Und so wurde Rudolf eben ein mittelmäßiger, mit sich und der Welt unzufriedener Offizier.

Dem Kronprinzen wurde, nach Beendigung des Unterrichtes mit dem 18. Lebensjahr, ein neuer Obersthofmeister zugeteilt – Charles, Graf Bombelles. Dieser Lebemann und Bonvivant hatte nun die Aufgabe, Rudolf von seinen geistigen und wissenschaftlichen Ambitionen loszulösen. An die Stelle des Umganges mit Büchern und Gelehrten traten die Jagd, der Reitsport, die Hundezucht und der Verkehr mit Frauen.

Rudolfs Beziehungen zu Frauen begannen früh und waren sehr zahlreich, wurde er doch, kaum großjährig, in die Rolle des begehrtesten Junggesellen seiner Zeit katapultiert. Trotz dieses plötzlichen Sprunges in ein anstrengendes gesellschaftliches Leben gab Rudolf jedoch seine geistigen Interessen nicht auf. Dies führte dazu, daß er mit wenigen Stunden Schlaf auskommen mußte, und er begann Raubbau an seiner Gesundheit zu treiben. Denn außer dem gesellschaftlichen

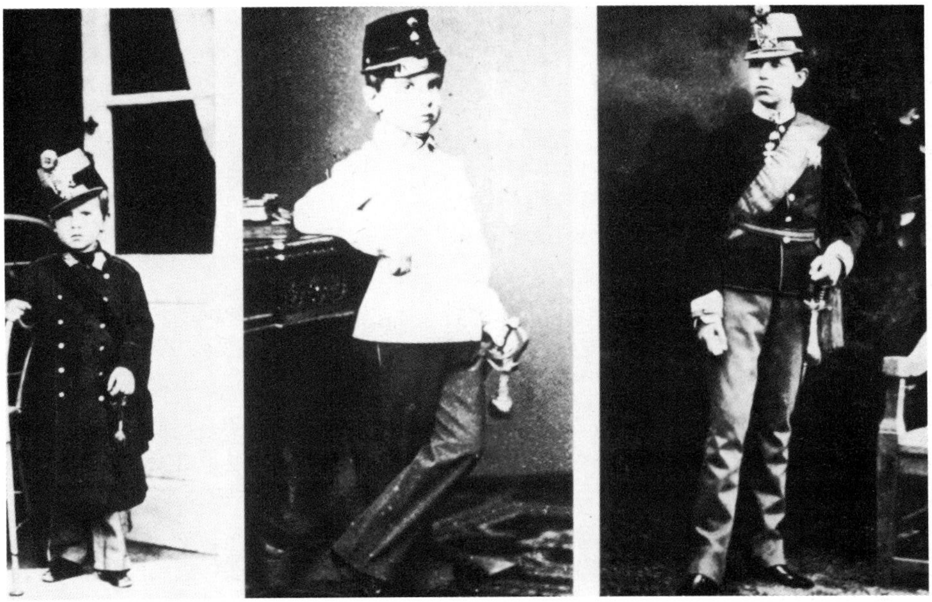

Kronprinz Rudolf wurde bereits als Kind zum Soldaten gemacht; der 4-, 10- und 13jährige in Originaluniformen.

Trubel und seinen Studien hatte der Kronprinz noch seinen Dienst beim Militär zu erfüllen – und da wurde die Zeit knapp.

Nachdem der Kaiser für den Kronprinzen praktisch von Geburt an eine militärische Karriere vorgesehen hatte, durchlief Rudolf dieselbe mit fulminanter Geschwindigkeit: 1879 (also mit 21 Jahren) war er bereits Regimentskommandant in Prag, 1882 Feldmarschalleutnant und schließlich 1888 Generalinspektor der Infanterie. Für ein solches Avancement und eine solche Stellung hätte es neben der entsprechenden Erfahrung auch außerordentlicher militärischer Fähigkeiten bedurft, die Rudolf keineswegs besaß. Er war also in seinem auszuübenden Beruf schlicht überfordert und nahm in steigendem Maße nur mehr Repräsentationsaufgaben wahr. Dies umso mehr, da er erkennen mußte, daß ihm jegliche Einflußnahme ohnehin verwehrt war und er vom Kaiser niemals in den engeren Führungsstab der Armee aufgenommen würde. In der ihm zugedachten beruflichen Laufbahn stand er zwar nominell ziemlich weit oben, praktisch war er allerdings ohne ernsthafte Aufgabe und so gut wie kaltgestellt. Für einen ehrgeizigen Mann wie den Kronprinzen bedeutete dies, er war beruflich gescheitert.

Körperlich wie auch geistig war er tatsächlich alles andere als ein Militarist. Der erste Eindruck war der eines eher schmächtigen Mannes mit frühzeitig gelichtetem rotblondem Haar. Prinzessin Catherine Radziwill schilderte den 20jährigen: *„Er war nicht gerade ein hübscher junger Mann, aber doch außerordentlich* *attraktiv. Das jugendliche Gesicht war sehr ernst, was ihn viel älter aussehen ließ, und das rötliche Haar war ausgesprochen häßlich. Aber die Augen hatten einen träumerischen Ausdruck, voll von Geheimnis und Eifer, was ihm die Sympathien von jedem, mit dem er sprach, einbringen mußte. Rudolf machte einen ganz anderen Eindruck, als man von ihm erwartete, und ein gewisses stoßweises Sprechen ließ einen rätseln, welche Gründe er für seine Ungeduld und Unzufriedenheit haben könnte. Seine Manieren waren extrem höflich, aber doch ziemlich kühl und hatten auch eine Spur von Verächtlichkeit ...*"

Rudolfs schillernde Persönlichkeit blieb in seiner Zeit höchst ungewöhnlich. Er war ein gewinnender Mensch mit großem Charme und er wurde sehr geschätzt von so unterschiedlichen Charakteren wie Queen Victoria, Kanzler Bismarck, Georges Clemenceau und einer Schar von zeitgenössischen Schriftstellern und Wissenschaftern. Das breite Spektrum seiner Interessen – von Literatur bis Spiritismus, von Mythologie bis Elektrizität, von Nationalökonomie bis zur Geschichte der Juden reichend – weckte weithin Erstaunen. Zudem war der junge Habsburger ein Atheist und bewunderte die Ideen der französischen Revolution.

Franz Joseph hatte nicht die Absicht, seinem Sohn Aufgaben von größerer Bedeutung zu übertragen – Rudolf dagegen verzehrte sich in Sehnsucht nach der Krone, nach der Macht, denn er fürchtete, daß die Herrschaft seines Vaters das zerstören könne, was er für die Grundlagen des Reiches hielt. Daraus entwickelte sich die klassische Kronprinzentragik, das ewige Thronfolgerproblem. Thronfolger stehen fast immer in einem Spannungsverhältnis zu ihren regierenden Vätern, weil sie eben eine neue Generation verkörpern. Je begabter sie sind, desto kritischer betrachten sie die Regentschaft des Vaters. Und dieses Verhältnis besteht auch umgekehrt.

Erzherzog Leopold Ferdinand Salvator (1868–1935), der auf seine Titel verzichtet hatte und als Bürgerlicher unter dem Namen Leopold Wölfling lebte, charakterisierte zutreffend diesen Konflikt: „*Souveräne sehen in ihrem ältesten Sohn ... eine spezielle Sorte des persönlichen Feindes und billigen ihm nur zögernd Einblick in die Staatsaffairen zu. Sie fürchten, vorzeitig beiseite geschoben zu werden ...*"

Der absolut herrschende Franz Joseph hatte Rudolf während dessen gesamten Lebens isoliert und niemals zur Leitung und Lenkung des Staates herangezogen. Rudolf war somit auch in seinem Bestreben als Thronfolger zum Scheitern verurteilt.

Der Kronprinz versuchte immer wieder, sich politisch zu betätigen, und sei es auch nur in der Anonymität eines Leitartikels in der Zeitung. Die Möglichkeit dazu fand er in der Bekanntschaft mit Moriz Szeps (1834–1902), dem Herausgeber des liberalen „Neuen Wiener Tagblattes". Diese Beziehung war deshalb von so großer Bedeutung, weil Rudolf hier fand, was ihm der Vater, der Hof und die Regierung vorenthielten: politische Informationen über das Reich, welches er einmal regieren sollte. Szeps bestärkte Rudolfs Ehrgeiz, selbst zu schreiben, und es entstand eine Vielzahl von politischen Aufsätzen. Dabei zeigte Rudolf schon sehr früh die Tendenz, religiöse und politische Belange mit größter Liberalität zu beurteilen, eine wahrlich höchst ungewöhnliche, ja befremdliche Einstellung an diesem so bigott-katholischen Kaiserhof. Rudolfs Ansichten wurden bald bekannt und trugen ihm die Feindschaft vieler seiner Verwandten und des Hochadels, kirchlicher Würdenträger und der konservativen Regierungspolitiker unter dem Ministerpräsidenten (von 1879 bis 1893) Graf Taaffe (1833–1895) ein. Kaiser Franz Joseph selbst hatte offenbar keine Ahnung davon, daß sein Sohn der Verfasser zahlreicher kritischer Artikel war, die anonym in der oppositionellen Presse erschienen, er hätte es auch niemals verstehen können.

Rudolfs Grundeinstellung war geprägt von Vorurteilslosigkeit und Toleranz gegenüber Minderheiten aller Art und Ablehnung des Antisemitismus. Er erkannte die Notwendigkeit demokratischer Institutionen und wandte sich gegen den Absolutismus; die Monarchie wollte er nur in der konstitutionellen Form gelten lassen. Seine Ideale waren Freiheit und Gleichheit, er sah den Adel als überwundenen Standpunkt an und wünschte sich als *„schönste Stellung Präsident einer Republik zu sein"*.

Es war Rudolfs Tragödie, daß er zwar vor Ideenreichtum sprühte, jedoch gezwungen war, hilflos mitanzusehen, wie die sozialen und nationalen Unterschiede in der Monarchie immer größer wurden und die Unruhe zunahm, während er selbst völlig aus der Politik abgedrängt wurde und anonyme Artikel in Zeitungen das einzige waren, was der Kronprinz von Österreich-Ungarn tun konnte, um für seine Überzeugung einzutreten. Dieses Scheitern in der praktischen Politik hat ihn sehr getroffen. Rudolf erhielt keine Chance, seine Vorstellungen auch nur zur Diskussion zu bringen. Er hätte auch auf keinen Rückhalt bei der Mehrheit der Bevölkerung rechnen können. Mit den neuen politischen Massenbewegungen, die sich formierten, den Christlich-Sozialen einerseits und der Sozialistischen Partei andererseits, hätte der Kronprinz die Mehrzahl des Volkes gegen sich gehabt. Rudolf erkannte, daß er in Anbetracht der gegebenen Verhältnisse in der Doppelmonarchie tatsächlich keine klare und annehmbare Alternative anbieten konnte. Die Ambivalenz in der Einstellung zu seinem Vater wurde dadurch nur noch größer. Er wollte (und mußte) es einerseits dem Vater recht machen, war aber andererseits von nicht realisierbaren Ideen überzeugt. Der Kaiser spürte dies und ging den Weg des geringsten Widerstandes. Um sich ärgerliche Konflikte mit Rudolf zu ersparen, beschloß Franz Joseph, überhaupt keine politischen Themen mit dem Kronprinzen zu erörtern. Er hat nur mehr über das Militär, die Jagd und die Familie seines Sohnes gesprochen. Rudolf selbst durfte, ebensowenig wie alle übrigen, keine Fragen an den Monarchen richten. Dementsprechend erlaubte Franz Joseph auch nicht, daß Rudolf in offiziellen Dingen sich persönlich an ihn wandte, es mußte alles auf dem bürokratischen Weg vorgelegt werden. Da dem Kaiser die direkte Kenntnis fehlte, hatte er keine Ahnung von Rudolfs Ambitionen und Ansichten für die Zukunft. Es bestand ein herzliches gegenseitiges Unverständnis.

Über die tatsächliche Eignung des Kronprinzen zum Regenten läßt sich nichts aussagen. Ob Rudolf genial war, seine Ideen hätte positiv verwirklichen können oder resignierend gescheitert wäre, bleibt eine offene Frage, denn er selbst hat es unmöglich gemacht zu beweisen, was man ihm zutraute.

Ein Fall für den Arzt und Psychiater?

Bei Kronprinz Rudolf stießen zwei Krankheitsabläufe zusammen: auf der psychischen Ebene eine neurotisch-depressiv gestörte Persönlichkeitsentwicklung und auf der körperlichen Ebene eine Schädigung des Organismus durch Alkohol, Morphium und eine Gonorrhoe.

Rudolfs erbliche Belastung war groß, seine Eltern waren Vetter und Kusine, auch die Eltern Kaiserin Elisabeths waren nahe verwandt. Es bedurfte sogar einer päpstlichen Dispens für die Eheschließung zwischen Franz Joseph und Elisabeth. Im gesamten ergab sich eine gefährliche Zuspitzung der seit Jahrhunderten zwischen den Habsburgern und Wittelsbachern betriebenen Inzucht, war doch die Ehe von Rudolfs Eltern bereits die 22. Heirat zwischen dem bayerischen und österreichischen Haus.

Von seinen Erbanlagen her war Rudolf eher Wittelsbacher; in dieser Familie häuften sich Geisteskrankheiten und psychische Extravaganzen, jedoch hatte man zur damaligen Zeit noch keine Ahnung über die Bedeutung der Genetik.

Mit einem solchen Erbe kam Rudolf nun in eine Familie, welche belastet war von den ständigen Ehekrisen seiner Eltern. Von weitreichender Bedeutung wurde, daß seine Mutter die Familie verließ, als er knapp zwei Jahre alt war. Elisabeths ausgedehntes Reiseleben führte sie nur selten in die Nähe ihres Sohnes, für den sie eine unnahbare Erscheinung blieb, die vorübergehend auftauchte, Geschenke mitbrachte und dann wieder verschwand, aus Gründen, die ihm unbegreiflich blieben. Zu Rudolfs Unglück konnte sein Vater kaum die fehlende mütterliche Liebe ersetzen. Der introvertierte, kontaktarme Franz Joseph war viel zu sehr mit seiner Alleinregentschaft belastet, um sich seinem Sohn zu widmen. Der Kaiser erschien für Rudolf zwar als gebieterische und majestätische Gestalt, eine persönliche Zuwendung erlangte er jedoch nicht. Liebe von den Eltern für das Kind wurde kaum je ausgesprochen, es dominierten für Rudolf die Angst vor dem übermächtigen Vater und die scheue Bewunderung seiner schönen, jedoch fernen Mutter.

Der Mangel einer Elternbeziehung innerhalb der ersten Lebensjahre wirkt sich bei einem seelisch nicht sehr robusten Kind katastrophal aus, besonders der empfindsame Rudolf litt sein ganzes Leben lang an einem Mangel an Liebe.

Abgesehen von Weihnachten und den Sommerferien in Ischl führte Rudolf ein einsames Leben. Als Jüngling las er sehr viel und beschäftigte sich in seiner Abgeschiedenheit mit einer Vielfalt von Ideen. Er geriet in eine wachsende emotionale Einsamkeit, seelisch von seiner Familie ausgeschlossen. Hier wurde eine neurotische Entwicklung in Gang gesetzt, die schließlich zu einer Tragödie führte.

Die schwerwiegendsten psychischen Erscheinungen, die seit der Kindheit bei Rudolf immer wieder auftauchten, sind seine Angstzustände und Depressionen. Depressionen sind komplexe seelische Störungen, die zum Teil erblich bedingt, zum Teil erst im Laufe des Lebens durch äußere Umstände und Einflüsse entstanden sind. Schutzfaktoren gegen Depressionen wären offene und herzliche zwischenmenschliche Kontakte – dies blieb Rudolf sowohl in seiner Familie wie auch in seiner Ehe versagt. Depressive Menschen haben wenig nahe Freunde, sie sind ständig von der Gefahr der Isolation bedroht. Es ist sicher kein Zufall, daß unter den wenigen Menschen, die dem Kronprinzen in den letzten Jahren seines Lebens wirklich nahestanden, der Diener Loschek [1]) und der Kutscher Bratfisch [2]) waren. Diese Leute konnten aber keine Partner sein, die psychische Hilfe bringen.

Charakteristisch für Depressionen ist weiters die Unfähigkeit, mit schwierigen Lebenssituationen fertig zu werden. Die Betroffenen bezeichnen sich oft als „Versager“, neigen zur Resignation, werden aber phasenhaft aggressiv und schwanken in ihren Stimmungen zwischen hemmungsloser Lebensgier und Genußsucht und auf der anderen Seite tiefster pessimistischer Betrübtheit. All dies traf bei Kronprinz Rudolf in erschreckender Genauigkeit zu.

Als Fluchthilfe aus ihren Depressionen benützen solche Menschen häufig Drogen bzw. Alkohol. Jahrelang war Alkohol für Rudolf das Betäubungsmittel, aber seine Abhängigkeit davon schuf nur neue Probleme. Als Halbwüchsiger trank er gewöhnlich Wein oder Champagner zu den Mahlzeiten, im Laufe der Zeit wandte er sich auch dem Kognak zu. Die steigende Menge des Alkoholkonsums, die nötig war, um die erwünschten Resultate zu erreichen, vertiefte Rudolfs Depressionen, da er natürlich Schuldgefühle bekam. Schließlich war er nur mehr imstande, seine schlaflosen Nächte mittels einer Mischung aus eisgekühltem Champagner mit Kognak zu verbringen. Die körperliche Verfassung wurde durch den steigenden Alkoholkonsum angegriffen, er klagte über Magenschmerzen und Verdauungsbeschwerden, da er häufig auf nüchternen Magen trank.

Schon als Kind hatte Rudolf wiederholt asthmaartige Hustenanfälle, die ihn später, vor allem bei offiziellen Anlässen, belästigten. Im März 1887 schrieb er von einer Reise nach Berlin an seine Frau Stephanie: „. . . *Meinen Husten kann ich nicht loswerden, oft hört es für viele Stunden auf, dann kommen wieder förmliche Krämpfe, die besonders bei Diners und dergleichen Sachen sehr lästig sind. Ich bekämpfe das mit Morphin, was an und für sich schädlich ist.*“

---

[1]) Johann Loschek (1845–1932), vertrauter Kammerdiener Rudolfs. Er ging nach der Mayerling-Affäre, wo er sicherlich als einziger in alle Einzelheiten eingeweiht war, sofort in Pension.

[2]) Josef Bratfisch (1847–1892), Leibfiaker des Kronprinzen.

Diese Mitteilung beweist eindeutig, daß Rudolf Morphium nahm. Er tat dies in der Folge ständig. Es ist zweifelsfrei nachgewiesen, daß der Kronprinz zwei Jahre vor seinem Tod süchtig war. Rudolf verabreichte sich subkutane Injektionen, hat aber offenbar auch Entwöhnungsversuche unternommen; seine nähere Umgebung wußte über die Entzugserscheinungen. Morphium, Alkohol und Frauen, in den Stadien der Depression als Rauschmittel benützt, beschleunigten seinen körperlichen Verfall.

Zu Beginn des Jahres 1886 erkrankte Rudolf an einer Geschlechtskrankheit – Gonorrhoe. Der Ausbruch der Krankheit war heftig, die damals zur Verfügung stehenden ärztlichen Mittel konnten bestenfalls die Schmerzen lindern. Eine Therapie, die zur Heilung führt, existierte ja noch nicht. Rudolf erlitt das Vollbild der Krankheit, also nicht nur eine eitrige Harnröhrenentzündung, sondern dazu noch einen Befall der Gelenke und später auch der Bindehäute des Auges. Dies alles war mit großen Schmerzen verbunden, sodaß ihm Morphium und Kokain verordnet wurden. Sobald die akuten Symptome abgeklungen waren, wurde Rudolf in Begleitung seiner Frau auf die Adriainsel Lacroma zur Erholung geschickt. Dort erkrankte auch Stephanie, sie war von Rudolf infiziert worden. Im Verlaufe ihrer Erkrankung kam es auch zu einer Entzündung der Eileiter, was Sterilität zur Folge hatte. Damit war die Hoffnung auf einen männlichen Nachkommen und potentiellen weiteren Thronerben vorbei. Diese ärztliche Erkenntnis war für Rudolf genauso wie für Stephanie niederschmetternd.

Die Krankheit zehrte deutlich am Kronprinzen: er hatte phasenhaft starke Schmerzen, magerte ab, wurde bleich und frühzeitig alt. Es ist typisch, daß die Gonorrhoe in Schüben abläuft: in den Stadien der Besserung schöpfte Rudolf Hoffnung und seine Lebensgier brach wieder durch, in den schmerzhaften Krankheitsphasen wurde er von seinen Depressionen gequält.

Rudolf war – aus heutiger Sicht – ein Fall für den Arzt und Psychiater, da die Medizin der Gegenwart eine Gonorrhoe innerhalb weniger Tage zu heilen vermag und Depressionen, Alkoholismus und Morphinsucht zumindest behandelbar sind.

Im Laufe des Sommers 1886 wurde das Verhalten des Kronprinzen in zunehmendem Maße selbstzerstörerisch. Er trank beachtliche Mengen, nahm weiter Morphium und blieb fast jeden Abend bis nach Mitternacht auf. Gegen vier Uhr früh erhob er sich wieder – dies ist die typische Schlaflosigkeit depressiver Menschen –, um auf die Jagd zu gehen, an militärischen Übungen teilzunehmen oder zu schreiben.

Er führte ja schon längere Zeit eine Art Doppelleben: einerseits war er der ehrgeizige Kaisersohn und Thronanwärter, der Aristokrat und hochrangige Offizier, seine andere Seite war ein radikaler Journalist, Freidenker, aber auch Zechgenosse in Vorstadtlokalen und Freund leichter Mädchen.

Es steht außer jedem Zweifel, daß Kronprinz Rudolf in seinen letzten Lebensjahren in einer desolaten körperlichen und psychischen Verfassung war. Während seiner Truppeninspektionen wurde auch seine Umgebung auf die Verfallserscheinungen aufmerksam: er war entweder reizbar oder apathisch, machte einen abwesenden Eindruck und wirkte mitunter alkoholisiert.

Für den 30jährigen, körperlich und psychisch kranken Kronprinzen gab es jedoch niemand, der diese, auf eine Katastrophe hinsteuernde Entwicklung sah, geschweige denn, sie zu stoppen versuchte. Vor allem innerhalb seiner Familie konnte Rudolf keinerlei Verständnis, Einsicht oder Hilfe finden. Er selbst erkannte jedoch die eigene Schwäche und Hilflosigkeit, aber das beschleunigte nur seinen Weg.

Jahrelang hatte Rudolf mit dem Gedanken an Selbstmord gespielt, in Blasiertheit und Extravaganz, später aus Melancholie. Zumindest in seinen letzten beiden Jahren zeigte er jedoch fast alle Symptome, die in der modernen Psychiatrie als Vorstadien des Selbstmordes angesehen werden: (1) Isolierung seiner Person und Entwicklung des Gefühls der Ausweglosigkeit; Depressionen und hilflose Scheu in eine pessimistisch erachtete Zukunft. (2) Starke, aber ohnmächtige Aggressionen gegen das herrschende System und dessen obersten Repräsentanten – seinen Vater; daraus resultierende Resignation und Schuldgefühle. (3) Flucht in eine Phantasiewelt mit Gedanken und Gesprächen über den eigenen Tod. Den Anatomen Emil Zuckerkandl (1849–1910) fragte Rudolf, *„ob es nicht unheimlich sei, im Anatomischen Institut zu wohnen, von Leichen und Skeletten umgeben, in einer Atmosphäre des Todes"*. Zuckerkandl antwortete, *„Nein, selbst Totenschädel besitzen eine gewisse Schönheit, und bald wird man mit der Idee vertraut, daß Tod kein Unglück ist, sondern eine notwendige, wundervolle Erfüllung des Lebens"*. Der Kronprinz war beeindruckt und bat Zuckerkandl, ihm einen Schädel zu schenken, den er dann bis zuletzt auf seinem Schreibtisch stehen hatte. Rudolf legte noch einen Revolver dazu, ein unübersehbares Zeichen.

Diesen Skelettschädel sollte kurze Zeit später die 17jährige Mary Vetsera neugierig in die Hand nehmen.

Der lange Weg nach Mayerling und das kurze Auftreten von Mary Vetsera

Die Darstellung, der Doppelselbstmord in Mayerling sei als Folge unglücklicher Liebe geschehen, ist völlig falsch. Der Weg von Kronprinz Rudolf dorthin begann viel früher, als Mary Vetsera noch gar nicht geboren war. Nach den Erkenntnissen der modernen Psychiatrie ist Selbstmord das Endstadium einer neurotischen Entwicklung, die schon in der Kindheit beginnt. In frappierender Eindeutigkeit sind seit frühester Jugend bei Rudolf die charakteristischen Symptome und Konstellationen vorhanden:

gehemmtes, entmutigtes Kind – Rudolfs Erziehung drängt ihn praktisch vom Baby an zum Militär und war eine pädagogische Katastrophe;

kontaktgestörtes Verhalten – Rudolf war von Natur aus schüchtern und wurde dazu noch konsequent abgeschirmt;

Ich-Unsicherheit, oft gekoppelt mit verstärkter Egozentrik – da die normale Entwicklung der eigenen Persönlichkeit unerfüllt bleibt, wird die Selbstbestätigung in gesteigertem Geltungsbedürfnis gesucht;

Scheitern zwischenmenschlicher Beziehungen – jede persönliche Bindung wird ihrer Natürlichkeit beraubt und nur zum Ritual;

Isolierung – konsequenterweise erfolgt eine Vereinsamung;

neurotische Lebenseinstellung – die Lebensumstände werden als unveränderbar und übermächtig gesehen, die eigene Person wird als hilflos ausgeliefert empfunden. Daraus resultieren Pessimismus und Depressionen;

Aggressionen – wenn eine Abreaktion der aufkommenden Aggressionen nach außen nicht möglich ist, wenden sich dieselben gegen die eigene Person. Der Selbstmord ist eine klassische Rachereaktion, wobei man zwar sich selbst trifft, aber zugleich andere vorwurfsvoll belastet;

Selbstmordphantasien – zunächst wird mit dem Gedanken gespielt, Selbstmord begehen zu können, dann wird darüber gesprochen und der Selbstmord „angedroht", schließlich wird die Tat in allen Einzelheiten geplant.

Die hier aufgelistete Zusammenstellung entspricht in allen Punkten der Person Kronprinz Rudolfs einerseits und den entsprechenden Kapiteln eines Psychiatrielehrbuches andererseits. Wir sprechen in der Medizin von einem präsuizidalen Syndrom, welches Erwin Ringel[1]) zusammengefaßt hat.

Rudolfs Selbstmord war ein politisches und menschliches Scheitern vorausgegangen. Es waren ja auch nicht wenige und geringe Probleme, denen sich der Kronprinz gegenübersah. Auch ein Mensch mit einem stabileren Nervensystem wäre dabei ins Wanken geraten.

Er war beruflich-militärisch gescheitert, denn er saß zwar auf einem hochrangigen, jedoch völlig einflußlosen Posten. Er war als Thronfolger gescheitert, denn er sah keine Zukunft mehr für das Reich. Er war politisch gescheitert, denn seine liberalen Ansichten brachten ihn in eine unauflösliche Konfliktsituation mit dem Kaiserhaus und dem übermächtigen Vater. Diese Opposition gegen das Regiment und die Ratgeber des Kaisers sowie die Ehrfurcht vor der ihm unerreichbaren Größe der selbstsicheren Majestät mündeten in einer Ambivalenz der Emotionen, woraus starke Schuldgefühle wuchsen. Da er sich weder mit seinen Ansichten durchsetzen konnte, noch zur Aufgabe und konservativen Anpassung bereit war, wurde ihm aber bewußt, daß sowohl seine Anhänger wie auch seine Gegner zu hohe Erwartungen in ihn gesetzt hatten.

Dazu kam schwerwiegendes privates Unglück, seine Isolierung in der Familie, das Scheitern seiner Ehe, und eine desolate körperliche Verfassung.

---

[1]) Prof. Dr. Erwin Ringel (geb. 1921) ist Ordinarius für Medizinische Psychologie in Wien und seit vielen Jahren auf dem Gebiet der Selbstmordforschung und -verhütung tätig. International als „Mister suicide" bekannt.

Am 10. Mai 1881 hatte Kronprinz Rudolf die Tochter des Königs von Belgien, Prinzessin Stephanie[1]), geheiratet. Es war eine typische, von der Staatspolitik arrangierte Fürstenehe. Die knapp 17jährige Braut, ohne besondere Schönheit oder Geistesgaben, war für Rudolf denkbar unpassend. Er, von zärtlichen, hingebungsbereiten Frauen bis dahin verwöhnt, dürfte jedenfalls von dem unerfahrenen, nicht sehr anziehenden jungen Mädchen von Anfang an enttäuscht gewesen sein. Und auch Stephanie war ohne große Liebe in diese Ehe gegangen, ihr Ziel bestand lediglich darin, einmal Kaiserin zu werden. Der Lebensstil der Ehepartner war völlig unterschiedlich. Stephanie interessierte sich für nichts, was für ihn von Belang war, und verärgerte ihn dadurch. Die Kronprinzessin war dagegen höchst angetan von den zeremoniellen Elementen ihrer Position – eitel, arrogant und prachtliebend –, sodaß sie zunehmend die persönlichen Bedürfnisse Rudolfs übersah und sich weder für seine literarisch-wissenschaftlichen Studien noch seine politischen Ambitionen interessierte. Auch der dringend benötigte männliche Nachkomme blieb aus. Die Beziehung der beiden zueinander, nie sehr fest und eng, begann schon nach kurzer Zeit zu zerbröckeln. Rudolf suchte Abwechslung und Vergessen bei seinen häufig wechselnden Geliebten. Es wurde etwa ab 1885 nur mehr der Schein einer Ehe aufrechterhalten, und die Entfremdung war unaufhaltsam. Auch Stephanie wandte sich anderen Männern zu, beide gingen eigene Wege, und nur bei hochoffiziellen Anlässen wurde dies kaschiert.

Stephanies Schwester Louise, ebenfalls in Wien verheiratet, schrieb: *„Es war in letzter Zeit gar kein Geheimnis, daß er die Ehe mit Stephanie zu lösen strebte und sich zu diesem Zwecke an den Papst wandte.“* Es ist höchst wahrscheinlich, daß Rudolf wegen seines Scheidungswunsches an den Papst geschrieben hat, dieser aber nicht ihm, sondern dem Kaiser antwortete; daß dadurch die große Familienkrise im Jänner 1889 ausgelöst wurde, ist durchaus möglich, diesbezügliche Dokumente tauchten allerdings nie auf.

Die einzige dauerhafte Beziehung zu einer Frau – abgesehen von Stephanie – unterhielt Rudolf zu Mizzi Caspar (1865–1907), die seit 1886 (damals war sie 21 Jahre alt) seine ständige Mätresse war. Ihr angenehmes, heiteres Wesen und ihr ausgeglichenes Temperament entspannten und erheiterten Rudolf. Die Ähnlichkeit zu der langjährigen Freundin und Vertrauten seines Vaters, der Schauspielerin Katherina Schratt, ist verblüffend! Mizzi Caspar, eine aus Graz stammende dunkelhaarige Schönheit, wurde dem Kronprinzen von der stadtbekannten Nobel-Kupplerin Wolf vermittelt. Den Polizeiagenten, welche Rudolf im allerhöchsten Auftrag ständig überwachten und bespitzelten, verdanken wir detailreiche Schilderungen, da auch Mizzi und Frau Wolf häufig einvernommen wurden. In den Protokollen lesen wir beispielsweise: *„K. R.* (Kronprinz Rudolf, Anm.) *war impotent u. nur dann zum Coitus fähig, wenn er Champagner getrunken hatte.“*

---

[1]) Stephanie von Sachsen-Coburg, Prinzessin von Belgien (1864–1945). Nach dem Tode Rudolfs blieb sie elf Jahre Witwe, heiratete aber 1900 den ungarischen Magnaten Elemer Graf Lonyay und führte eine glückliche Ehe.

Kronprinz Rudolf – Mary Vetsera

In den Jahren, als seine Depressionen stark zunahmen, er viel trank und Morphium nahm, ließ sein sexuelles Bedürfnis merklich nach und er hatte Potenzschwierigkeiten. Schon aus diesem Grund war seine letzte Beziehung zu Mary Vetsera nicht auf Sexualität aufgebaut.

Ein Beispiel zur politischen Ansicht: *„Kronprinz Rudolf äußerte sich zu Mizi: Er scheißt auf die Regierung, und der Franzl* (Erzherzog Franz Ferdinand) *solle die Geschichte fortmachen."*

Zu seiner persönlichen Zukunft: *„Der Kronprinz äußerte sich Mizi gegenüber wiederholt, es erheische seine Ehre, daß er sich erschieße . . ."*

Auch seine letzte Nacht in Wien, von Sonntag, 27. auf Montag, 28. Jänner 1889, verbrachte er bis drei Uhr früh bei Mizzi Caspar. Aus dem Polizeibericht: *„. . . war E. R.* (Erzherzog Rudolf) *bei Mizi bis 3 Uhr morgens, trank sehr viel Champagner, gab dem Hausmeister 10 Gulden Sperrgeld. Als er sich von Mizi empfahl, machte er ganz gegen seine Gewohnheit ihr an der Stirne das Kreuzzeichen."*

Rudolf hatte seine Geliebte reichlich belohnt. Die der Caspar hinterlassene Erbschaft – bestehend aus Haus, Bargeld und Schmuck – betrug 220.000 Gulden (nach heutigem Geldwert rund 21,7 Millionen Schilling).

Über den weiteren Lebensweg der Mizzi Caspar weiß man lediglich, daß sie eine uneheliche Tochter hatte, deren Vater aber nicht Kronprinz Rudolf gewesen sein dürfte. Am 29. Jänner 1907, dem Jahrestag der Tragödie von Mayerling, starb Mizzi Caspar an den Folgen der Syphilis (es war der gleiche Typ der Rückenmarkserkrankung wie bei Semmelweis, eine Tabes dorsalis) im 42. Lebensjahr. Sie wurde auf dem Mödlinger Friedhof begraben.

Nachdem der Selbstmord in Mayerling bekannt geworden war, meldeten sich Verwandte und Bekannte (meist ohne Namensnennung), welchen die Wandlung in Rudolfs Persönlichkeit aufgefallen war. Diese kurzen Charakteristika von medizinischen Laien bestätigen in erschütternder Weise die Kenntnisse der modernen Psychiatrie über das präsuizidale Verhalten.

Seine Frau Stephanie schrieb in ihren Erinnerungen über den März 1887:
„Als ich nach Wien zurückkam, fand ich den Kronprinzen stark verändert. Nicht nur, daß seine Gesundheit erschüttert war, auch seine Unrast hatte zugenommen; seine Jagdleidenschaft hatte sich ins Unnatürliche gesteigert und seine Abende verlebte er in Kreisen, in die ich ihm nicht folgen konnte. Ich fühlte deutlich, daß er mir jetzt völlig entglitten war, hinabgezogen in eine andere Welt. Heute weiß man, daß das veränderte äußere Wesen des Kronprinzen nur eine Folge des schweren moralischen und politischen Konfliktes war, aus dem er sich nicht mehr befreien konnte. Das war die Zeit, da sich das Schicksal des Kronprinzen Rudolf entschied . . . Es war traurig, daß man von alledem, solange es sich noch vorbereitete, nichts wußte oder aber wissen wollte."

Ein anonymer Freund:
„Seit dem Frühjahr 1887 litt er an ... wiederholten tief melancholischen Anfällen; hierbei sprach er zu allen in seiner Umgebung in immer gleichbleibender stereotyper Weise über Vorahnungen seines frühen Todes ... Physisch welkte er allgemein sichtbar von Woche zu Woche zunehmend dahin; er klagte über Kopfschmerzen und Gelenkschmerzen ... er klagte immer wieder, daß er sich nicht mehr mit dem früheren Eifer mit seinen Studien ernstlich befassen könne ... Er sah die Zukunft seines Vaterlandes in den schwärzesten Farben, ohne jedoch eine Begründung abzugeben ... Seit zwei Jahren zeigten sich in Rudolfs Leben schwere emotionelle Störungen; seit Herbst 1888 erschien er geistig ganz offensichtlich gestört; wären seine Lebensweise und Aussprüche zu der Zeit bekannt geworden, hätte man ihn ganz sicher unter strengste Beobachtung gestellt und einer medizinischen Untersuchung unterzogen."

Mehrere seiner Bekannten:
„Wir nahmen eine labile Gemütsstimmung wahr, bei der ein tief melancholischer Geist vorherrschte."

Jedesmal, wenn über die Zukunft der Monarchie gesprochen wurde, habe Rudolf geantwortet: *„Ihr werdet sehen, daß ich es nicht erleben werde."*

Als Bratfisch ihm anläßlich seines 30. Geburtstages (21. August 1888) gratulierte und ihm ein langes Leben wünschte, antwortete Rudolf:
„Da wünschen Sie mir zu viel, ich werde nicht lange leben."

Und nochmals Stephanie im Oktober 1888:
„In den wenigen Tagen, an denen ich in diesem Sommer den Kronprinzen zwischen seinen Inspizierungsreisen zu sehen bekam, mußte ich eine beängstigende Veränderung in seinem Wesen bemerken. Nicht nur, daß er immer unruhiger und zerfahrener wurde – er ließ sich jetzt auch, oft aus den nichtigsten Ursachen, zu jähen Ausbrüchen einer maßlosen Heftigkeit hinreißen. Ich hatte mich ja längst darein gefunden, daß die konventionelle Form unseres Zusammenseins, insbesondere wie sie in seinen Briefen zum Ausdruck kam, in einem schroffen Widerspruch zu seinem tatsächlichen Verhalten stand. Aber jetzt war er oft überhaupt nicht wiederzuerkennen. Seine Zerrissenheit führte zu schrecklichen Heftigkeitsausbrüchen, zu unerträglichen und unwürdigen Szenen."

Ein der Psychiatrie bekanntes typisches Symptom höchster Gefährdung sind Selbstmordankündigungen. Dies tat Rudolf wiederholt und es kam noch ein für seine Persönlichkeitsstruktur charakteristischer Zug hinzu: Rudolf konnte in schwierigen Lebenslagen nie allein sein; dies rührte von seiner ängstlichen Unsicherheit aus Kindestagen. Er hatte daher auch Angst vor dem „Allein-Sterben" und dachte bereits im Sommer 1888 an einen Doppelselbstmord. Die Frau, mit der er gemeinsam sterben wollte, war Mizzi Caspar; er machte ihr den Vorschlag, sich mit ihm im Husaren-Tempel bei Mödling zu erschießen. Mizzi lachte darüber und lehnte ab, nahm aber die Sache doch so ernst, daß sie zum Polizeipräsidenten Baron Krauß ging und eine Aussage über den geplanten

Selbstmord des Kronprinzen zu Protokoll gab. Fest steht, daß die Polizei seit längerem von der bedrohlichen Situation des Thronfolgers wußte, aber niemand hat etwas unternommen bzw. den Kaiser und Vater informiert.

Der einzige Versuch, in die drohende Katastrophe einzugreifen, stammte von der Kronprinzessin. In ihren Erinnerungen schreibt sie über den Jänner 1889: *„Nun war sein Verfall schon so weit fortgeschritten, daß es auch äußerlich stark auffiel. Ich fand den Kronprinzen erschreckend gealtert, seine Haut war fahl und schlaff, sein Blick flackernd, seine Gesichtszüge völlig verändert. Es war, als hätten seine Züge den inneren Halt, den ihnen der Wille geben muß, verloren, als lösten sie sich von innen her auf. Ein tiefes Mitleid überkam mich und die bange Sorge: wie soll solche Verheerung enden? In meiner Herzensangst entschloß ich mich, zum Kaiser zu gehen und ihm über alles rückhaltlos und rücksichtslos die Augen zu öffnen . . . Obwohl es nicht gestattet war, unangemeldet beim Kaiser zu erscheinen, nahm ich all meinen Mut zusammen und ließ mich gleich durch den Kammerdiener ansagen. Der Kaiser empfing mich gütig. Ich begann damit, daß ich sagte, Rudolf sei sehr krank und sein Aussehen und Benehmen bereite mir ernste Sorgen; ich bat ihn inständig, er möge seinen Sohn doch bald durch eine längere Weltreise seinem aufreibenden jetzigen Leben entziehen. Da fiel mir der Kaiser in das Wort: ‚Das ist eine Einbildung von dir. Rudolf fehlt nichts. Er sieht nur blaß aus, ist zu viel unterwegs, er mutet sich zu viel zu. Er soll mehr bei dir bleiben; sei nicht ängstlich!‘ Der Kaiser umarmte mich; ich küßte ihm die Hand. Ich war entlassen . . .“*

Rudolf war im Jänner 1889 ein Selbstmordkandidat und hatte auch schon eine Weggefährtin gefunden. Seit dem 12. April 1888 war die 17jährige Mary, Baronesse Vetsera am Rennplatz in der Freudenau und beim Promenieren in der Praterallee mehrfach dem Kronprinzen begegnet, besser gesagt, sie hatte ihn aus der Distanz gesehen. Daraus entwickelte dieses ich-bezogene Mädchen eine überschießende Gefühlsregung mit demonstrativen Handlungen und apellativen Allüren. Die moderne Psychiatrie ordnet ein solches Verhalten dem Bild des „hysterischen Charakters“ zu. Mary konzentrierte ihr Interesse nur mehr auf Rudolf. Im Herbst 1888 hatte sie sich, begünstigt durch blendendes Aussehen und extravagante Mode, auf die Titelseiten der Klatschblätter vorgekämpft. Der Herzog von Braganza machte ihr den Hof, sie hatte auch einige andere Liaisonen hinter sich und war keineswegs mehr taufrisch, als sie den Lebensweg Rudolfs kreuzte. Mary trachtete immer nach Höherem und Besserem, sie verlangte nach dem Höchsten, was damals an männlichen Wesen in der Monarchie vorhanden war, dem Kronprinzen. *„Mir gehört er“*, bekannte sie in ihrer Exaltiertheit ihrer Zofe, *„ich weiß, ich habe kein Recht das zu sagen. Vielleicht weiß er nicht einmal, daß ich auf der Welt bin. Und doch gehört er mir. Ich fühl's in meinem Herzen.“*

Marys Mutter Helene hatte selbst ein Jahrzehnt früher dem Kronprinzen Avancen gemacht; dem war durch das ärgerliche, persönliche Eingreifen des Kaisers Einhalt geboten worden. Jetzt, Oktober–November 1888, war Baronin Helene

Vetsera vierzig geworden, ihre Tochter aber war siebzehn und nahm die Jagd auf, die bald zu einer Rudolf-Besessenheit wurde.

Gräfin Larisch[1]), die Nichte der Kaiserin Elisabeth und häufiger Gast der Familie Vetsera, arrangierte die Bekanntschaft. Rudolf mußte nicht werben, nicht erobern – die kleine Baronesse warf sich ihm an den Hals. Anfangs waren die Rendezvous wohl von enormer Intensität, führten jedoch nach allen glaubwürdigen Berichten nicht sofort zu Intimitäten. Beide waren zwar in Liebesdingen erfahren, aber der Reiz lag eher in dem Geheimnisvollen ihrer Begegnungen, in einer morbiden Übereinstimmung der Seelen. Mary betete Rudolf an und dieser akzeptierte freudig, endlich einen Menschen gefunden zu haben, der bereit war, bedingungslos für ihn da zu sein und sein Schicksal zu teilen.

„Wenn ich ihm mein Leben geben könnte, um ihn glücklich zu sehen, ich würde es mit Freuden thun, denn was liegt am Leben!" Und Mary schrieb weiter: *„Wir haben miteinander einen Pakt geschlossen, der sich auf diese Möglichkeit bezieht. Wenn es aufkäme, würden wir Beide an einem Orte, den Niemand weiß, nach einigen glücklichen Stunden uns gemeinsam den Tod geben."*

Die Weichen in Richtung Mayerling waren gestellt.

Charakteristisch ist ein Brief Mary Vetseras an Hermine Tobis[2]) in Frankfurt, über eine Begegnung mit dem Kronprinzen am Montag, den 5. November 1888:

„Liebe Hermine!
Heute bekommen Sie einen glückseligen Brief, denn ich war bei ihm. Marie Larisch nahm mich mit, Kommissionen zu besorgen, dann gingen wir zur ‚Adele', um uns photographieren zu lassen, für ihn natürlich, und dann gingen wir hinter das Grand Hotel, wo uns Bratfisch erwartete. Wir hüllten unsere Gesichter fest in unsere Boas und fort gings in sausendem Galopp in die Burg. An einer kleinen eisernen Tür erwartete uns ein alter Diener, welcher uns über mehrere finstere Treppen und Zimmer führte, endlich vor einer Tür halt machte und uns eintreten ließ.
Beim Eintritt flog mir ein schwarzer Vogel, eine Art Rabe, an den Kopf, und eine Stimme im Nebenzimmer rief: ‚Bitte, meine Damen, weiter zu kommen, ich bin hier!' Wir gingen hinein, Marie stellte mich vor, und wir waren gleich in ein wienerisches Gespräch vertieft.
Endlich sagte er: ‚Ich habe mit der Gräfin allein zu sprechen', und ging mit Marie in ein anderes Zimmer.
Ich untersuchte einstweilen alles. Auf dem Schreibtisch lag ein Revolver und ein Totenkopf. Ich nahm letzteren in die Hand und besah ihn von allen Seiten. Plötzlich kam er herein und nahm ihn mir ganz erschrocken aus der Hand. Als ich ihm sagte, daß ich mich gar nicht fürchte, lächelte er.

---

[1]) Marie, Gräfin Larisch (1858–1940), Tochter des Bruders von Kaiserin Elisabeth, Herzog Ludwig in Bayern, mit der Schauspielerin Henriette Mendel. Mehrmals verheiratet und geschieden.

[2]) Ehemalige Klavierlehrerin von Mary.

Beim Fortgehen führte er uns selbst durch einen dunklen Saal und über eine Treppe und sagte zu Marie: ‚Bringe sie mir bald wieder! Ich bitte!'"

Und der Brief schließt mit der eindringlichen Bitte:
„Hermine, Sie müssen mir schwören, niemanden etwas von diesem Briefe zu sagen, weder Hanna noch Mama, denn wenn eine von diesen beiden es je erführe, so müßte ich mich töten."

Jeder, der Rudolf näher gekannt hat, wußte, daß er nicht der Mann sei, sich wegen einer Frau umzubringen. Bei Mary war dies allerdings umgekehrt: exaltiert wie sie nun einmal war, wollte sie wenigstens mit Rudolf sterben, wenn sie schon nicht mit ihm leben konnte. Sie erst verlieh Rudolf, der nie tapfer war oder sich durch Entschlußfähigkeit ausgezeichnet hatte, den Mut, die Tat zu vollführen. Einzig das war Marys „Schuld", daß Rudolf, dessen Schicksal bereits programmiert war und der nicht allein sterben wollte, eine Gefährtin fand.

Unter den zahlreichen Geschenken Rudolfs an Mary war das psychisch bedeutungsvollste sicherlich ein eiserner Ehering mit den eingravierten Buchstaben: I. L. V. B. I. D. T. *(„In Liebe vereint bis in den Tod").*

Der 13. Jänner 1889, 17 Tage vor dem Doppelselbstmord, war ein markantes Datum auf dem Weg nach Mayerling. Mary schrieb über diesen Tag an Hermine Tobis:

„Liebe Hermine!
Ich muß Ihnen ein Geständnis machen, über das Sie sehr böse sein werden. Ich war gestern von 7 bis 8 bei ihm. Wir haben beide den Kopf verloren. Jetzt gehören wir uns mit Leib und Seele an . . ." Dies bedeutet kaum, wie manche Autoren annehmen, den ersten Geschlechtsverkehr zwischen den beiden, sondern weit eher eine Fixierung und Besiegelung des Todespaktes. Fünf Tage später verfaßte Mary ihr Testament.

Es ist daher im Grunde bedeutungslos, ob Mary Vetsera zum Zeitpunkt ihres Todes schwanger war oder nicht; sehr wahrscheinlich ja, aber für solche Fälle hatte man in der damaligen Zeit immer Mittel gefunden, z. B. durch Geld, eine Auslandsreise und eine heimliche Geburt, die Mädchen und deren Familie zufriedenzustellen.

Eine zweite geheimnisvolle Andeutung schleppt sich von Beginn an durch die Rudolf- und Mayerling-Literatur: der Kronprinz wäre an einer Verschwörung oder sonst einem umstürzlerischen Plan gegen den Kaiser beteiligt gewesen und mußte deshalb sterben. Die bekanntgewordenen Tatsachen deuten jedoch daraufhin, daß alle Verschwörungstheorien nicht stimmen und Rudolf lediglich verbotenermaßen Freimaurer in einer ungarischen Loge gewesen sei. Der Freimaurerbund ist eine Gesinnungsgemeinschaft, deren Hauptgrundsätze Humanität und Toleranz sind, sie treten für eine Freiheit des Geistes, des Gewissens, der Forschung und des Glaubens ein. Diese Ideen deckten sich praktisch völlig mit den Idealen des Kronprinzen. Weil Freimaurerei verbindend wirken will, kann

Im „türkischen Zimmer“ von Rudolfs Appartement in der Hofburg trafen er und Mary am 5. November 1888 zusammen. (In dieser offiziellen zeitgenössischen Abbildung ist der Kronprinz mit seiner Frau Stephanie dargestellt.)

sie nicht politisch sein, und weil der Bund dogmenlos ist, steht er im Gegensatz zur Kirche. Das Kaiserhaus der Habsburger mußte naturgemäß gegen die Freimaurerei sein, und da die Kirche in jener Zeit aggressiv gegen die maurerische Weltanschauung auftrat, ließ der demonstrativ katholische Kaiser Franz Joseph die Logen 1848 schließen. Erst seit 1867 und nur in Ungarn war die Freimaurerei wieder erlaubt.

In einem Nachruf auf den Kronprinzen steht in der Freimaurerzeitung „Der Zirkel“ (15. Februar 1889): *„. . . und Dir, hochherziger Prinz Rudolf, Dir legen wir einen Akazienzweig auf Dein stilles Grab.“* Dies kann als Beweis angesehen werden, denn eine solche Formulierung wäre für einen Nichtmaurer unmöglich.

Ob der Kaiser davon wußte, ist nicht belegt, hätte jedoch von seiner Seite eine ultimative Zurechtweisung des Kronprinzen zur Folge gehabt. Ein dramatischer Auftritt zwischen Franz Joseph und Rudolf fand am 26. Jänner 1889 statt, die Gründe kennen wir nicht.

Das Drama von Mayerling war – aus ärztlich-psychiatrischer Sicht – die Antwort des Sohnes auf die Welt seiner Eltern, welche mit Unverständnis und Nichtakzeptanz dem psychisch labilen Thronfolger gegenüberstanden.

Moriz Szeps, der journalistische Freund Rudolfs, und seine Tochter Berta, verehelichte Zuckerkandl (1864–1945), sahen aus intimer Kenntnis die Dinge realistisch. Die Liebesaffäre mit der kleinen Mary Vetsera war eine, wenn auch schicksalsschwere Randerscheinung. Der eigentlich Schuldige hieß Franz Joseph. Berta schrieb in ihren Erinnerungen: *„Rudolf starb an Österreich, weil er an dessen Zukunft verzweifelte. Er starb an seines Vaters starrer Despotie. Er starb, weil er die Freiheit liebte und nur Unterdrückung sah. Er starb, weil er in wahrhaft prophetischer Art den Zerfall seines Landes ahnte."*

Die letzten fünf Tage

Samstag, 26. Jänner 1889

Bis zu diesem Tag führte Rudolf sein gewohntes Leben: Schreibtischarbeit in der Kaserne, Audienzen und Besprechungen, Korrespondenz, Ausfahrten in den Prater, Rendezvous oder Theaterbesuche. An diesem Tag beendete er noch eine vogelkundliche Studie über ein seltenes Waldhuhn, ein Beweis dafür, daß er intellektuell bis zuletzt klar war und mit Sicherheit keine Psychose hatte.

Das entscheidende Ereignis aber lieferte eine Audienz beim Kaiser, wobei es zu einer heftigen Auseinandersetzung kam, denn Franz Joseph soll gesagt haben: *„Du bist nicht würdig, mein Nachfolger zu werden."*

Über das Thema des Konfliktes wurde nichts bekannt, einige Möglichkeiten bieten sich an – Rudolfs Scheidungsabsichten und sein Brief an den Papst, die Vetsera-Affäre und das Bekanntwerden einer Schwangerschaft von Mary oder Rudolfs Freimaurertum.

In einem Polizeiakt findet sich später folgender Bericht vom 5. Februar 1889: *„. . . Soeben wird eine ganz neue Version puncto Meierling zugetragen, die bereits im 4. Monat gediehene Schwangerschaft einer Baronesse Wecera(?) welche als Ideal von Schönheit galt, soll am 26. v. M. zu einem fürchterlichen Auftritte zwischen Vater und Sohn geführt haben, in Folge letzterer erklärt, auf alles zu verzichten, eventuell sich zu erschießen . . ."*

Rudolf trifft sich mit Gräfin Larisch, es wird über eine eventuelle Auslandsreise Marys gesprochen (Schwangerschaft?). Mary will jedoch unter keinen Umständen den Kronprinzen allein zurücklassen.

Ein Besuch der Hebamme Theresa Miller (1833–1921) bei Gräfin Larisch könnte damit in Zusammenhang stehen.

Sonntag, 27. Jänner 1889

Rudolfs Entschluß, sich in Mayerling das Leben zu nehmen, stand fest. Eine erst für die nächste Woche geplante Jagd wurde vorverlegt und zur Tarnung wurden Joseph, Graf Hoyos-Sprinzenstein (1839–1889) und Philipp, Prinz von Sachsen-

Das Jagdschloß Mayerling im Wienerwald. Die Anlage wurde nach Rudolfs Tod vollkommen umgebaut.

Coburg-Gotha (1842–1921) nach Mayerling eingeladen. Nach den Angaben der Gräfin Larisch übergab ihr der Kronprinz eine verschlossene Kassette mit dem Auftrag, sie nur einer Person auszuhändigen, welche die vier Buchstaben R. I. O. U. nennt. (Auch dies könnte ein Hinweis zur Freimaurerei sein: R. als Abkürzung für „Respektabel", I. O. als „Innerer Orient", U. für „Ungarn". Die Kassette wurde von Erzherzog Johann – später Orth – abgeholt.) Es wurde auch vereinbart, daß die Gräfin Larisch am nächsten Tag Mary in die Hofburg bringen sollte.

Am Abend fand eine glanzvolle Geburtstagsfeier für den deutschen Kaiser Wilhelm II. statt, den Rudolf politisch und menschlich verachtete. Obwohl er sich sträubte, mußte der Kronprinz auf Wunsch des Kaisers teilnehmen; es war sein letztes Erscheinen in der Öffentlichkeit. Anstelle ihrer „erkrankten" Mutter war auch Mary Vetsera zu diesem Empfang erschienen.

Nach der Soirée hatte Rudolf in der Hofburg noch eine Besprechung mit Moriz Szeps und verbrachte dann die weitere Nacht bis drei Uhr früh bei Mizzi Caspar. Beim Abschied sagte er zu ihr, er werde sich in Mayerling erschießen.

Montag, 28. Jänner 1889

Mit Hilfe der Gräfin Larisch entflieht Mary Vetsera aus dem Elternhaus, kommt zu Rudolf in die Hofburg und fährt von dort mit dem Leibfiaker Bratfisch um etwa elf Uhr in Richtung Mayerling ab. Sie nahm weder Schmuck noch Geld mit, hatte also eine Flucht ins Ausland nicht in Betracht gezogen.

Spätestens am Vormittag verfaßte der Kronprinz vier seiner undatierten Abschiedsbriefe – an seine Schwester Valerie[1]), an seine Frau Stephanie, an Baron Hirsch[2]) und an Mizzi Caspar. In einem weiteren Schreiben beauftragte Rudolf den Sektionschef von Szögyenyi-Marich[3]) mit der Sichtung seines Nachlasses: *„Haben Sie die Güte, meinen Schreibtisch hier in Wien ... dort wo wir in besseren Zeiten so oft zusammensaßen, aufzumachen ...“* Daraus geht eindeutig hervor, daß die Briefe schon in Wien verfaßt worden sind. Dies ist entscheidend für die Beurteilung eines geplanten Doppelselbstmordes; alle übrigen Spekulationen – von einer mißglückten Abtreibung an Mary Vetsera bis zu einer Ermordung des Kronprinzen durch Unbekannte – sind damit widerlegt. Von den erwähnten persönlichen Briefen ist nur einer im Wortlaut bekannt:

„Liebe Stephanie!

Du bist von meiner Gegenwart und Plage befreit; werde glücklich auf Deine Art. Sei gut für die arme Kleine, die das einzige ist, was von mir übrig bleibt. Allen Bekannten, besonders Bombelles[4]), *Spindler*[5]), *Latour*[6]), *Wowo*[7]), *Gisela*[8]), *Leopold*[9]) *etc. etc. sage meine letzten Grüße. –*

Ich gehe ruhig in den Tod, der allein meinen guten Namen retten kann. –

Dich herzlichst umarmend, Dein Dich liebender Rudolf.“

Als sich die Gräfin Larisch getäuscht sah und Mary verschwunden war, alarmierte sie den Polizeipräsidenten. In der Zwischenzeit hatte Rudolf die noch angesagten Audienzen abgebrochen und war gegen zwölf Uhr mit einem Einspänner, selbst kutschierend, aber in Begleitung eines Kutschers, aus der Hofburg abgefahren. In Breitenfurt, etwa auf halbem Weg nach Mayerling, stieg er in den wartenden Fiaker Bratfischs um und fuhr mit Mary weiter. Sie machten einen beträchtlichen Umweg, um erst bei Einbruch der Dunkelheit einzutreffen; es ist sehr wahrscheinlich, daß nur der Diener Loschek und Bratfisch von Marys Anwesenheit in Mayerling wußten.

Dienstag, 29. Jänner 1889

Graf Hoyos und Prinz Coburg treffen gegen acht Uhr morgens ein, Rudolf nimmt nicht an der Jagd teil, angeblich weil er verkühlt ist. Auch die Teilnahme

[1]) Erzherzogin Marie Valerie (1868–1924), später verheiratet mit Franz Salvator von Österreich-Toskana.

[2]) Moritz, Freiherr von Hirsch auf Gereuth (1831–1896), Bankier in Brüssel. Er hatte Rudolf große Summen Geldes vorgestreckt.

[3]) Ladislaus, Graf Szögyenyi-Marich, Sektionschef im Außenministerium, ein Vertrauter Rudolfs.

[4]) Karl, Graf Bombelles (1832–1889), Obersthofmeister des Kronprinzen.

[5]) Heinrich, Ritter von Spindler (gest. 1890), Leiter des Sekretariats des Kronprinzen.

[6]) Josef, Graf Latour von Thurmburg (1820–1903), zweiter Erzieher Rudolfs.

[7]) Karoline, Freifrau von Welden (gest. 1892), Kinderfrau Rudolfs.

[8]) Erzherzogin Gisela (1856–1932), Rudolfs Schwester; verheiratet mit Leopold von Bayern.

[9]) Prinz Leopold von Bayern (1846–1930); Ehegatte Giselas, Rudolfs Schwager.

an dem am Abend in Wien stattfindenden Familiendiner sagt er telegraphisch ab und bittet den ebenfalls dorthin geladenen Prinzen Coburg, ihn zu entschuldigen. Rudolf speist am Abend mit Graf Hoyos und zieht sich früh zurück.

Während Rudolf und Mary sich von Bratfisch noch einige Lieder vorsingen ließen, hat Rudolfs Frau Stephanie den Abend nach dem Familiendiner im Wiener Zirkus Renz verbracht. Rudolf und Mary haben noch eine Anzahl weiterer Briefe geschrieben, darunter war auch einer an Kaiserin Elisabeth. Lediglich der Brief an Marys Mutter wurde bekannt:
„Liebe Mutter!
Verzeiht mir, was ich getan; ich konnte der Liebe nicht widerstehen. In Übereinstimmung mit ihm will ich neben ihm am Friedhof von Alland begraben sein. Ich bin glücklicher im Tode als im Leben.
Deine Mary."

Mittwoch, 30. Jänner 1889

Um 8 Uhr 10 wird die Tür zum Schlafzimmer Rudolfs gewaltsam geöffnet, der Diener Loschek tritt ein und sieht die Leichen von Rudolf und Mary. Über 40 Jahre später[1]) berichtete Loschek in seinen Erinnerungen, er habe um 6 Uhr 10 zwei Schußdetonationen gehört. Warum die Tür erst zwei Stunden nach den Schüssen geöffnet wurde und ob es diesbezügliche Weisungen des Kronprinzen gab, dazu schwieg Loschek. Es ist denkbar, daß die Ankunft von Prinz Coburg abgewartet wurde, um neben Graf Hoyos einen zweiten adeligen Zeugen, der außerdem aus dem weiteren Familienkreis kam, zu haben. Graf Hoyos fuhr nach Wien und meldete zuerst der Kaiserin den Tod des Kronprinzen. Als Todesursache wurde in Wien zunächst offiziell Herzschlag angegeben, und der kaiserliche Leibarzt Dr. Widerhofer[2]) nach Mayerling entsandt. Er kam gegen 22 Uhr wieder in der Hofburg an, wurde aber nicht mehr zum Kaiser vorgelassen.

Erst am nächsten Morgen, 31. Jänner, sechs Uhr, wurde der Kaiser von Dr. Widerhofer über die Tatumstände informiert.

Die Reaktion auf den Selbstmord des Thronfolgers

Es gibt kaum einen weiteren Fall der Kriminalgeschichte, bei dem so viel von offizieller Seite vertuscht und verschleiert wurde. Wollte man doch verheimlichen, daß der Sohn einer apostolischen Majestät und Kronprinz eines katholischen Herrscherhauses ein Ehebrecher, Mörder und Selbstmörder gewesen sei.

[1]) Johann Loschek hat am 19. Jänner 1928, im Alter von 83 Jahren, vor dem Bürgermeister von Lanzenkirchen seine Aussage über die Geschehnisse in Mayerling zu Protokoll gegeben. Diese wurden erst nach seinem Tode (1932) in einer Zeitung veröffentlicht.

[2]) Professor Dr. Hermann Widerhofer (1832–1901), erster ordentlicher Professor für Kinderheilkunde an der Wiener Universität. Leibarzt der kaiserlichen Familie.

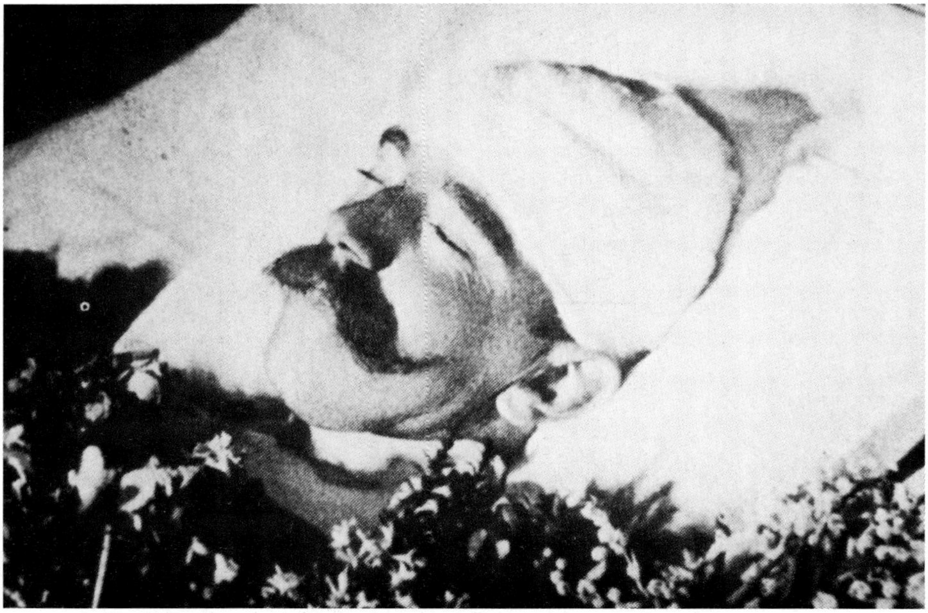

Der aufgebahrte Leichnam des Kronprinzen mit der Kopfbandage zur Verdeckung der Schußwunde am Schädel.

Es galt vor allem zwei Dinge durchzusetzen: ein katholisches Begräbnis für Rudolf und zweitens mußte Mary Vetsera verschwinden. Da die kaiserliche Familie außerhalb von Polizei und Gerichtsbarkeit stand, konnte folgendes verfügt werden: für Mary Vetsera wurde ein unrichtiges Leichenbeschauprotokoll angefertigt, worin sie als Selbstmörderin qualifiziert wurde; ihr Leichnam mußte heimlich in Heiligenkreuz begraben werden, nachdem man auf den Abt des Stiftes massiven Druck ausgeübt hatte, das kirchliche Begräbnis trotz „Selbstmord" zu gestatten. Die Tatsache, daß der Kronprinz nicht allein gestorben war, wurde vom Hof nie auch nur mit einem Wort erwähnt. Für Rudolf bestellte man ein ärztliches Gefälligkeitsgutachten, welches zum Zeitpunkt der Tat Sinnesverwirrung und damit Unzurechnungsfähigkeit bestätigte.

Nach zunächst unrichtigen Meldungen über die Todesursache des Kronprinzen zögerte der Hof noch fast 30 Stunden mit der Veröffentlichung der Wahrheit des Selbstmordes, was allerdings auch nur eine halbe Wahrheit war, denn die zweite Leiche durfte es bis zum Zusammenbruch der Monarchie offiziell nicht geben.

Was den äußeren Ablauf des Geschehens in und um Mayerling betrifft, so sind die Ereignisse aufgeklärt und indizienmäßig zu rekonstruieren. Gewiß gibt es Widersprüche und Unstimmigkeiten in den Berichten, aber wo gibt es solche nicht. Man denke nur an die verschiedenen Versionen über den Tod Adolf Hitlers oder Präsident J. F. Kennedys. Jeder Kriminalist weiß, wie fragwürdig Zeugenaussagen oft sind und wie schwierig es ist, einander widersprechende Behauptungen aufzuklären. Dazu kommt noch, daß Rudolf – wie fast jeder Selbstmörder – einen Plan ersonnen hatte, um von der richtigen Spur abzulenken und der Welt eine romantische Liebestragödie vorzuspielen. Als vollständig eingeweiht können nur zwei Personen angesehen werden, der Kammerdiener Loschek und der Leibfiaker Bratfisch. Beide haben in unerschütterlicher Ergebenheit geschwiegen. Besondere Bedeutung für die Aufklärung der Ereignisse erlangte ein 1955 wiederaufgefundener Mayerling-Akt des Wiener Polizeipräsidenten Baron Krauß. Dieser Krauß-Bericht[1]) ist mit Sicherheit das wichtigste Dokument, da mit dem Auftauchen weiterer zeitgenössischer Schriften nicht zu rechnen ist.

Ein verschollener Obduktionsbefund und ein Gefälligkeitsgutachten

Für die Mitglieder des Kaiserhauses galten die Gesetze der allgemeinen Gerichtsbarkeit nicht! Daher konnte nach dem gewaltsamen Tod von Kronprinz Rudolf von keiner juristischen Untersuchungsbehörde eine gerichtsmedizinische Obduktion angeordnet werden. Dies war eine glatte Verletzung der damals geltenden Gesetze (§ 3 der Verordnung vom 28. Jänner 1855 über die Vornahme der gerichtlichen Totenbeschau), worin bestimmt war, daß bei allen Personen, die keines natürlichen Todes gestorben sind, eine gerichtliche Leichenöffnung durchzuführen ist. Heute wird in Österreich bei zweifelhaften gewaltsamen Todesfällen durch die Staatsanwaltschaft eine gerichtsmedizinische Obduktion beantragt und vom Untersuchungsrichter ein Sachverständiger mit der Erstellung eines Befundes und Gutachtens beauftragt.

Die an Kronprinz Rudolf durchgeführte Obduktion war daher ein Privatauftrag des Obersthofmeisteramtes bzw. vom Kaiser, und das Ergebnis ein Privatgutachten. Dementsprechend ist auch die objektive medizinische Wertigkeit zu beurteilen.

In der Nacht vom 31. Jänner zum 1. Februar wurde der Leichnam Rudolfs im Billardzimmer seines Appartements in der Wiener Hofburg obduziert, und zwar von 21 Uhr bis 2 Uhr morgens. Dabei tätig waren vor allem Prof. Dr. Hanns Kundrat (1845–1893), Vorstand des Pathologisch-Anatomischen Institutes der Universität, und Prof. Dr. Eduard Hofmann (1837–1897), der damals weltberühmte Gerichtsmediziner. Nach der Obduktion fertigte man eine Wachsmoulage an, um die Spuren der Schädelzertrümmerung durch den Schuß unkenntlich zu machen; anschließend wurde die Leiche einbalsamiert, in die Paradeuniform eines Feldmarschalleutnants gekleidet und aufgebahrt.

---

[1]) Eigenhändig von Baron Franz Krauß verfaßte Notizen sowie zusätzliche Schriftstücke und Briefe, insgesamt 500 Seiten. Ursprünglich in der geheimen Aktensammlung des k. u. k. Polizeipräsidiums.

Bevor die Leichen aus Mayerling weggebracht wurden, hatte eine Hof-Kommission den Tatort untersucht. Der damalige Sekretär und Protokollführer Dr. Slatin[1]) berichtete später: *„Wir begaben uns ins Schlafzimmer des Kronprinzen und fanden daselbst zwei Leichname vor, jenen des Kronprinzen, das Antlitz kaum entstellt, jedoch die Schädeldecke abgesprengt, Blut- und Gehirntheile herausquellend, wie mir schien durch einen Schuß aus nächster Nähe, und einen schönen weiblichen Leichnam. Es war jener der Mary von Vetsera. Auf einem Sessel oder kleinen Tischchen daneben lagen Briefe . . . Ich erinnere mich mit voller Bestimmtheit, daß der Kronprinz im Bett links, die Baronesse rechts lag – Mit fast voller Bestimmtheit kann ich sagen, daß links vom Bett des Kronprinzen auf einem Sessel oder kleinen Tischchen ein Handspiegel und ein Revolver lag."*

Es konnte mit sehr großer Wahrscheinlichkeit festgestellt werden, daß Rudolf einige Zeit früher Mary erschossen hatte und dann sich selbst. Dies steht allerdings im Widerspruch mit der Aussage Loscheks, der zwei aufeinanderfolgende Schußdetonationen gehört haben will. Wieweit Loschek hierbei die Wahrheit sagte, ist sehr zweifelhaft.

Rudolf benützte einen Handspiegel, um die Waffe an sich richtig anzusetzen. Es ist für einen Selbstmörder typisch, vor einem Spiegel zu agieren. Seine rechte Hand war geschwärzt und etwas verbrannt, Zeichen der sog. Schußhand beim Abfeuern von Faustfeuerwaffen. Die Tatwaffe war ein Armeerevolver, über das Auffinden einer Kugel in der Holzleiste des Nachtkästchens wurde berichtet. Ein zweites Projektil durfte es ja, genausowenig wie eine zweite Leiche, offiziell nicht geben.

Vom Ergebnis der Obduktion ist nur das Gutachten veröffentlicht worden. Der vollständige Obduktionsbefund wurde nie bekannt und gilt als verschollen.

„Vom Obersthofmeister Sr. k. u. k.
Apostolischen Majestät
31. Jänner 1889

Gutachten

1. Seine k. u. k. Hoheit, der durchlauchtigste Kronprinz, ist zunächst an Zertrümmerung des Schädels und der vorderen Hirnpartien gestorben.
2. Diese Zertrümmerung ist durch einen aus unmittelbarer Nähe gegen die rechte vordere Schläfengegend abgefeuerten Schuß veranlaßt worden.
3. Ein Schuß aus einem Revolver mittleren Kalibers war geeignet, die beschriebene Verletzung zu erzeugen.
4. Das Projektil wurde nicht vorgefunden, da es durch die über dem linken Ohr konstatierte Ausschußöffnung ausgetreten war.
5. Es unterliegt keinem Zweifel, daß Seine k. u. k. Hoheit sich den Schuß selbst beigebracht hat und daß der Tod augenblicklich eingetreten ist.

---

[1]) Dr. Heinrich, Freiherr von Slatin, war Sekretär im Obersthofmeisteramt, später Sektionschef. 1931 erschienen seine Erinnerungen in der Zeitung.

6. Die vorzeitige Verwachsung der Pfeil- und Kreuznaht, die auffällige Tiefe der Schädelgrube und der sogenannten ‚fingerförmigen Eindrücke' an der inneren Fläche der Schädelknochen, die deutliche Abflachung der Hirnwindungen und die Erweiterung der Hirnkammer sind pathologische Befunde, welche erfahrungsgemäß mit abnormen Geisteszuständen einherzugehen pflegen und daher zur Annahme berechtigen, daß die Tat in einem Zustand von Geistesverwirrung geschehen ist.

Hofrat Doctor E. Hofmann m. p.
Professor der gerichtl. Medizin

Professor Doctor Hans Kundrat m. p.
Vorstand des pathologisch-anatomischen Instituts als Obducent

Professor Doctor Hermann Widerhofer m. p.
k. u. k. Leibarzt"

Zu diesem Dokument ist aus medizinischer Sicht einiges zu bemerken. Manchen Mayerling-Historikern kam die unter Punkt 1. gebrauchte Formulierung *„ist zunächst . . . gestorben"* suspekt vor – sie vermuteten hier eine Verschleierung. Dies ist nicht der Fall; dieser Wortlaut des Gutachtens ist damals gesetzlich vorgeschrieben gewesen.

Zu Punkt 4. ist zu sagen, daß das Projektil ja noch in Mayerling war. Von größter Wichtigkeit für die Auftraggeber der Obduktion war Punkt 6., worin Geistesverwirrung und damit Unzurechnungsfähigkeit bestätigt wurden und daher ein kirchliches Begräbnis möglich war. Eine solche Vorgangsweise war damals üblich, auf diesem Weg konnten wohlhabende und einflußreiche Familien die kirchliche Beerdigung eines Selbstmörders erwirken. Medizinisch gesehen sind die angeführten *„pathologischen Befunde"* nach dem Stand unserer heutigen Kenntnis in keinster Weise mit *„Geistesverwirrung"* in Zusammenhang zu bringen.

Ein ähnliches Gefälligkeitsgutachten wurde 1860 von Prof. Dr. Karl Rokitansky[1]) bei der Obduktion des entlassenen Finanzministers Karl Ludwig Freiherr von Bruck[2]) erstellt, der durch Aufschneiden der Unterarmarterien Selbstmord verübt hatte. Rokitansky kam in seinem Obduktionsgutachten zu folgenden Schlüssen: *„ . . . dass man in der Leiche des Untersuchten chronische seröse Ergüsse in der Schedelhöhle mit Verdickung der innern Hirnhäute, Erschlaffung des Herzfleisches, Talggehalt der Leber vorgefunden habe, alles Zustände, die zu dem Schlusse berechtigen, derselbe habe in einem materiell begründeten Zustand von Gemüthszerrüttung und Kleinmuth die Selbstentleibung unternommen."*

Auch das ist natürlich medizinischer Unsinn.

---

[1]) Professor Dr. Karl von Rokitansky (1804–1878), Ordinarius für Pathologische Anatomie an der Universität Wien. Mitbegründer der Zweiten Wiener Medizinischen Schule.

[2]) Karl Ludwig Freiherr von Bruck (1798–1860). Unschuldig in eine Spekulations- und Korruptionsaffäre von Heereslieferanten verwickelt, wurde er von Kaiser Franz Joseph als Finanzminister entlassen.

Sollte tatsächlich, wie oben zu lesen ist, bei Kronprinz Rudolf eine *„Erweiterung der Hirnkammern"* gefunden worden sein, so spricht dies weit eher für chronischen Alkoholismus als für irgendeine andere Erkrankung.

Ein grelles Licht auf die damalige Praktik wirft die Tatache, daß Kaiser Franz Joseph bereits am Nachmittag des 30. Jänner, also mehr als 24 Stunden vor der Obduktion, eine kirchliche Beisetzung *„genehmigte"*, also anordnete. Von kirchlicher Seite war vereinzelt Widerstand spürbar. Dem Staatsbegräbnis am 5. Februar 1889 in der Kapuzinergruft blieben sowohl Rudolfs Mutter, Kaiserin Elisabeth, wie auch seine Witwe, Kronprinzessin Stephanie, fern.

Ein unrichtiges Totenbeschauprotokoll und das weitere Schicksal des Leichnams von Mary Vetsera

Das Verfahren der kaiserlichen Behörden mit dem zweiten Leichnam in Mayerling war dermaßen makaber und grotesk, daß wir es heute kaum begreifen können. Die nachfolgende Schilderung der Ereignisse stützt sich – soweit es geht – auf wörtliche Originalzitate von damals Beteiligten.

Am 31. Jänner ließ der Ministerpräsident Graf Taaffe den Polizeipräsidenten, Baron Krauß, zu sich kommen. Krauß schrieb darüber in seinem Hand-Akt: *„Er sagte mir, ich solle mich zum Grafen Bombelles* (Anm.: Rudolfs Obersthofmeister) *begeben und mit ihm besprechen, in welcher Weise die Entfernung der Leiche der Vetsera und deren Beerdigung in Heiligenkreuz stattzufinden hat. Es sei nämlich keine Vergiftung erfolgt, sondern es habe wahrscheinlich der Kronprinz zuerst die Vetsera und dann sich selbst erschossen . . ."*

Um die zivilen Behörden auszuschalten, hatte man festgestellt, daß das Schloß Mayerling in kaiserlichem Besitz und damit exterritorial sei, und der Leibarzt des Kronprinzen, Dr. Franz Auchenthaler, wurde beauftragt, einen Selbstmord Marys zu bestätigen.

Der Telegraphist von Mayerling, Julius Schuldes[1]), erinnert sich:

„Im Schlössel war wieder eine Wiener Hof-Kommission eingetroffen, welche den Auftrag hatte, protokollarisch festzuhalten, daß in einem zum Jagdschloß zugehörigen Nebengebäude ein weiblicher Leichnam gefunden wurde, derselbe als jener der Baronesse Marie Veczera, einer Nichte des Grafen Stockau[2]) und des Herrn Alexander von Baltazzi[3]) in Baden erkannt und von diesen Herren zur Beerdigung übernommen wurde."

---

[1]) Julius Schuldes (1849–1935), Hoftelegraphist in Mayerling, später Regierungsrat. Im Jahre 1929 wurden seine Erinnerungen veröffentlicht.

[2]) Georg, Graf Stockau (1837–1922), Schwager der Helene von Vetsera, d. h. zu Mary ein angeheirateter Onkel.

[3]) Alexander von Baltazzi (1850–1915), Bruder der Helene von Vetsera, d. h. zu Mary ein leiblicher Onkel.

Dr. Auchenthaler verfaßte ein Totenbeschauprotokoll, das nicht der Wahrheit entsprach:

„Protokoll vom 31. Jänner 1889
aufgenommen vom Obersthofmarschallamte Seiner k. u. k. Apostolischen Majestät im Schlosse weiland Seiner k. u. k. Hoheit des durchlauchtigsten Herrn Kronprinzen Erzherzog Rudolf zu Mayerling.
Gegenwärtig
Die Gefertigten

Am 30. Jänner 1889 morgens wurde im Gemeindegebiet Mayerling ein weiblicher Leichnam aufgefunden. Der Herr Leibarzt Dr. Franz Auchenthaler constatirt zweifellos Selbstmord mittels Schußwaffe. (Min. Vdg. vom 28. Jänner 1885, R.G.B. 26:3) An dem linken Stirnwandbeine befindet sich ein 5 cm langer, 3 cm breiter lappiger Substanzverlust der Haut, in dessen Umgebung die Haare versengt sind; es ist dies also die Eintrittöffnung des Projektils. Der Schußkanal geht quer durch das Gehirn und endet 2 cm ober dem äußeren rechten Gehörgang, hier eine schmale kantige Ausschußöffnung bildend. Die Knochen um Ein- und Ausschuß sind ringsherum zersplittert, ebenso auch die Schädeldecke. Sonst ist keine Verletzung wahrzunehmen. Die Verletzung ist absolut tödlich und mußte der Tod augenblicklich eingetreten sein. Am Rücken und an den unteren Extremitäten befinden sich zahlreiche Totenflecken.
Der mitgefertigte Herr Georg Graf Stockau sowie der gleichfalls mitgefertigte Herr Alexander Baltazzi agnosciren den Leichnam als jenen ihrer Nichte, der am 19. März 1871 in Wien geborenen Marie Alexandrine Freiin von Vetsera, Tochter des seither verstorbenen Herrn Albin Freiherrn von Vetsera und der Frau Helene Freiin von Vetsera, geb. Baltazzi.
Sohin wird der Leichnam über Ansuchen des Vertreters der Familie Grafen Stockau fortgeführt und dieses Protokoll der politischen Behörde zur weiteren Amtshandlung übergeben.

Dr. Heinrich Slatin — *Georg Graf Stockau*
Hofsekretär im Obersthofmarschallamte Seiner k. u. k. — *Alexander Baltazzi*
Apost. Majestät
Dr. Franz Auchenthaler
k. k. Leibarzt“

Die Tote wurde, soweit es infolge der Leichenstarre ging, bekleidet und man setzte ihr sogar einen Hut auf. Sie wurde aufrecht sitzend zwischen ihren Onkeln in einen Fiaker plaziert; damit sie nicht umkippte, steckte man ihr einen Stock ins Kleid. Dies sollte den Anschein erwecken, als ob eine lebende Dame abreise. Es ist allerdings völlig unverständlich, wen man damit täuschen wollte, denn außer der Hof-Kommission und dem Schloßverwalter war niemand anwesend, und die wußten alle Bescheid. In der Nacht zum 1. Februar wurde der Leichnam Marys auf diese Weise auf den Friedhof von Heiligenkreuz transportiert. Pater Malachias Dedič (1839–1910), Prior des Stiftes, gab später an, daß er die Tote noch gesehen habe und bemerkte, daß sie eine Einschußverletzung am linken Stirnbein gehabt hätte. Am Morgen des 1. Februar wurde Mary in einem Holzsarg in der „Selbstmörderecke" des Friedhofes beerdigt. Der Polizeikommissar Habrda[1]) meldete in einem berühmt gewordenen Telegramm den Vollzug:

„Telegramm von Heiligenkreuz nach
Pol. Präsid. Wien.
Tel. No. 2 vom 1. 2. 1889, 10 Uhr 10.
exped. Singer

ALLES ABGETHAN. HABRDA"

Der Sekretär, Dr. Slatin, berichtet weiter:
„Graf Bombelles teilte mir noch mit, daß ich mit Auchenthaler an einem der nächsten Tage werde nochmals nach Mayerling fahren müssen, um die Spuren zu vertilgen und die Effekten der Toten zu verbrennen."

Am 16. Mai 1889 erfolgte die Umbettung der Leiche in die inzwischen errichtete Gruft und in einen Kupfersarg. Daraufhin war für 56 Jahre Ruhe.
Im April 1945 rückte die russische Rote Armee über Heiligenkreuz nach Westen vor. Der Militärtroß lag auf dem Friedhof, die Kapelle war zur Küche umfunktioniert worden. Die Soldaten rissen einige Grüfte auf, um nach Schmuck zu suchen; darunter war auch das Grab Mary Vetseras. Nach Abzug der Armee haben Totengräber die Grabstätten wieder in Ordnung gebracht. Einer dieser Totengräber, Alois Klein aus Sattelbach, erzählte im Jahre 1951: *„. . . Wir fanden den Sarg erbrochen und der Kopf, an dem die beiden Schußverletzungen – Ein- und Austritt der Kugel – deutlich zu sehen waren, lag neben dem Sarg auf dem Boden der Gruft . . ."* Es ist nicht mit Sicherheit erwiesen, ob der richtige Schädel wieder in das Grab gelegt wurde. Erst am 7. Juli 1959 kam es zu einer Renovierung der Gruft, wobei das Skelett umgebettet wurde. Ein Gerichtsmediziner war nicht anwesend. Es wurden Kleidungsstücke und zahlreiche Knochenreste gefunden. Laut übereinstimmender Aussage mehrerer Beteiligter war der jetzt gefundene Schädel bis auf ein ovales Loch im linken Scheitelbein intakt.

Eine nähere Untersuchung wurde nicht vorgenommen, der 1978 gestellte Antrag auf neuerliche Öffnung der Gruft zum Zwecke einer gerichtsmedizinischen Begutachtung des Skelettes ist vom damaligen Abt des Stiftes Heiligenkreuz abgelehnt worden.

Die Exhumierung und medizinische Untersuchung der mit Sicherheit noch erhaltenen Skelettreste von Mary Vetsera wäre allerdings im Spätherbst 1988 beinahe geglückt. Das Einverständnis der Hinterbliebenen sowie des Stiftes Heiligenkreuz lag bereits vor, eine Untersuchungskommission war gebildet, das medizinische Vorgehen stand fest. Es war klar, daß die Prozedur möglichst rasch

[1]) Johann Habrda wurde später in den Freiherrnstand erhoben und zum Polizeipräsidenten von Wien ernannt.

und ohne Beteiligung der nichtwissenschaftlichen Öffentlichkeit zu erfolgen hätte. Die Indiskretion einer Tageszeitung und das dadurch erregte Aufsehen brachten das Projekt unmittelbar vor der Realisierung zum Scheitern.

Die bittere Ironie der Geschichte liegt darin, daß durch Konkurrenzinteressen von Zeitungen eine einmalige Chance vertan wurde, denn wir hatten den Schlüssel zur Lösung des „Falles Mayerling“ bereits in der Hand – und er wurde uns durch die Wirkung eines zur unrechten Zeit erschienenen Zeitungsartikels wieder genommen. Mögen künftige Untersucher aus solchen Vorfällen lernen.

Drei Monate nach dem Tod von Kronprinz Rudolf und Mary Vetsera, im 41. Jahr der Regentschaft von Kaiser Franz Joseph kam in Braunau in Oberösterreich ein Knabe auf die Welt. Alois und Klara Hitler waren die Eltern. Sie gaben ihrem Kind den Namen Adolf.

Probleme der Identifizierung bei verbrannten Leichen

Normalerweise bietet die Identifikation von zunächst unbekannten Leichen keine besonderen Schwierigkeiten, weil der Körper gewöhnlich gut erhalten ist und Haare, Augenfarbe, Kleidung, Dokumente sowie, wenn es nötig ist, Fingerabdrücke und der Zustand des Gebisses zur Bestimmung der Identität herangezogen werden können.

Die Einwirkung von Feuer macht jedoch die Identifizierung schwierig, denn die Zerstörung des Körpers kann so schwer sein, daß die meisten Kennzeichen des Individuums vernichtet wurden.

Brandleichen zeigen neben allen Graden der Verbrennung meist umfangreiche Verkohlungen. Diese können ein solches Ausmaß erreichen, daß einzelne Körperteile vollständig zerfallen und nur mehr ein Torso vorhanden ist. Es ist schwierig, am Brandtorso eine traumatische Todesursache zu erkennen, weil die Hitzeeinwirkung zum Bersten des Körpers, insbesondere des Schädels führt. Die Hitze bringt das Gehirn zum Kochen, und durch die Dampfentwicklung explodiert der Schädel.

Die wichtigste Identifizierungsmethode ist der Befund an den Zähnen und am Kiefer. Dank der Aufzeichnungen der Zahnärzte über ihre Patienten ist das Erkennen einer Person durch den Vergleich des Zahnstatus möglich.

Eine Leiche durch Verbrennen zu beseitigen ist sehr schwer. Erst bei 1000° C verbrennt ein Körper innerhalb von zwei Stunden zu einem Rest von Knochenasche im Gewicht von etwa 1–3 Kilogramm. Solche konstant hohen Temperaturen über einen längeren Zeitraum können in der Regel nur im Krematorium erreicht werden. Es ist daher nicht möglich, eine Leiche etwa durch Übergießen mit Benzin und Anzünden vollständig zu vernichten.

ADOLF HITLER

(1889–1945)

Gesichter Hitlers vom 10jährigen Schüler bis zum 56jährigen geschlagenen Diktator.

Biographische Übersicht

1889	Am 20. April wurde Adolf Hitler in der österreichischen Stadt Braunau am Inn geboren. Sein unehelich geborener Vater Alois Hitler (1837–1903) war k. k. Zollbeamter und trug bis 1876 den Namen seiner Mutter Schickelgruber. Die Mutter von Adolf war Klara, geb. Pölzl (1860–1907).
1905	Anläßlich einer Lungenerkrankung beendet Hitler 16jährig mit der vierten Realschulklasse die Schulzeit ohne Abschluß.
1907	Erfolglose Aufnahmeprüfung an der Allgemeinen Malerschule der Akademie der Bildenden Künste in Wien.
1908–1913	Hitler lebt in Wien, lange Zeit bewohnte er ein Einzelzimmer in einer Großpension – „Männerheim" genannt – in der Meldemannstraße im 20. Bezirk. Auskömmlicher Lebensunterhalt durch Erbanteile und eine Waisenrente; sein Einkommen entsprach etwa einem Realschullehrer. Daneben Verkauf eigener Zeichnungen und Aquarelle.
1913	Übersiedlung nach München, um in Österreich dem Militärdienst zu entgehen.
1914	Im Februar Vorladung zur Musterung nach Salzburg. Als *„zum Waffen- und Hilfsdienst untauglich, zu schwach"* eingestuft und mit dem Bescheid *„Waffenunfähig"* entlassen. Im August meldet sich Hitler als Freiwilliger in ein bayerisches Regiment.
1916	Leichte Verwundung am linken Oberschenkel.
1918	Kampfgasvergiftung mit zeitweiliger Erblindung.
1918–1919	Abdankung des deutschen Kaisers, Waffenstillstand, Friedensvertrag von Versailles. In „Mein Kampf" schrieb Hitler rückblickend auf diese Zeit: *„Ich aber beschloß, Politiker zu werden."*
1919	Hitler nimmt an nationalen „Aufklärungskursen" teil. In den Diskussionen zeigte sich sein Naturtalent als Volksredner. Bei einer Versammlung der DAP (Deutsche Arbeiterpartei) kommentierte deren Gründer Drexler eine Rede Hitlers: *„Mensch, der hat a Gosch'n, den kunnt ma braucha."*
1921	Hitler wird Vorsitzender der NSDAP (National-Sozialistische Deutsche Arbeiterpartei) und erhält diktatorische Machtbefugnis sowie den Titel *„Führer"*.
1923	Putsch in München, Marsch zur Feldherrnhalle. Hitler wird in Haft genommen, NSDAP und die Zeitschrift „Völkischer Beobachter" werden verboten.

1924	Während der Festungshaft in Landsberg am Lech diktiert Hitler den ersten Band von *„Mein Kampf“*. Auf Antrag wird er aus der österreichischen Staatsbürgerschaft entlassen und bleibt staatenlos.
1925–1932	Als Führer der NSDAP kann er das Ergebnis bei Reichstagswahlen von 2,6 Prozent (1928) auf 37,4 Prozent (1932) steigern. 1932 wird er formal deutscher Staatsbürger.
1933	Hitler wird von Reichspräsident Hindenburg zum Reichskanzler ernannt.
1934	Nach dem Tod Hindenburgs werden die Ämter des Staatsoberhauptes und des Kanzlers in der Person Hitlers vereinigt und der totalitäre Einparteienstaat wird geschaffen.
1938	Beginn der aktiven Expansionspolitik mit dem Anschluß Österreichs (12. März) und des Sudetenlandes (1. Oktober). „Reichskristallnacht“[1]) (8./9. November): Zerstörung jüdischer Geschäftshäuser und Synagogen; auf Hitlers Befehl werden in dieser Nacht etwa 35.000 Juden in Konzentrationslager gebracht.
1939	Angriff der deutschen Wehrmacht auf Polen (1. September), Kriegserklärung Englands und Frankreichs an Hitler-Deutschland (3. September): der Zweite Weltkrieg hatte damit auch offiziell begonnen. 8. November: Bombenattentat im Münchner Bürgerbräukeller durch den Einzelgänger Georg Elser gegen Hitler, der jedoch nicht mehr anwesend war.
1941	Hitler bezieht das Führerhauptquartier „Wolfsschanze“ bei Rastenburg in Ostpreußen.
1943	Letztes Auftreten in einer öffentlichen Kundgebung am 8. November. In der Isolierung des Führerhauptquartiers verliert Hitler zunehmend den Realitätsbezug.
1944	Attentat der deutschen Widerstandsbewegung am 20. Juli gegen Hitler scheitert, da die Bombe des Oberst Stauffenberg ihn nur leicht verletzt.
1945	Letzte Rundfunkrede am 30. Jänner. Hitler wohnt im Führerbunker unter dem Garten der Reichskanzlei in Berlin. 29. April: Hitler diktiert sein politisches und persönliches Testament. Eheschließung mit Eva Braun.
30. April 1945	Selbstmord gemeinsam mit seiner Frau, Hitler ist 56 Jahre alt. Es wurde versucht, den Leichnam zu verbrennen.

[1]) Die Glasschäden an den Schaufenstern mußten von den Juden selbst bezahlt werden. Das Kristallglas dafür kam aus Belgien, so entstand der Name „Reichskristallnacht“.

Charakteristik einer krankhaften Persönlichkeit

Am Samstag vor Ostern 1889, dem 20. April, wurde dem österreichischen Ehepaar Alois und Klara Hitler in Braunau am Inn ein schwächlicher, dunkelhaariger, blauäugiger Sohn geboren. Nach einem beispiellosen Lebensweg endete er am 30. April 1945 durch Selbstmord. Die Weltgeschichte verzeichnet keine Erscheinung wie ihn. Niemand hat, in einem nur wenige Jahre dauernden Alleingang, soviel Jubel, Hysterie und Heilserwartung geweckt wie er; niemand soviel Haß. Kein anderer hat den Ablauf der Geschichte so geprägt wie er, keiner hat eine solche Spur von Trümmern hinterlassen.

Um das Zwiespältige in der Beurteilung von Hitlers Leben zu illustrieren, hat der Biograph Joachim Fest (1973) zwei Gedankenexperimente vorgeschlagen:
1. Man stelle sich das Schicksal Hitlers vor, wenn all die Umstände ausgeblieben wären, welche ihn zum Politiker erweckt und zum Führer einer Nation gemacht haben. Übriggeblieben wäre ein ignoriertes Dasein einer gescheiterten Existenz, am Rande der Gesellschaft angesiedelt und verbittert über die Nichtbeachtung seiner Person.
2. Wäre Hitler 1938 einem Attentat zum Opfer gefallen, würde er wahrscheinlich als einer der größten Staatsmänner Deutschlands in die Geschichte eingegangen sein.

Hitlers Kindheit war geprägt durch die Auflehnung gegen den bürgerlich-autoritären Vater. Es bestand eine klassische neurotisierende Konfliktsituation mit Aufstau von Aggressionen und der Bahnung einer abnormen Entwicklung der Persönlichkeit.

16–18jährig lebte er als kunstbegeisterter egozentrischer Außenseiter bei seiner Mutter in Linz, mit Mal- und Zeichenstudien beschäftigt und von Wagneropern sowie Künstlerkarriere träumend. Zwei Bewerbungen an der Kunstakademie Wien scheiterten an mangelnder Begabung; seine Enttäuschung steigerte jedoch weiter sein überschätztes Selbstwertgefühl. Nach dem Tode der Mutter setzte er in Wien, finanziell gesichert durch Waisenrente, Erbschaft und den Verkauf selbstgemalter Bilder, sein Bohèmeleben ohne Berufsziel als „Kunstmaler" fort. Materielle Not hat er nicht gekannt, praktische Arbeit – gehindert durch seinen Standes- und Künstlerdünkel – vermutlich nie geleistet. In der konfliktreichen Atmosphäre des Wiens der Vorkriegszeit fand der sozial deklassierte, ziellos dahinlebende 20jährige Selbstbestätigung im Politisieren. Aus Zeitschriften, Broschüren und Büchern las er sich seine Weltanschauungen zusammen, deren Kern im Glauben an eine germanische Herrenrasse und die jüdische Weltgefahr bestand.

Der enthusiastisch begrüßte Krieg 1914 bedeutete für Hitler den Ausbruch aus einer zukunftslosen bürgerlichen Existenz. Als Kriegsfreiwilliger erlebte er die Jahre 1914–18 an der Westfront. Niederlage und Revolution wirkten auf ihn wie ein Schock. In den Enttäuschungen und Ängsten der Zeit fand der Fanatismus des

30jährigen nun Gleichgesinnte. Als rhetorisches Talent entdeckt, kam er mit der national inspirierten „Deutschen Arbeiterpartei“ (ab Februar 1920 NSDAP) in Kontakt und trat als Parteigenosse Nr. 55 bei. Als Organisationsfachmann und Propagandaredner agitierte Hitler gegen Juden und Marxisten sowie das „Versailler Schanddiktat“[1]). Seine rednerische Begabung brachte ihm das Erfolgserlebnis, welches er zur Selbstbestätigung brauchte. Immer wieder hat er fortan das Rezept erprobt: inmitten einer Massenversammlung mit demagogischen Wortkaskaden, in Schweiß und Ekstase die Menschen zu „kriegen“. Hitler hat sich seine Anhängerschaft in ungezählten Auftritten buchstäblich er-redet. Dabei vertraute er nicht nur seiner suggestiven Ausstrahlung, er arbeitete sorgfältig an seinen handwerklichen Mitteln. Zeitweilig nahm er Sprachunterricht, vor dem Spiegel wurden Handstellungen und Mienenspiel auf ihre Wirkung erprobt.

Nach Übernahme des Parteivorsitzes (1921) entstand bei seinen Anhängern ein mit messianischen Erwartungen verknüpfter Führermythos, aufgebaut einerseits durch Hitlers egozentrischen Geltungsdrang, andererseits durch die Tendenzen der Zeit: nach dem Sturz der Monarchie und den Wirren von Nachkriegszeit und Revolution wurde die Sehnsucht nach Hierarchie und Autorität, Befehl und Gehorsam geweckt.

Nachdem ein erster Versuch zum Staatsstreich (1923) gescheitert war, wurde die Partei verboten und Hitler zu Festungshaft verurteilt. Mit dem Nimbus des nationalen Märtyrers versehen, begann Hitler auf der Festung Landsberg seine programmatische Schrift *„Mein Kampf“*. Dieses Werk besaß zentrale Bedeutung für Hitlers Gedanken und Zielsetzungen: ist es doch höchst ungewöhnlich, daß ein Politiker im voraus ein Buch über die Ziele seiner aggressiven Herrschaftsansprüche veröffentlicht und anschließend versucht, seine Vorstellungen wie nach Plan zu realisieren. Er hat das Buch Rudolf Heß[2]) in die Schreibmaschine diktiert. Es ist im Stil des gesprochenen Wortes und seiner Reden abgefaßt – daher nicht lesbar: *„Mein Kampf“* erzielte im Laufe der Jahre ungeheure Auflagezahlen, blieb aber der ungelesenste Bestseller der Weltliteratur.

Ausgehend von Antisemitismus, Antimarxismus und Antiliberalismus forderte er den rassisch gereinigten, nationalistischen Führerstaat, dessen Zweck zunächst in der Eroberung *„neuen Lebensraumes für das deutsche Volk“* im Osten lag.

Hitlers Gedanken zur Technik politischer Propaganda zielten auf unbegrenzte Manipulierung der Massen und zeugten von der Amoralität ihres Autors, der das Gewissen für eine jüdische Erfindung hielt. Er besaß ein außerordentliches Gespür dafür, welche Kräfte überhaupt mobilisierbar waren. Seine besondere

---

[1]) Der am 28. Juni 1919 in Schloß Versaille unterzeichnete Friedensvertrag zwischen Deutschland und den alliierten Siegermächten setzte die alleinige Kriegsschuld Deutschlands fest und bestimmte neben Landabtretungen und Warenlieferungen horrende Reparationszahlungen.

[2]) Rudolf Heß (1894–1987) war gemeinsam mit Hitler in Haft. Er wurde 1933 „Stellvertreter des Führers“, floh 1941 nach England. 1946 in Nürnberg zu lebenslanger Haft verurteilt, starb er im Gefängnis Spandau.

Stärke lag darin, daß er Luftschlösser errichten konnte und diese mit rhetorischer Demagogie den Menschen einredete.

Hitlers politisches Leben ist ganz wesentlich an seinen exzessiven Charakter gebunden. Die Zeit seines Wirkens war ein ungeheurer, nur von kurzen Phasen der Erschlaffung unterbrochener Energieausbruch. Er ist ganz aus eigener Kraftanstrengung zur Macht und an die Spitze eines Volkes gelangt, sein Wille hat autoritär alles gesteuert und befohlen; dabei brachte er es jedoch fertig, seinen Egoismus als den Willen des Volkes darzustellen. Er erhob Wunschbilder zu Tatsachen, Vision und Realität flossen ineinander.

Die Anfangserfolge der Blitzkriegstrategie gaben Hitler auch auf militärischem Gebiet ein Überlegenheits- und Unfehlbarkeitsbewußtsein, das einem fachlichen Rat nicht mehr zugänglich war. Zunehmend wurde er auch seiner engsten Umgebung entrückt, er lebte und regierte diktatorisch von einer anderen Ebene aus.

Faßt man die wichtigsten Persönlichkeitsmerkmale zusammen, so entsteht folgende Charakteristik:

- ein Mensch, der schon in Kindheit und Jugend problematisch war,
- auch trotz vordergründiger Geselligkeit im Grunde asozial und nicht imstande, haltbare Gefühlsbindungen einzugehen.
- Aggressivität wurde in Machtstreben und Führungsanspruch ausgelebt,
- Unfähigkeit bestand, sich mit Realitäten abzufinden, Verzicht zu üben, sich anzupassen,
- Gewissensinstanzen spielten keine Rolle, Lügen und Rücksichtslosigkeit dominierten,
- es bestand keinerlei Einsicht in die Abnormität des Verhaltens, im Gegenteil wurde ein ich-bezogenes Sendungsbewußtsein aufgebaut.

Dies alles zusammen ergibt das medizinische Vollbild eines psychopathischen Charakters.

Die Krankheiten des Führers einer Nation

Aus der Kindheit Hitlers sind lediglich Masern und eine Mandeloperation bekannt. Im Herbst 1905 verließ er die Realschule infolge schlechter Leistungen und einer nicht näher bezeichneten Krankheit; er selbst sprach von einem schweren Lungenleiden. Während eines Landaufenthaltes bei Verwandten im niederösterreichischen Waldviertel trank er viel Milch, aß gut und erholte sich rasch wieder.

Bei der Musterung in Salzburg am 5. Februar 1914 wurde er, wie erhofft, vom österreichischen Militärdienst befreit. Der Beschluß lautete: *„Zum Waffen- und Hilfsdienst untauglich, zu schwach.“*

Adolf Hitler

Sofort nach der Kriegserklärung am 1. August 1914 meldet er sich freiwillig zum Eintritt in ein bayerisches Regiment und kommt bereits Mitte Oktober an die Westfront.

Am 5. 10. 1916 erlitt er eine Granatsplitterverletzung am linken Oberschenkel (zwei Monate Lazarettaufenthalt) und am 14. 10. 1918 eine schwere Gelbkreuzvergiftung[1]), in deren Folge er vorübergehend erblindete (Lazarettaufenthalt bis Kriegsende).

Nachdem einige seiner Kameraden am Nachmittag des 9. November 1923 bei einem Aufmarsch vor der Feldherrnhalle in München getötet worden waren, kämpfte er mit Selbstmordgedanken. Das abrupte Ende des Putsches, seine Mitschuld am Tode von etwa 20 Menschen, die Auflösung seiner Partei und seine Verhaftung hatten ihn schwer getroffen. Er selbst stürzte auf das Straßenpflaster und zog sich dabei eine Sprengung der Gelenkpfanne an der linken Schulter zu. Diese Verletzung wurde nicht behandelt, da Hitler fürchtete, im Krankenhaus *„um die Ecke gebracht zu werden"*. Die Schulter blieb zeitlebens etwas versteift, Hitler zog einseitig immer die rechte Schulter hoch. Damals begann er auch unter einer quälenden Schüttelneurose[2]) zu leiden, die ihn jahrelang plagte und sich nach der Niederlage von Stalingrad erneut einstellte. Hitlers linker Arm und das linke Bein begannen zu zittern, den linken Unterarm konnte er nur beschränkt bewegen. Erst im Laufe von Jahren ließ das Zittern seines Armes nach, das linke Bein hatte sich relativ rasch wieder erholt.

Als sich 1931 Hitlers 19 Jahre jüngere Nichte „Geli" Raubal das Leben nimmt, reagiert er schockiert. Er hatte das junge Mädchen geliebt – nach ihrem Selbstmord will auch er sich erschießen, ist schwer depressiv verstimmt und plagt sich mit Selbstvorwürfen. Seitdem ißt er kein Fleisch mehr und auch keine mit tierischen Fetten zubereiteten Speisen. Der Todesfall macht ihn zum strengen Vegetarier: er bevorzugt Obst, Suppe, Bohnen, Erbsen, Linsen und Karotten (oft als Eintopf) sowie Kartoffel und Salat. Sein Essen wird gewöhnlich dem Mahl der Gäste äußerlich angeglichen. Gibt es Beefsteak, läßt Hitler sich ein Schein-Beefsteak servieren – es besteht ausschließlich aus Gemüse.

Hitler hat keinerlei Sport betrieben, Pferde mochte er nicht, den Schnee haßte er und der Sonnenschein bereitete ihm Übelkeit.

Ein Jahr nach seiner Ernennung zum Reichskanzler, also 1934, wird Hitler sorgfältig ärztlich untersucht und als gesund befunden. Subjektiv fühlt er sich jedoch nicht wohl, er klagt über Magenschmerzen und Blähungen, schläft schlecht, hat gelegentlich Herzbeschwerden und redet sich ein, ernsthaft krank zu

---

[1]) Bekanntester Gelbkreuzkampfstoff war das Senfgas, dessen Wirkung vor allem auf einer Verätzung der Haut und Schleimhäute beruhte. Der Name rührt von der Kennzeichnung der entsprechenden Munition her (ein gelbes Kreuz).

[2]) Im Anschluß an ein Angsterlebnis als nichtorganische Störung auftretendes grobes Zittern; evtl. jahrelang fortbestehend, bei Anrühren des Anfangserlebnisses oft verstärkt.

sein. Nach einer lang anhaltenden Heiserkeit entfernt Prof. Dr. von Eicken bei Hitler gutartige Stimmbandpolypen aus dem Kehlkopf.

1936 wird Dr. Theo Morell[1]), Facharzt für Haut- und Geschlechtskrankheiten und „Prominentenarzt" in Berlin, mit Hitler bekannt und kurze Zeit später sein vertrauter Leibarzt. Nach Kriegsende hat Morell in amerikanischer Gefangenschaft eine ausführliche Dokumentation der Krankheiten Hitlers zwischen 1936–1945 zu Protokoll gegeben.

Die erste große Untersuchung durch Morell ergab 1936 folgende Befunde: Größe 1,75 m, Gewicht 70 kg. Blutgruppe A. Puls, Temperatur und Atmung normal. Am linken Bein eine ekzematöse Hautveränderung, wahrscheinlich Folge einer Verdauungsstörung. Eine mikrobiologische Untersuchung ergibt eine fehlerhafte Zusammensetzung der Darmbakterien, Hitler wird daraufhin mit Mutaflor-Kapseln[2]) behandelt.

Insgesamt gab Morell seinem Patienten von 1936 bis 1945 rund 30 verschiedene Medikamente. Diese lassen sich, je nach der erhofften Wirkung, folgendermaßen zusammenfassen:

Grippemittel
- *Chineurin* (enthält Chinin zur Senkung von Fieber)
- *Omnadin*
- *Septoid*

Schlaf- und Beruhigungsmittel
- *Brom-Nervacit* (enthält ein Barbiturat)

Aufputschmittel
- *Coramin, Cardiazol* (wirken stimulierend auf das Nervensystem)
- *Pervitin* (Weckwirkung, Appetithemmer)
- *Coffein*

Augenmittel
- *Homatropin, Veritol* (Erweiterung der Pupille, jedoch Behinderung der Sehfähigkeit in der Nähe)

Schmerzmittel
- *Eukodal* (Morphinderivat)
- *Eupaverin* (wirkt gegen Gallen- und Darmkrämpfe)
- *Optalidon* (enthält Coffein, Pyramidon und ein Barbiturat)

Vitamine
- *Intelan* (Vit. A, D und B_{12})
- *Vitamultin-Calcium* (Vit. A, B, C, D, E, K, P)

---

[1]) Professor Dr. Theodor Morell (1886–1948) lernte Hitler durch Vermittlung des Photographen Heinrich Hoffmann kennen. Seine Qualifikation und Behandlungsweise Hitlers sind medizinisch umstritten.

[2]) Aufschwemmung von Coli-Bakterien; zur Regulierung der Darmflora verwendet.

Herz- und Kreislaufmittel
Sympatol (gefäßkontrahierend und blutdrucksteigernd)
Strophantin (Digitaloid-Präparat zur Herzleistungssteigerung)
Prostrophanta (Strophantin + Glukose + Vitamin B)
Antibakterielle Mittel
Eubasin, Ultraseptyl (Sulfonamide)
Hormone
Cortiron (Nebennierenrindenhormon)
Prostacrinum, Orchikrin (Extrakt aus Samenbläschen und Prostata junger Stiere)
Progynon (weibliches Hormon)
Verdauungsmittel
Tonophosphan (Phosphorpräparat zur Stimulierung der Darmmuskulatur)
Mutaflor (Coli-Bakterien)
Glyconorm, Luizym (Fermentpräparate)
Euflat (Mischpräparat gegen Blähungen und zur Verdauungsförderung)
Antigas-Pillen (enthält Strychnin und Atropin)

Gefährlich an diesen Medikamenten war, daß oft gleichzeitig Präparate mit entgegengesetzter Wirkung verabreicht wurden, z. B. Beruhigungs- und Stimulationsmittel bzw. männliche und weibliche Sexualhormone. Weiters führt das stark stimulierende Pervitin zu gefährlichen Nebenwirkungen (Blutdrucksteigerung, Appetithemmung, körperliche Abhängigkeit mit Suchtcharakter).

Als Hitlers Nase mit Kokain ausgepinselt wurde, lernte er die Coca-Wirkung kennen (Anregung der Gehirntätigkeit, Unterdrückung von Müdigkeit, Hunger und Schmerz) und forderte häufigere Anwendung. Sowohl Pervitin wie auch Kokain sind schwere Suchtgifte. Daß Hitler nach diesen Drogen verlangte, ist verständlich, denn seine Angst wurde immer größer, aus Krankheitsgründen sein endgültiges Ziel nicht zu erreichen. Die Vorstellung, krank zu sein und nur noch wenig Zeit zu haben, beherrschte alles, was Hitler seitdem dachte, plante und tat.

Unter dem Einfluß der stimulierenden Drogen ändert sich auch seine Vorstellungswelt: er, der früher nur auf die Verwirklichung des Realisierbaren bestand, sprengte jetzt die Grenzen des Möglichen und entwickelte phantastisch irreale Projekte. Er ist nun keinerlei kritischen Einwendungen mehr zugänglich, seine Aggressivität steigt, und er verliert zunehmend die Kontrolle über sich selbst. Der letzte Schritt zum Größenwahn ist getan.

Im Jänner 1940 wurden anläßlich einer mehrtägigen ärztlichen Untersuchung folgende Befunde festgestellt: Blutbild normal. Puls 72, Blutdruck schwankend, 140/100 bis 200/100. (Dies ist eine hypertone Regulationsstörung, d. h. Hitler hatte zeitweise einen stark erhöhten Blutdruck.) Zucker und Eiweiß im Harn negativ, Urobilinogen vermehrt. (Letzteres verweist auf eine Störung der Leberfunktion bzw. Krankheit des Verdauungstraktes.) Blutserumreaktion auf Lues negativ.

Im Juli 1941 erleidet Hitler während einer erregten Diskussion einen Herzanfall, Dr. Morell stellte an den Beinen Ödeme[1]) fest, was auf eine Herzinsuffizienz hinweist. Mittels eines Elektrokardiogramms (EKG) wurde am 14. August eine ausgeprägte Arteriosklerose der Herzkranzgefäße diagnostiziert; Hitler ist 52 Jahre alt.

Sowohl Juli 1942 wie auch Februar 1943 befällt ihn eine grippeartige Erkrankung mit starken Kopfschmerzen, sog. „Kopfgrippe". Jetzt gehen auch die Katastrophe in Stalingrad (Kapitulation am 2. Februar 1943) und die Niederlage in Nordafrika (Kapitulation am 13. Mai 1943) bei ihm mit einer körperlichen Veränderung einher. Wie nach dem Putschversuch von 1923, so zittern auch jetzt wieder sein linker Arm und sein linkes Bein, das er schleppend nachzieht. Die Körperhaltung wirkt gebeugt – er hat sichtlich Bewegungsstörungen. Die Augen sind glanzlos geworden, hervorquellend und starr. Seine Erregbarkeit steigert sich, er reagiert jähzornig und starrsinnig; Mißtrauen und Argwohn nehmen zu, häufig kommt es zu Wutanfällen.

Im Februar 1944 tritt eine akute Sehverschlechterung am rechten Auge auf, es wird eine Glaskörperblutung festgestellt. Hitler gebrauchte seit 1935 eine Brille, in der letzten Zeit benutzte er zum Kartenlesen eine große Lupe. Für ihn bestimmte Schriftstücke, vor allem Manuskripte von Reden, wurden mit dreimal vergrößerten Buchstaben auf besonderen „Führerschreibmaschinen"[2]) geschrieben.

Hitler ist krank und müde, seine Umgebung sieht und erkennt das. Die Krankheitsbeschwerden und die vielen Medikamente und Drogen, das Leben in Bunkern und Kommandozentralen, die einseitige vegetarische Kost sowie zuletzt nur noch zwei bis drei Stunden Schlaf am Tag und die ununterbrochenen körperlichen und geistigen Anstrengungen haben seinen Organismus stark geschädigt und alle Reserven aufgebraucht.

Am 20. Juli wird Hitler bei dem mißglückten Stauffenberg-Attentat verletzt: zahlreiche Holzsplitter drangen in beide Beine ein, im Gesicht erlitt er leichte Schnittwunden, am rechten Ellenbogen einen Bluterguß, am linken Handrücken Hautabschürfungen. Die rechte Hand ist verstaucht. Am Hinterkopf sind die Haare versengt. In beiden Ohren wurde das Trommelfell verletzt, auf dem rechten Ohr ist er vorübergehend taub, auf dem linken schwerhörig. Überrascht stellte er fest, daß sein Zittern im linken Bein nahezu völlig verschwunden war; aber die Besserung hält nicht lange an.

---

[1]) Flüssigkeitsansammlung und Schwellung im Unterhautgewebe.

[2]) Diese Maschinen hatten 12 mm große Typen (normalerweise 3 mm) und erlaubten Hitler ein Lesen seiner Reden ohne Brille.

Adolf Hitler

Im September 1944 erkrankt Hitler an Gelbsucht und klagt über Schmerzen in der Gallenblasengegend.

Während dieser Zeit zog ihm Prof. Dr. Hugo Blaschke[1]), der Hitlers Zähne seit 1934 behandelte, einen Zahn. Hitlers Zähne waren seit Jahren sehr schadhaft. Kronen, Brücken und Füllungen ergänzten die wenigen noch natürlichen Zähne. Im Oberkiefer waren neun Zähne aus Gold und Prozellan, darunter alle Schneidezähne; im Unterkiefer hatte er zehn künstliche Zähne.

Am 19. September wurden Röntgenaufnahmen von Hitlers Kopf gemacht, auf denen sein Zahnstatus charakteristisch und deutlich zu erkennen ist. Diese Röntgenbilder fanden sich im Besitz von Dr. Morell und waren später für die Identifikation von Hitlers Leiche von entscheidender Wichtigkeit.

Nach einem Herzanfall Hitlers wurde am 24. September ein Elektrokardiogramm angefertigt. Die heutige Interpretation dieser Herzstromkurve zeigt deutliche und charakteristische Hinweise auf einen Myokardinfarkt.

Hitler bekam eine Stirnhöhlenentzündung als Folge einer Schnupfeninfektion. Während der Behandlung durch Dr. Giesing[2]) erlitt er am 1. Oktober einen Schwächeanfall und verlor für kurze Zeit das Bewußtsein. Der Arzt schilderte diesen Vorfall in einem schriftlichen Bericht im Juni 1945 wie folgt:
„. . . Hitler sagte dann: ‚. . . nun wollen wir vor lauter Unterhaltung nicht die Behandlung vergessen. Sehen Sie bitte noch einmal in meine Nase und machen Sie das Kokainzeug hinein. Mein Kehlkopf ist zwar etwas besser, aber ich bin immer noch heiser.' Ich (der Verf.) behandelte daraufhin . . . im Liegen die . . . linke Nasenseite mit der 10%igen Kokainlösung. Anschließend untersuchte ich noch einmal die . . . Ohren und . . . den Kehlkopf. Nach einigen Augenblicken sagte Hitler: ‚. . . jetzt wird es mir wieder ganz frei im Kopf, und ich fühle mich so wohl, als ob ich bald aufstehen könnte. Nur bin ich . . . sehr schlapp, was von den starken Darmkrämpfen und dem wenigen Essen herkommt.' Nach einigen weiteren Augenblicken fiel mir auf, das Hitler die Augen schloß und . . . die vorher ziemlich gerötete Gesichtsfarbe blaß wurde. Ich griff nach dem Puls, der . . . beschleunigt und weich war. Die Pulsfrequenz war etwa 90, die Qualität . . . erschien mir aber bedeutend weicher als sonst. Ich fragte Hitler, wie er sich fühle, worauf ich keine Antwort erhielt. Es war deutlich ein leichter Kollaps eingetreten . . . (bei dem) Hitler nicht ansprechbar war. Linge[3]) war . . . an die Tür zu Hitlers kleinem Wohnzimmer gegangen, da es heftig geklopft hatte . . . Es müssen nur ganz kurze Augenblicke gewesen sein, in denen ich mit Hitler allein gewesen war, denn als Linge zurückkam, war ich noch beim Kokainisieren der linken

---

[1]) Hugo Blaschke (1881–1959), SS-Brigadenführer und Generalmajor der Waffen-SS. Als Zahnarzt und Kieferchirurg behandelte er Hitler von 1934–1945.

[2]) Erwin Giesing (1907–1977), Facharzt für Hals-, Nasen- und Ohrenheilkunde. Er behandelte Hitlers Ohrenverletzungen nach dem Attentat vom 20. Juli 1944.

[3]) Heinz Linge (1913–1980), Angehöriger der „Leibstandarte SS Adolf Hitler", Ordonnanz und Diener Hitlers.

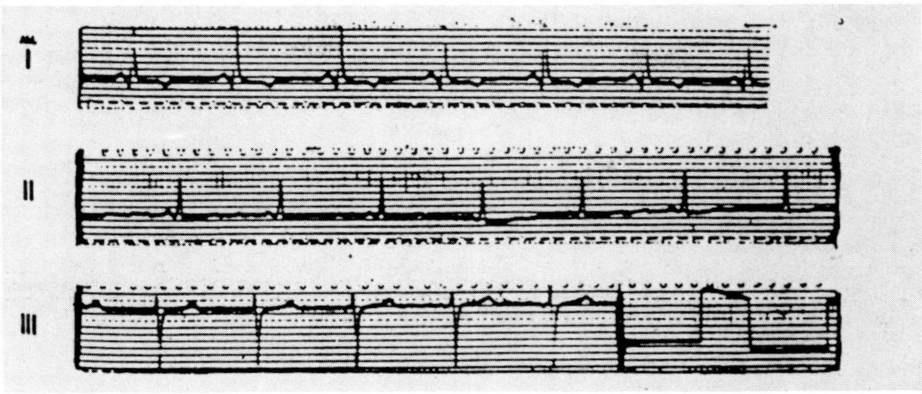

Elektrokardiogramm Hitlers vom 24. September 1944. Die Herzstromkurve ist pathologisch; soweit trotz der schlechten Qualität beurteilbar, besteht der Verdacht auf einen Herzinfarkt.

Nasenseite . . . Als Linge wieder zurückkam, stellte er sich an das Fußende des Bettes und fragte mich, wie lange ich noch zu behandeln hätte. Ich sagte aufgeschreckt aus meinen Gedanken: ‚Ich bin gleich fertig.' In diesem Augenblick war das Gesicht Hitlers noch blasser geworden und Hitler zeigte einige kurze krampfartige Zuckungen im Gesicht und zog auch die beiden Beine an. Als Linge dieses sah, sagte er: ‚Nun bekommt der Führer wieder seine Darmkrämpfe, lassen Sie ihn jetzt in Ruhe. Er will wohl jetzt schlafen.' Wir packten dann leise die Instrumente zusammen und verließen schnell das Schlafzimmer Hitlers."

Ab Ende Oktober 1944 wurde der SS-Arzt Dr. Ludwig Stumpfegger zur medizinischen Betreuung Hitlers zugezogen, nachdem der bisherige Begleitarzt Prof. Dr. Karl Brandt[1]) entlassen worden war.

Der rasch fortschreitende körperliche Verfall machte aus Hitler einen verbrauchten alten Mann. Er hatte große Schwierigkeiten beim Gehen und konnte sich nur schleppend vorwärts bewegen. Die Augen waren blutunterlaufen, aus den Mundwinkeln troff häufig der Speichel. Auch geistig zeigte Hitler starke Ermüdungserscheinungen.

Dr. Giesing berichtete über seinen Eindruck vom Februar 1945:
„Als ich das Gesicht Hitlers jetzt sehen konnte, war ich erstaunt über die Veränderungen. Er schien mir gealtert und noch mehr gebeugt als sonst. Seine Gesichtsfarbe war unverändert blaß, und er hatte starke Säcke unter den Augen. Seine Sprache war zwar klar, aber sehr leise. Sofort fiel mir ein starkes Zittern des linken Armes und der linken Hand auf, das jedesmal stärker wurde, wenn die

[1]) Karl Brandt (1904–1948), Chirurg und Generalleutnant der Waffen-SS. Nachdem er auf die riskanten Behandlungsmethoden von Prof. Morell aufmerksam gemacht hatte, verstieß ihn Hitler. Brandt wurde im Nürnberger Ärzteprozeß hingerichtet.

Hand nicht auflag, so daß Hitler den Arm immer auf den Tisch oder die Hände auf die Bank stützte . . . Ich hatte den Eindruck, daß er ziemlich geistesabwesend und nicht mehr konzentriert war. Er machte einen absolut erschöpften und abwesenden Eindruck. Auch seine Hände waren sehr blaß und die Fingernägel blutleer.“

Im Frühjahr 1945 war Hitler körperlich eine Ruine und geistig nicht mehr in der Lage, strategisch zu denken. Seine krankhafte Sturheit führte zu einem chaotischen Kriegsende.

Am 21. April 1945, einen Tag nach Hitlers 56. Geburtstag, hatte der Leibarzt Prof. Dr. Theo Morell Berlin und seinen Patienten verlassen.

Die letzten Tage in der Reichskanzlei

Die Schilderung der letzten Lebenstage Adolf Hitlers ist in den zahllosen bisher erschienenen Publikationen oft widersprüchlich und daher unglaubhaft und unsicher. Folgende Darstellung der Ereignisse beruht ausschließlich auf den Berichten von Augenzeugen, wobei die wörtlichen Zitate markiert sind.

Mitte März 1945

Erich Kempka[1]), „Chef des Kraftfahrwesens beim Führer“, berichtet in seinen Erinnerungen:
„Am 15. oder 16. März 1945 (den genauen Tag vermag ich nicht mehr mit bestimmter Sicherheit zu sagen) verlangte Adolf Hitler unerwartet eine Frontfahrt . . . Für mich war es das letzte Mal, daß er neben mir im Wagen saß. Noch einmal wollte er sich von dem Verlauf der Frontlinien persönlich überzeugen, um die Truppenstärken und ihre Versorgung mit Munition zu überprüfen. In den ersten Mittagsstunden verließen wir Berlin in Richtung Frankfurt/Oder. Wo wir erkannt wurden, drängten sich die Menschen um unseren Wagen . . . Auf der Heimfahrt saß Hitler gedankenverloren neben mir. Ein tiefer Ernst beschattete sein Gesicht. Kein Wort wurde gesprochen. Nach dieser Fahrt hat Adolf Hitler keinen Wagen mehr bestiegen. Bis zu seinem Tode verbrachte er Tag und Nacht in seinem Bunker.“

Der sog. Führerbunker, erbaut 1944, lag im Garten der Reichskanzlei, 15 Meter unter der Erde. Es waren kleine, enge, unbequeme Räume. Hitler hatte ein Schlaf- und ein Arbeitszimmer, Eva Braun ein kombiniertes Schlaf- und Wohnzimmer, ein Badezimmer und einen Ankleideraum; der Zugang war ein gemeinsames Vorzimmer.

---

[1]) Erich Kempka (1910–1975), SS-Sturmbannführer und Hitlers persönlicher Fahrer; war bis 1. Mai 1945 in der Reichskanzlei.

20. April 1945

Erich Kempka: *„Sechsundfünfzigster Geburtstag des Führers, . . . keine Festlichkeiten und Paraden! Nur im Bunker herrschte ein etwas lebhafteres Treiben als sonst. . . . erschienen laufend Persönlichkeiten, um Hitler zu gratulieren. . . Kaum beendete die Mitternacht den letzten Geburtstag Adolf Hitlers, so setzten die Großangriffe der Roten Armeen auf Berlin ein. Der Endkampf hatte begonnen."*

21. April 1945

Besucher und Personal verließen in der Nacht vom 20. zum 21. April den Bunker und Berlin in Richtung Süden, teils in langen Kolonnen von Lastkraftwagen, teils in überladenen Flugzeugen. An diesem Tag hat auch Hitlers langjähriger Arzt seinen Patienten verlassen.

Erich Kempka: *„Auch Professor Dr. Morell, der bisherige Leibarzt des Chefs, erlebte so den Flug aus der eingeschlossenen Reichshauptstadt. Der empfindliche Arzt erwies sich den Situationen der belagerten Stadt nicht gewachsen und litt unter Angstzuständen. So ordnete der Führer seinen Abflug persönlich an. Nach dem Abschied Dr. Morells äußerte der Chef, er wolle keinen Arzt mehr für sich in Anspruch nehmen, da er keinem Menschen mehr traue. Er habe das Gefühl, es könne einer seiner Ärzte ihm eine Morphiumspritze verabreichen, um ihn im betäubten Zustande gegen seinen Willen aus Berlin herauszuschaffen . . . Weil nach der Entlassung Dr. Morells der Posten eines Leibarztes des Reichskanzlers neu besetzt werden mußte, wurde der anwesende Chirurg, SS-Arzt Dr. Stumpfegger, offiziell zum Nachfolger Professor Dr. Morells ernannt. Zu einer ärztlichen Behandlung des Führers ist er jedoch nie aufgefordert worden."*

22. April 1945

Stabsbesprechung der engsten militärischen Mitarbeiter. Hitler hat, nachdem die Aussichtslosigkeit der Lage klar wurde, einen Wutanfall bekommen und von allgemeinem Verrat, Versagen, Korruption und Lügen gesprochen; endlich gab er erschöpft auf.

Alfred Jodl[1]) berichtete:
„Hitler hat . . . den Entschluß gefaßt, in Berlin zu bleiben, dort die Verteidigung zu leiten und sich im letzten Augenblick zu erschießen. Er hat gesagt, kämpfen könne er nicht aus körperlichen Gründen, kämpfen würde er persönlich auch nicht, weil er nicht Gefahr laufen könne, vielleicht verwundet in Feindeshand zu fallen."

„Er hat den Glauben verloren", schrieb Eva Braun[2]) unter dem Eindruck dieser Vorgänge einer Freundin.

---

[1]) Generaloberst Alfred Jodl (1890–1946), Stabschef im Oberkommando der Wehrmacht.

[2]) Eva Braun (1912–1945), seit 1932 Geliebte Hitlers, einen Tag vor dem gemeinsamen Selbstmord seine Ehefrau.

Erich Kempka: *„Die gedrückte Stimmung im Bunker nahm nun immer ernstere Formen an. Mit bleichen Gesichtern und einer geradezu erschütternden Gelassenheit versahen die Männer und Frauen ihren Dienst. Der Krieg galt als verloren. Jeder war der Ansicht, daß es keine Rettung für Deutschland mehr gäbe."*

25. April 1945

An diesem Tag erreichten amerikanische Truppen die Elbe und trafen dort mit der Roten Armee zusammen. Damit war Deutschland in zwei Teile gespalten. Am selben Tag wurde in San Franzisko die Gründungsversammlung der UNO eröffnet.

Im Führerbunker waren nur mehr wenige Personen zurückgeblieben: Hitler und Eva Braun; Dr. Goebbels, der mit Frau und Kindern die von Dr. Morell verlassenen Räume bewohnte; Dr. Stumpfegger; Hitlers Leibdiener, SS-Sturmbannführer Heinz Linge; der persönliche Adjutant, SS-Sturmbannführer Otto Günsche[1]); weiters noch Sekretariats- und Küchenpersonal. In unmittelbarer Nähe, in einem Haus im Garten der Reichskanzlei, wohnte Erich Kempka.

28. April 1945

Benito Mussolini, der Führer des italienischen Faschismus, wird auf der Flucht von Partisanen entdeckt und gemeinsam mit seiner Geliebten, Clara Petacci, in der Nähe von Como erschossen.

Hitlers Entschluß, ein Ende zu machen, fiel in der Nacht vom 28. zum 29. April, nachdem bekannt wurde, daß der Reichsführer der SS, Heinrich Himmler[2]), mit dem schwedischen Grafen Bernadotte in Fühlung getreten sei, um über eine Kapitulation im Westen zu verhandeln.

29. April 1945

Zwischen ein Uhr und drei Uhr morgens fand die Eheschließung zwischen Adolf Hitler und Eva Braun statt.
Erich Kempka: *„Ein mir nicht bekannter Jurist[3]) aus dem Propagandaministerium übernahm die standesamtliche Trauung . . . Während die Granaten barsten und der Bunker von Volltreffern leicht erschüttet wurde, erfüllte der Jurist seine Pflicht als Standesbeamter. Feierliche Stimmung herrschte unter den Anwesenden. Vor einem Tisch standen Hitler und Eva Braun. Als Trauzeugen traten ihnen*

---

[1]) Otto Günsche (geb. 1917) war von 1943 bis April 1945 persönlicher Adjutant Hitlers. Er wurde von den Sowjets gefangengenommen und blieb bis 1956 in Rußland inhaftiert. Lebt jetzt in der Bundesrepublik Deutschland; von ihm hat der Autor viele persönliche Detailinformationen erhalten.

[2]) Heinrich Himmler (1900–1945), Diplom-Landwirt, seit 1929 Reichsführer der SS, Chef der Deutschen Polizei. Selbstmord am 23. 5. 1945 in Lüneburg.

[3]) Gauamtsleiter Walter Wagner.

Hitler mit seinem persönlichen Adjutanten SS-Sturmbannführer Otto Günsche. Letzterer hat als einziger noch lebender Augenzeuge dem Autor wertvolle Einzelheiten berichtet.

Dr. Goebbels und Martin Bormann zu Seite . . . Die Urkunden wurden beiden zur Unterschrift vorgelegt. Die Eheschließung zwischen Adolf Hitler und Eva Braun war gesetzlich vollzogen.“

Vorher schon hatte Hitler sein politisches und sein persönliches Testament diktiert. Darin steht unter anderem: *„Da ich in den Jahren des Kampfes glaubte, es nicht verantworten zu können, eine Ehe zu gründen, habe ich mich nunmehr vor Beendigung dieser irdischen Laufbahn entschlossen, jenes Mädchen zur Frau* *zu nehmen, das nach langen Jahren treuer Freundschaft aus freiem Willen in die schon fast belagerte Stadt hereinkam, um ihr Schicksal mit dem meinen zu teilen. Sie geht auf ihren Wunsch als meine Gattin mit mir in den Tod . . . Was ich besitze, gehört – soweit es überhaupt von Wert ist – der Partei. Sollte diese nicht mehr existieren, dem Staat, sollte auch der Staat vernichtet werden, ist eine weitere Entscheidung von mir nicht mehr notwendig . . . Ich selbst und meine Gattin wählen, um der Schande des Absetzens oder der Kapitulation zu entgehen, den Tod. Es ist unser Wille, sofort an der Stelle verbrannt zu werden, an der ich den größten Teil meiner täglichen Arbeit im Laufe eines zwölfjährigen Dienstes an meinem Volk geleistet habe.*"

Das Reich Adolf Hitlers – das „Tausendjährige", wie er es nannte – hatte zwölf Jahre, drei Monate und zehn Tage gedauert.

30. April 1945

Erich Kempka: „*Es war gegen Mittag des 30. April 1945. Ununterbrochen schlugen die Granaten der russischen Artillerie im Bereich der Reichskanzlei und des Regierungsviertels ein. Der Kampf nahm an Heftigkeit immer mehr zu. Donnernd und krachend stürzten Häuser zusammen, die Straßen rings um die Reichskanzlei wurden zu Steinwüsten.*
Der Führer verabschiedete sich von den noch anwesenden Personen. Jedem drückte er noch einmal die Hand und bedankte sich für die geleistete Arbeit und die ihm persönlich gehaltene Treue . . .
Auch von Bormann und seinem Adjutanten Günsche nahm der Chef den letzten Abschied. Sein Adjutant Günsche bekam nochmals den ausdrücklichen Befehl, sich sofort mit mir in Verbindung zu setzen und genügend Brennstoff für seine und seiner Frau Verbrennung bereitstellen zu lassen. Erklärend sagte der Chef zu seinem Adjutanten: ‚Ich wünsche nicht, nach meinem Tode in einem russischen Panoptikum ausgestellt zu werden.'
Ich befand mich in einem noch wenig zerstörten Aufenthaltsraum der unterirdischen Garagen. Ich war gerade von draußen gekommen, um für die Ablösung der Wachen zu sorgen. In diesem Augenblick läutete mein Telefonapparat. Ich ergriff den Hörer und meldete mich.
Günsche war am Apparat.
‚Erich, ich brauche unbedingt etwas zu trinken. Hast du nicht eine Flasche Schnaps?'
Ich war von dieser Frage sehr überrascht. Wir hatten in diesen Tagen keinen Sinn für Alkohol.
Da drängte Günsches Stimme schon wieder.
‚Hast du nicht irgend etwas drüben?'
Was war nur mit Günsche los! Da mußte doch irgend etwas nicht stimmen. Nun, ich würde es ja doch gleich erfahren, nachdem er erklärt hatte, er würde sofort zu mir herüberkommen. Ich stellte eine Flasche Kognak bereit.

Dann wartete ich. Was war nun wieder los! Günsche kam nicht. Ich wußte nicht, von welchem Apparat aus er angerufen hatte und wo ich ihn erreichen konnte. Über eine halbe Stunde verging so. Da läutete das Telefon von neuem.

Wieder meldete sich Günsche. Mit vor Erregung heiserer Stimme meldete er sich. ‚Ich muß sofort zweihundert Liter Benzin von dir haben!'

Ich hielt es zunächst für einen schlechten Scherz und versuchte ihm klarzumachen, daß es ein unmögliches Verlangen an mich sei.

Seine Stimme überschrie sich jetzt beinahe:

‚Benzin – Erich – Benzin!'

‚Ja, wozu brauchst du denn bloß zweihundert Liter Benzin . . .?'

‚Kann ich dir am Telefon nicht sagen. Aber ich muß es haben, hörst du, Erich. Ich muß es sofort hier am Führerbunkerausgang haben, und wenn du die ganze Welt auf den Kopf stellst.'

Ich machte ihn darauf aufmerksam, daß ich Benzin nur aus dem Tiergarten beschaffen könne, wo noch einige tausend Liter vergraben seien. Deswegen könne ich jedoch meine Männer nicht in den sicheren Tod schicken, da bei dem jetzigen schweren Artilleriefeuer dort gar nicht hinzukommen sei.

Ich bat ihn:

‚Warte wenigstens bis um 17 Uhr, denn um diese Zeit wird die Beschießung im allgemeinen wesentlich geringer. Solange wirst du schon damit Zeit haben.'

Günsche ließ sich auf nichts ein.

‚Ich kann nicht eine einzige Stunde mehr warten. Versuche, was du aus den Benzintanks deiner zusammengeschossenen Wagen noch herausholen kannst. Schicke deine Männer mit den Kanistern sofort zum Ausgang des Führerbunkers und komme dann sogleich hierher!'

Günsche hängte ab.

Die Wagen im Garagenbunker waren zum großen Teil noch nicht ausgebrannt, sondern nur von den eingestürzten Betondecken verschüttet und zusammengedrückt.

In größter Eile veranlaßte ich meinen Vertreter, mit einigen meiner Männer sofort an die Arbeit zu gehen und das irgendwie erreichbare Benzin in Kanistern an den befohlenen Ort zu bringen.

Ich selbst eilte auf dem schnellsten Wege über Trümmer und zusammengeschossene Fahrzeuge zu Günsche, um zu erfahren, was denn nur los sei.

Im Augenblick, wo ich den Führerbunker betrat, verließ Günsche den Arbeitsraum Hitlers, so daß wir uns im Lage-Vorraum trafen.

Seine Züge hatten sich sichtbar verändert. Totenbleich und verstört schaute er mich an.

‚Um Gottes Willen, was ist denn passiert, Otto?' stieß ich hervor. ‚Du bist wohl wahnsinnig geworden, von mir zu verlangen, daß ich dir bei einem derartigen Artilleriebeschuß Benzin hierher bringe und das Leben von einem halben Dutzend Männern gefährde!'

Günsche schien meine Worte nicht gehört zu haben. Er stürzte zu den Türen und schloß sie.
Dann drehte er sich zu mir um, sah mich mit weit aufgerissenen Augen an und sagte: ‚Der Chef ist tot!‘ “

Otto Günsche erinnerte sich an die Vorgänge bei Hitlers Tod, wo er, im Vorzimmer postiert, unmittelbarer Augenzeuge war:
„Am 30. 4. 1945, gegen 9 Uhr vormittags, rief mich Reichsleiter Bormann an und bat mich, sofort zu ihm zu kommen. Er teilte mir mit, daß der Führer und seine Frau heute aus dem Leben scheiden würden. Der Führer hatte befohlen, daß seine und seiner Frau Leichen unmittelbar nach ihrem Tode verbrannt werden sollen. Bormann forderte mich auf, sofort alle Vorkehrungen für die vorgesehene Leichenverbrennung zu treffen. Wenige Zeit später wurde ich zum Führer befohlen. Er wiederholte im wesentlichen das, was mir Bormann gerade gesagt hatte, nur machte er mich persönlich verantwortlich, daß seine und seiner Frau Leichen so verbrannt werden, daß sie keinesfalls in die Hände der Russen fallen könnten.
Nach dem Herbeischaffen von allen verfügbaren Benzinvorräten aus dem an der Hermann-Göring-Straße liegenden Garagenkomplex ließ ich den Vorraum zu den Privaträumen Adolf Hitlers durch besondere Posten des Führerbegleitkommandos sperren. Außer Goebbels, Bormann, Burgdorf, Krebs, Rattenhuber, Mohnke, Linge und Kempka hatte keiner mehr Durchgang zu diesem Vorraum, der unmittelbar vor den Führer-Privaträumen lag. Dies befahl ich, um erstens Ruhe zu bewahren und zweitens unnötige Zeugen auszuschließen.
Adolf Hitler und seine Frau verabschiedeten sich zwischen 14.30 und 15.00 Uhr von einigen nächsten Mitarbeitern[1]*), ebenso von Goebbels, Frau Goebbels, Bormann und Burgdorf in einem vor dem Vorraum zu Hitlers Privaträumen liegenden Raum. Dann zogen sich beide in ihre Privaträume zurück. Ich hielt mich danach in unmittelbarer Nähe der Eingangstür zu Adolf Hitlers Privaträumen auf. Kurze Zeit, nachdem Adolf Hitler und seine Frau sich in ihre Privaträume zurückgezogen hatten, meldete mir der an der Tür zum Vorraum stehende Posten des Führerbegleitkommandos, daß Frau Goebbels an der Tür stehe und verlange, den Führer sofort noch einmal zu sprechen. Ich ging daraufhin an die Tür zu Hitlers Privaträumen und klopfte an die innere Tür, nachdem ich die äußere Tür – es handelte sich hierbei um eine Doppeltür – geöffnet hatte.*
Adolf Hitler öffnete selbst und fragte mich im barschen Ton: ‚Was wollen Sie, Günsche?‘ Ich antwortete, daß Frau Goebbels ihn dringend zu sprechen wünsche.

---

[1]) Hans Baur, SS-Obergruppenführer und Hitlers Flugkapitän, berichtet über ein interessantes Detail der Selbstmordmotivation. Hitler hatte zu ihm gesagt:
„Die Russen wissen genau, daß ich noch hier im Bunker bin, und ich befürchte, daß sie mit Gas schießen. Wir haben im Laufe des Krieges ein Gas hergestellt, das die Menschen 24 Stunden betäubt. Durch unseren Nachrichtendienst haben wir in Erfahrung gebracht, daß auch die Russen dieses Gas besitzen. Es wäre nicht auszudenken, wenn sie mich lebendig in die Hände bekämen. Es sind hier wohl Gasschleusen eingebaut, aber wer mag ihnen trauen? Ich jedenfalls nicht – und so mache ich heute Schluß!“

Er ging, anscheinend verärgert, an mir vorbei zu Frau Goebbels, die inzwischen im Vorraum stand und ihn anflehte, doch noch Berlin zu verlassen. Hitler antwortete kurz abweisend und ging sofort in seine Privaträume zurück.
Ich drückte die Doppeltüren hinter ihm zu. Niemand konnte und hat danach die Privaträume Adolf Hitlers vor seinem und seiner Frau Freitod mehr betreten. Ich kann dies jederzeit beeiden. Es ist somit ausgeschlossen und unmöglich, daß Adolf Hitler durch die Hand eines Zweiten starb.
Als Bormann, Linge und ich gegen 15.30 Uhr die Doppeltüren zu Hitlers Privaträumen öffneten, sahen wir Adolf Hitler auf dem an der linken Wand vor uns, neben dem Divan stehenden Sessel sitzen. Er war zusammengesunken und hing über die rechte Armlehne des Sessels. Der Kopf war zur Seite geneigt. Aus seiner rechten Schläfe tropfte Blut. Eine Blutlache hatte sich bereits auf dem Teppich und dem Fußboden gebildet. Er hatte sich, das war sofort zu erkennen, in die rechte Schläfe geschossen, mit seiner eigenen Pistole, PPK 7,65, die er am 22. 4. 1945 nach einer turbulenten Lagebesprechung aus seinem Nachttischkasten nahm und seitdem durchgeladen und gesichert immer bei sich trug.
Ich habe später diese Pistole, mit der sich Adolf Hitler erschossen hat, an mich genommen, habe festgestellt, daß daraus geschossen worden war, dann habe ich die Pistole, die nach dem abgegebenen Schuß repetiert hatte, entladen. Ob Adolf Hitler gleichzeitig mit dem Pistolenschuß eine Giftampulle zerbissen hat, ist mir nicht bekannt. Ich halte dies aber für möglich.“

Erich Kempka setzt in der Schilderung der Ereignisse fort:
„Der Chef hatte sich in seinem Arbeitsraum mit seiner Pistole erschossen.
Eva Hitler saß, schräg gegen die Lehne der Polsterbank gesunken, neben ihm. Sie hatte sich vergiftet. Aber auch ihre Hand hatte eine Pistole gehalten. Der rechte Arm hing noch über die Lehne der Polsterbank, und auf dem Boden daneben lag ihr Revolver.
‚Bormann, Linge und ich hatten den Schuß gehört und stürzten ins Zimmer. Dr. Stumpfegger kam zur Untersuchung. Goebbels und Axmann wurden gerufen.‘
Diese Worte Günsches überstürzten sich.
‚Wer ist jetzt bei ihm?‘ wollte ich wissen.
‚Goebbels, Bormann und Linge sowie Dr. Stumpfegger, der den Tod der beiden festgestellt hat. Axmann hat bereits den Raum verlassen.‘
In diesem Augenblick betrat einer meiner Männer den Vorraum und meldete, daß etwa 160 bis 180 Liter Benzin oben am Bunkerausgang stünden.
Ich schickte den Mann wieder hinaus. In diesem Augenblick öffnete sich die Tür zum Zimmer Adolf Hitlers.
‚Das Benzin! . . . Wo bleibt das Benzin?!‘
Die persönliche Ordonnanz Linge schrie verzweifelt nach dem Brennstoff.
Ich antwortete: ‚Benzin ist da!‘
Linge stürzte in den Raum zurück. Sekunden später öffnete sich die Tür von neuem.
Dr. Stumpfegger und Linge trugen die in eine große dunkle Felddecke gehüllte

Leiche Adolf Hitlers durch den Lage-Vorraum. Bis zur Nasenwurzel war das Gesicht des Chefs verdeckt. Unter seinen Haaren, die inzwischen stark ergraut waren, lag die Stirn im wächsernen Bleich des Todes. Der linke Arm war aus der Decke herausgerutscht und hing bis zum Ellenbogen schlaff herunter.

Hinter den beiden folgte Martin Bormann mit der toten Eva Hitler. In einem leichten schwarzen Kleid lag sie auf seinen Armen. Ihr Kopf mit den blonden Locken war nach hinten geneigt. Dieser Anblick erschütterte mich fast noch mehr als das Bild meines toten Chefs. Eva hatte Bormann gehaßt. Sie hatte viel Ärger durch ihn gehabt. Sein Spiel um die Macht war schon lange von ihr erkannt worden. Jetzt in ihrem Tode trug sie ihr größter Feind zur letzten Ruhe. Keinen Schritt weiter durfte sie in Martin Bormanns Armen verbleiben.

Ein kurzes Wort zu Günsche:

‚Hilf du den Chef mit tragen, ich nehme Eva!'

Dann trat ich zu Bormann und nahm ihm Evas Leiche wortlos aus den Armen. Ihre Seite war naß. Unwillkürlich glaubte ich, auch sie habe sich erschossen. (Später sagte mir Günsche, daß der Chef beim Niederstürzen auf den Tisch die Vase umgeworfen habe, daß wohl so das Wasser auf seine tote Frau geflossen sei.)

Mit den zwanzig Stufen, die zum Bunkerausgang führten, hatte ich nicht gerechnet. Meine Kraft versagte. Ich mußte stehenbleiben. Auf halber Höhe der Treppe eilte mir Otto Günsche zu Hilfe. Gemeinsam trugen wir den toten Körper Eva Hitlers ins Freie.

In der Hast hatten Dr. Stumpfegger und Linge den toten Chef ungefähr drei Meter halbrechts vor den Bunkerausgang auf die Erde gelegt. Unmittelbar daneben stand noch die große Betonmaschine, mit der ursprünglich einmal die Decke des Führerbunkers um einen Meter hatte verstärkt werden sollen.

So wie sie Adolf Hitler aus seinem Arbeitszimmer herausgetragen hatten, lag er nun dort, in seine graue Decke eingehüllt, mit den Beinen zum Bunkerausstieg gewandt. Die Decke, die nur zum Tragen des Körpers genutzt worden war, wurde nicht entfernt. Die langen schwarzen Hosen lagen nach oben geschoben. Der rechte Fuß war mit der für ihn typischen Haltung nach innen gekehrt. In dieser Stellung hatte ich seinen Fuß sehr oft gesehen, wenn er, neben mir sitzend, auf den Fahrten übermüdet eingenickt war.

Günsche und ich legten Eva Hitler neben ihren Mann. In der ungeheuren Erregung des Augenblicks hatten wir sie etwas schräg zu Adolf Hitler niedergleiten lassen.

Rings um uns krepierten die russischen Granaten, als ob die Artillerie in diesem Moment das Feuer auf den Garten der Reichskanzlei und auch auf den Führerbunker verdoppelt hätte.

Ich war zum Bunker zurückgestürzt und hielt einen Augenblick tief aufatmend still, um die nächsten Einschläge der Granaten abzuwarten. Dann ergriff ich einen Benzinkanister, rannte zum Bunker hinaus und stellte denselben neben die beiden Leichen. Schnell bückte ich mich und legte Hitlers linken Arm enger an seinen Körper. Vor mir flatterten seine Haare zerzaust im Winde.

Ich riß den Verschluß des Benzinkanisters auf. –
In unmittelbarer Nähe schlagen Granaten ein. Wir werden von Schmutz und Dreck überschüttet, Splitter surren und pfeifen über uns her.
Eiligst stürzen wir zum Bunkereingang zurück, um dort Schutz zu finden.
Unsere Nerven sind überspannt. Aufgeregt warten wir, bis das Einschlagen der Granaten in unserer Nähe nachgelassen hat, um das Benzin über die Leichen gießen zu können.
In gebeugter Stellung laufe ich wieder hinaus und greife zu dem Kanister. Am ganzen Körper zitternd, gieße ich mit unendlicher Überwindung, aber im Bewußtsein, daß es Adolf Hitlers allerletzter Befehl war, den Inhalt über die beiden Toten.
Immer wieder überwallt es mich.
‚Ich kann das nicht tun!'
Und doch überwand mein Pflichtgefühl stets von neuem mein widerstrebendes Empfinden. Neben mir erfüllten Günsche und Linge die gleiche letzte Pflicht an Adolf Hitler und seiner Frau, deren Kleider leise im Winde wehten, bis sie allmählich durch die Schwere des Benzins niedersanken.

Aus den Gesichtszügen von Günsche und Linge las ich, daß auch sie mit innerem Kampf den letzten Befehl ihres Chefs ausführten.
Stets von neuem wurden wir durch das Einschlagen der Granaten von der aufgewühlten Erde überschüttet. Mit Todesverachtung holte ich einen Benzinkanister nach dem anderen aus dem Bunkereingang heraus, bis beide Körper für das grausige Spiel genügend mit Brennstoff getränkt waren. Durch den Arbeitsvorgang der Betonmaschine hatte sich gerade dort, wo die beiden Leichen lagen, eine kleine Mulde gebildet, worin sich das Benzin sammelte und von den Kleidern der beiden Toten aufgesogen wurde. Noch einmal stürzten wir zum Bunker zurück, um neue Kanister zu holen. Dann nahm der Artilleriebeschuß derart an Heftigkeit zu, daß es uns nicht mehr möglich war, die Bunkerschleuse zu verlassen. Ein ans Wunderbare grenzender Zufall muß gewirkt haben, um zu verhindern, daß eine Granate ihren Verderben bringenden Weg bei diesem rasenden Artilleriefeuer zu uns fand.

Im Bunkereingang standen neben uns, die wir dieses grausige Werk verrichteten, Dr. Goebbels, Bormann und Dr. Stumpfegger. Keiner wagte es mehr, in diesem Augenblick den Bunkereingang zu verlassen. Draußen tobte die Hölle! Wie sollten wir das Benzin entzünden?

Der Vorschlag, es durch eine Handgranate zum Entflammen zu bringen, wurde von mir abgelehnt. Durch einen Zufall fiel mein Blick auf einen größeren Lappen, der neben den Feuerwehrschläuchen am Bunkerausgang lag.
‚Dort liegt ein Lappen!' rief ich erregt.

Günsche stürzte sich darauf und zerriß ihn. Den Verschluß des Benzinkanisters öffnen und den Lappen darauf pressen, war das Werk einer Sekunde. Den Behälter neigte ich vornüber. Der Lappen saugte sich voll.
‚Ein Streichholz!'

Dr. Goebbels zerrte eine Schachtel aus der Tasche und reichte sie mir. Ich entzündete die Streichhölzer und steckte den Lappen an. Kaum fing er Feuer, da flog er schon als brennender Ball im hohen Bogen auf die mit Benzin übergossenen Toten.
Mit weitaufgerissenen Augen starrten wir auf die dort liegenden Körper.
In Sekundenschnelle schoß gurgelnd und brodelnd eine helle Flamme hoch. Zu gleicher Zeit stiegen schwarze Rauchwolken zum Himmel empor.
Die dunkle Rauchsäule vor dem Hintergrund der brennenden Reichshauptstadt ergab ein grausiges Bild. Wie gebannt blickten Dr. Goebbels, Bormann, Dr. Stumpfegger, Günsche, Linge und ich auf das furchtbare Schauspiel.
Langsam nagte das Feuer an den Toten.
Noch einmal grüßten wir sechs Mann unseren toten Chef und seine Frau. Dann traten wir erschüttert und tief beeindruckt von dem furchtbaren Geschehen in den Bunker zurück.
Die Flammen verzehrten das Benzin. Ein Zugießen von neuem Brennstoff in die erlöschenden Flammen war unmöglich. Immer wieder mußten die Reste der noch nicht verkohlten Körper mit frischem Benzin übergossen und dieses neu angezündet werden. Durch das andauernde Einschlagen der russischen Granaten schien eine restlose Einäscherung fast ausgeschlossen.
Günsche und ich gingen noch einmal zusammen in das Sterbezimmer unseres Chefs. Das Gefühl einer vollständigen Leere umgab uns. Die Spuren des Todes lagen noch sichtbar vor den Augen. Die Pistolen Eva und Adolf Hitlers lagen auf dem roten Teppich. Sowohl der Tisch als auch der Bodenbelag wiesen noch deutlich die Blutspuren vom Tode des Führers auf. Die umgestürzte Vase lag auf dem Tisch. Schräg vor uns stand ein kleines Jugendbildnis von Hitlers Mutter. Über dem Schreibtisch hing vereinsamt das Bild Friedrichs des Großen.“

Die Leichen brannten etwa von 16 Uhr bis 18.30. Die Überreste wurden in einem Bombentrichter in unmittelbarer Nähe des Notausganges im Garten der Reichskanzlei mit Erde überschüttet und so notdürftig begraben.

In der Nacht vom 1. zum 2. Mai meldete der Rundfunksender Hamburg „*der Führer sei, an der Spitze seiner Truppen kämpfend gefallen*“. Nach der Meldung von Hitlers Tod im Radio ertönte der letzte Akt von Richard Wagners „Götterdämmerung“.

Auffindung, Obduktion und Identifikation von Hitlers Leichnam

Am 3. Mai 1945 besetzten sowjetische Truppen den verlassenen Bunker und machten sich sofort an die Suche nach dem Verbleib der Leiche Hitlers. Am folgenden Tag stießen Mitglieder der militärischen Abwehrorganisation Smersch[1]) auf die stark verkohlten Leichen eines Mannes und einer Frau, vergra-

[1]) Diese Abkürzung bedeutet übersetzt „Tod den Spionen“.

In diesem Granattrichter wurden die Leichen von Adolf und Eva Hitler gefunden. Daneben stehen noch die zur Verbrennung benötigten Benzinkanister.

ben in einem Granattrichter neben dem Notausgang des Führerbunkers; am 5. Mai wurden die Leichen geborgen und folgendes Protokoll aufgenommen:

„Berlin, Feldarmee
den 5. Mai 1945

Ich, der Gardeoberleutnant Panassow, Alexej Alexandrowitsch, und die Soldaten Tschurakow, Iwan Dimitrijewitsch, Olejnik, Jewgeni Stepanowitsch, und Serouch, Ilja Jefremowitsch, haben in der Stadt Berlin auf dem Gelände von Hitlers Reichskanzlei neben der Stelle, wo die Leichen von Goebbels und seiner Frau entdeckt wurden, unweit von Hitlers privatem Luftschutzbunker zwei verbrannte Leichen (die Leiche einer Frau und die Leiche eines Mannes) aufgefunden und sichergestellt.
Die Leichen sind im Feuer stark verkohlt, und es ist unmöglich, sie ohne zusätzliche Angaben zu identifizieren.
Die Leichen lagen in einem Bombentrichter, drei Meter vor dem Eingang zum privaten Luftschutzbunker Hitlers, und waren mit Erde überschüttet.
Die Leichen werden bei der Abteilung der militärischen Abwehr ‚Smersch' des 79. Schützenkorps aufbewahrt.

Zugführer der Abwehrabteilung „Smersch" des 79. SK,
Gardeoberleutnant gez. (Panassow)
Soldat der Abwehrabteilung „Smersch" des 79. SK, gez. (Tschurakow)

Soldat der Abwehrabteilung „Smersch" des 79. SK, gez. (Olejnik)
Soldat der Abwehrabteilung „Smersch" des 79. SK, gez. (Serouch)"

Außerdem wurden im Trichter, in einer größeren Tiefe, zwei Hundekadaver gefunden. Da sofort ein bestimmter Verdacht aufkam, mußte geklärt werden, ob man wirklich die Leichen derjenigen gefunden hatte, die man suchte. Das Problem der Identifizierung begann.

Von 7. bis 9. Mai 1945 wurden im Leichenschauhaus Berlin-Buch elf menschliche Leichen sowie zwei Hunde obduziert. Es handelte sich dabei zunächst um Dr. Josef Goebbels[1]) und seine Frau Magda sowie deren fünf Töchter und einen Sohn; weiters General Hans Krebs. Diese alle wurden eindeutig identifiziert und jeweils als Todesursache eine Zyan-Vergiftung festgestellt.

Zyan-Vergiftungen entstehen durch Einatmen oder Schlucken von Blausäure bzw. Zyankalium. Es wird die Sauerstoffaufnahme in die Zellen blockiert, dadurch kommt es zu einer inneren Erstickung. Die tödliche Dosis beträgt 200–300 mg, d. h. weniger als einen halben Kubikzentimeter Flüssigkeit. Eine solche geringe Menge oder auch mehr kann man leicht in einer Glasphiole in den Mund stecken und dieselbe zerbeißen. Bei hohen Konzentrationen tritt der Tod in wenigen Sekunden ein.

Die zwei im Bombentrichter gefundenen verkohlten Leichen konnten zunächst nicht eindeutig identifiziert werden. Nach der Untersuchung der männlichen Leiche wurde folgendes Obduktionsprotokoll verfaßt:

„Berlin-Buch, den 8. Mai 1945
Leichenschauhaus CAFS[2]) Nr. 496

Die Kommission, bestehend aus dem gerichtsmedizinischen Chefsachverständigen der 1. Weißrussischen Front, Oberstleutnant des medizinischen Dienstes F. J. Schkarawskij, dem Chefanatomen der Roten Armee, Oberstleutnant des medizinischen Dienstes N. A. Krajewskij, dem amtierenden Chefpathologieanatomen der 1. Weißrussischen Front, Major des medizinischen Dienstes A. J. Maranz, dem gerichtsmedizinischen Armeesachverständigen der 3. Stoßarmee, Major des medizinischen Dienstes J. I. Bogusslawskij und dem Armeepathologieanatomen der 3. Stoßarmee, Major des medizinischen Dienstes J. W. Guljkewitsch, hat auf Befehl des Mitgliedes des Kriegsrates der 1. Weißrussischen Front, Generalleutnant Telegin, vom 3. Mai 1945 die Leiche eines Mannes (vermutlich Hitlers Leiche) gerichtsmedizinisch untersucht.
Bei der Untersuchung wurde festgestellt:
A. Äußerliche Untersuchung
In einem Holzkasten (163 cm lang, 55 cm breit, 53 cm hoch) wurden die Überreste der durch Feuer entstellten Leiche eines Mannes eingeliefert. Auf der Leiche

---

[1]) Josef Paul Goebbels (1897–1945), Dr. phil., seit 1933 Reichsminister für Volksaufklärung und Propaganda.

[2]) Abkürzung für „Chirurgisches Armeefeldlazarett".

wurde ein an den Rändern verbranntes Stück gelben Strickstoffes gefunden, 25 x 8 cm groß, das mit einem Trikotagehemd Ähnlichkeit hat.

Da die Leiche erheblich beschädigt ist, läßt sich das Alter des Toten schwer schätzen. Vermutlich lag das Alter etwa zwischen 50 und 60 Jahren. Der Tote ist 165 cm groß (die Messung ist ungenau, weil das Gewebe verkohlt ist), das rechte Schienbein 39 cm lang. Die Leiche ist stark verkohlt und riecht nach verbranntem Fleisch. Ein Teil des Schädeldaches fehlt.[1]) *Erhalten sind Teile des Hinterhauptsbeines, des linken Schläfenbeines, die unteren Teile der Joch- und Nasenbeine sowie der Ober- und Unterkiefer. Die Verbrennungen sind an der rechten Schädelseite stärker als an der linken. In der Schädelkapsel sind Teile des durch Feuer beschädigten Gehirnes und der harten Gehirnhaut zu sehen. Am Gesicht und am Körper fehlt die Haut völlig; nur Überreste der verkohlten Muskeln blieben erhalten. Am Nasenbein und an den Oberkieferknochen sind viele kleine Risse vorhanden. Die Zunge ist verkohlt, die Zungenspitze fest zwischen den Zähnen des Ober- und Unterkiefers eingeklemmt.*
Im Oberkiefer sitzen 9 Zähne, die durch eine Brücke aus gelbem Metall (Gold) verbunden sind. Die Brücke ist durch Stifte am zweiten linken und am zweiten rechten Schneidezahn befestigt. Diese Brücke besteht aus 4 oberen Schneidezähnen (2⌋ 1⌋ ⌊1 ⌊2), 2 Eckzähnen (3⌋ ⌊3), dem linken Backenzahn (⌊4) und dem ersten und zweiten Backenzahn rechts (4⌋ 5⌋), wie in der Skizze angegeben. Der linke erste Schneidezahn (⌊1) stellt eine weiße Zahnplatte dar, mit Sprüngen und einem schwarzen Defekt im Email unten. Diese Platte ist vorn an der sichtbaren Seite des Metall(Gold)zahnes eingearbeitet. Beim zweiten Schneidezahn, dem Eckzahn und dem Backenzahn links sowie beim ersten und zweiten Schneidezahn und dem ersten Backenzahn links sowie beim ersten und zweiten Schneidezahn und dem ersten Backenzahn rechts handelt es sich um übliche Porzellanzahnplatten, die in ihrem rückwärtigen Teil an der Brücke befestigt sind. Der rechte Eckzahn hat eine Vollkrone aus gelbem Metall (Gold). Die Oberkieferbrücke ist hinter dem ersten Backenzahn links (⌊4) senkrecht abgesägt.
Der Unterkiefer liegt frei in der angesengten Mundhöhle. Seine Alveolarfortsätze sind hinten abgebrochen und haben spitze Ränder. Die Knochenplatte des Unterkiefers ist an der vorderen Fläche und am unteren Rand angekohlt. An seiner vorderen Fläche sind angekohlte Spitzen der Zahnwurzeln zu erkennen. Der Unterkiefer besteht aus 15 Zähnen, 10 davon sind künstlich. Die Schneidezähne (2⌉ 1⌉ ⌈1 ⌈2) und der erste rechte Backenzahn (4⌉) sind natürlich, mit erheblich abgenutzten Kauflächen und erheblich freiliegenden Zahnhälsen. Der Zahnschmelz hat einen bläulichen Schimmer und ist am Zahnhals schmutziggelb. Die Zähne links (⌈4 ⌈5 ⌈7 und ⌈8) sind künstlich, aus gelbem Metall (Gold), und bilden eine Brücke aus Goldkronen, die an dem dritten, dem fünften (in der Brücke ist es der 6. Zahn) und dem achten (in der Brücke ist es der 9.) Zahn befestigt ist. Auf dem zweiten rechten Backenzahn (5⌉) sitzt eine Krone aus gelbem Metall (Gold),

[1]) Siehe Seite 182.

die durch eine bogenförmige Platte mit dem rechten Eckzahn (3|) verbunden ist. Ein Teil der Kaufläche und der hinteren Oberfläche des rechten Eckzahnes ist mit einer Gelbmetall(Gold)platte der Brücke überdeckt. Der erste rechte Mahlzahn ist künstlich, weiß, und besitzt eine Goldverankerung, die mit der Brücke des zweiten kleinen Backenzahnes und des rechten Schneidezahnes verbunden ist.

Im Munde wurden Glassplitter gefunden, Teile von der Wand und dem Boden einer dünnwandigen Ampulle[1]*).*

Die Halsmuskeln sind verkohlt, die Rippen auf der rechten Seite fehlen, sind verbrannt. Die rechte Seite des Brustkorbes und des Bauches sind restlos verbrannt, durch die entstandene Öffnung kann man die rechte Lunge, die Leber und die Därme sehen. Das Geschlechtsglied ist angekohlt. Im Hodensack, der angesengt, aber erhalten ist, wurde nur der rechte Hoden gefunden. Im Leistenkanal konnte der linke Hoden nicht gefunden werden. Der rechte Arm ist stark verbrannt, die Enden des Oberarmknochens und die Knochen des Unterarmes sind gebrochen und angekohlt. Die trockenen Muskeln sind schwarz und stellenweise braun, sie zerfallen bei Berührung in einzelne Fasern. Erhalten blieben Überreste des verbrannten Teiles (etwa ⅔) vom linken Oberarm. Das freie Ende des Oberarmknochens ist verkohlt und tritt aus dem trockenen Gewebe hervor. Auch die beiden Beine sind verkohlt. Das weiche Gewebe ist an vielen Stellen nicht vorhanden; es ist verbrannt und abgefallen. Die Knochen sind zum Teil verbrannt und zerbröckelt. Feststellbar sind eine Fraktur des rechten Oberschenkelknochens und des rechten Schienbeines. Der linke Fuß fehlt.

B. Innere Untersuchung

Die Lage der inneren Organe ist normal. Die Lungen sind an der Oberfläche schwarz, an der Schnittfläche dunkelrot und von ziemlich fester Konsistenz. Die Schleimhaut der oberen Atmungswege ist dunkelrot. Die Herzkammern sind mit geronnenem rötlich-braunem Blut gefüllt. Der Herzmuskel ist zäh und sieht wie gekochtes Fleisch aus. Die Leber ist an der Oberfläche schwarz, sie zeigt Verbrennungen, ist von ziemlich fester Konsistenz und an der Schnittstelle gelb-grau. Die Nieren sind etwas geschrumpft und haben die Ausmaße 9 x 5 x 3,5 cm, ihre Hauthülle kann leicht abgelöst werden; die Oberfläche der Nieren ist glatt, die Muster verwischt, sie sehen wie gekocht aus. Die Harnblase enthält 5 cm^3 gelblichen Harns, ihre Schleimhaut ist grau. Milz, Magen und die Därme weisen starke Verbrennungen auf und sind stellenweise fast schwarz.

Anmerkung:

1. *Der ‚Smersch'-Abteilung der 3. Stoßarmee wurden folgende der Leiche entnommene Gegenstände am 8. 5. 1945 übergeben:*
   a) eine Oberkieferbrücke aus gelbem Metall, bestehend aus 9 Zähnen;
   b) ein angesengter Unterkiefer, bestehend aus 15 Zähnen.

---

[1]) Die Zyankali-Giftampullen bestanden aus hauchdünnem Glas, Länge etwa 30 mm, Durchmesser etwa 8 mm. Sie waren mit ca. 1 ml wasserfreier Blausäure gefüllt. Die Ampullen wurden in einer Messinghülse, ähnlich einem Lippenstift, aufbewahrt. Alle im Bunker der Reichskanzlei befindlichen Personen hatten solche Giftampullen zu ihrer Verfügung.

2. *Nach dem Protokoll über die Vernehmung der Frau Käthe Heusermann*[1]) *kann man annehmen, daß die in der Akte beschriebenen Zähne und die Brücke dem Reichskanzler Hitler gehören.*
3. *In ihrem Gespräche mit dem gerichtsmedizinischen Chefexperten der Front, Oberstleutnant Schkarawskij, das am 11. 5. 1945 in den Räumen von CAFS Nr. 4946 stattfand, hat Frau Käthe Heusermann den Zustand des Gebisses von Hitler in allen Einzelheiten beschrieben. Ihre Beschreibung stimmt mit den anatomischen Angaben über die Mundhöhle des unbekannten Mannes überein, dessen verbrannte Leiche wir geöffnet haben.*

Anlage:
Der Akte wird ein Reagenzglas mit gläsernen Ampullensplittern beigelegt, die im Munde des Toten gefunden wurden.

Gerichtsmedizinischer Chefsachverständiger der Front,
Oberstleutnant des medizinischen Dienstes (gez. Schkarawskij)
Chefarzt für path. Anatomie der Roten Armee,
Oberstleutnant des medizinischen Dienstes (gez. Krajewskij)
Amtierender Chefarzt für path. Anatomie der 1. Weißrussischen Front, Major des medizinischen Dienstes (gez. Maranz)
Gerichtsmedizinischer Sachverständiger der 3. Stoßarmee, Major des medizinischen Dienstes (gez. Bogusslawskij)
Armeefacharzt für path. Anatomie, Major des medizinischen Dienstes der 3. Stoßarmee (gez. Guljkewitsch)

Schlußfolgerung
Aufgrund der gerichtsmedizinischen Untersuchung der teilweise verbrannten Leiche eines unbekannten Mannes und der Untersuchung anderer Leichen aus dieser Gruppe (Anm.: siehe Seite 178), *kommt die Kommission zu folgenden Schlüssen:*

1. Anatomische Charakteristik der Leiche
Da die Körperteile stark verkohlt sind, ist es unmöglich, das Aussehen des Toten zu beschreiben. Man kann aber folgendes feststellen:

a) *Die Körpergröße beträgt etwa 165 Zentimeter (einhundertfünfundsechzig).*
b) *Das Alter (nach allgemeiner Entwicklung, der Größe der Organe, dem Zustand der unteren Schneidezähne und des rechten kleineren Backenzahnes zu urteilen) schwankt zwischen 50 und 60 Jahren (fünfzig bis sechzig).*
c) *Der linke Hoden konnte weder im Hodensack, noch im Samenstrang innerhalb des Leistenkanals oder im kleinen Becken gefunden werden.*
d) *Der wichtigste anatomische Fund, der zur Identifizierung der Person ausgewertet werden kann, ist das Gebiß mit vielen künstlichen Brücken, Zähnen, Kronen und Füllungen (siehe die Akte).*

---

[1]) Katharina Heusermann war Assistentin von Hitlers Zahnarzt Professor Dr. Hugo Blaschke.

2. Todesursache
An dem durch Feuer stark verunstalteten Körper wurden keine sichtbaren Zeichen schwerer tödlicher Verletzungen oder Erkrankungen festgestellt.
Das Vorhandensein der Überreste einer zerdrückten Glasampulle in der Mundhöhle und gleichartiger Ampullen in der Mundhöhle der anderen Leichen, der ausgeprägte Bittermandelgeruch, der von den Leichen ausgeht und die gerichtsmedizinische Untersuchung der inneren Organe, wobei Zyanverbindungen festgestellt wurden, gestatten der Kommission, den Schluß zu ziehen, daß der Tod in diesem Falle durch Vergiftung mit Zyanverbindungen verursacht wurde.“
(Es folgen die Unterschriften).

Ehe wir das Problem der Identifizierung und Feststellung der Todesursache weiter verfolgen, sei kurz auf ein zweites Protokoll verwiesen, in dem das Ergebnis der gerichtsmedizinischen Untersuchung einer Frauenleiche (vermutlich Eva Hitler, geb. Braun) niedergelegt wurde. Es wird hier nur die Schlußfolgerung zitiert:
„. . . An der stark verkohlten Leiche wurden Spuren einer Splitterverwundung des Brustkorbes mit Hämatothorax, Verletzungen einer Lunge und des Herzbeutels sowie 6 kleine Metallsplitter entdeckt. Außerdem wurden in der Mundhöhle die Überreste einer zerdrückten Glasampulle gefunden.
In Anbetracht dessen, daß solche Ampullen in anderen Leichen vorhanden sind (Anm.: Familie Goebbels), *daß ein bitterer Mandelgeruch beim Sezieren der Leichen entsteht, und auf Grund der gerichtsmedizinischen Untersuchung der Organe jener Leichen, in denen Zyanverbindungen gefunden wurden, kommt die Kommission zum Schluß, daß trotz der schweren Verwundung des Brustkorbes die unmittelbare Todesursache eine Vergiftung mit Zyanverbindungen war.“*

Die Splitterverwundung entstand erst während der Verbrennung der Leiche im Garten der Reichskanzlei. Der Augenzeuge Otto Günsche berichtete dem Autor, *„daß die Leichenteile laufend von einschlagenden sowjetischen Granaten, teils mit Flammenöl, getroffen wurden.“*

Im Protokoll über die Obduktion der männlichen Leiche wurde eine Stelle angemerkt, die lautete: *„Ein Teil des Schädeldaches fehlt.“* Diese Schädelteile wurden erst später, bei einer neuerlichen Nachschau, im selben Bombentrichter gefunden, in dem man die Leichen entdeckte. Ein Auszug aus dem beschreibenden Protokoll:

„A) Untersuchung des Objekts.
(zwei teils verkohlte Schädelteile):
Auf den inneren und äußeren Oberflächen der Knochen befinden sich viele ziemlich fest haftende Erdklumpen. In der gesamten Länge der Knochenstücke ist die gut ausgeprägte bogenförmige Konvexität derselben festzustellen.
Ein Knochenstück stellt einen Teil des rechten Scheitelbeins und den angrenzenden Teil des Hinterhauptbeines mit der Lambdanaht dar. Diese Naht ist nicht verknöchert. Der mediale (sagittale) Rand des rechten Scheitelbeines ist frei, mit

gut ausgeprägter Verzahnung. Der linke Anteil der Lambdanaht ist frei, mit erhaltener Verzahnung, der rechte Anteil ist beweglich. Die Maße des Teils des rechten Scheitelbeines betragen: medialer (sagittaler) Rand 7,2 cm, lateraler (äußerer) Rand 8,6 cm, der stirnwärtige Rand 5,3 cm und der hinterhauptwärtige 4,7 cm. Die Stärke des Knochens am medialen (sagittalen) Rand mißt 0,4 bis 0,5 cm, am lateralen (äußeren) Rand 0,3 cm.

Die Maße des Anteils des Hinterhauptbeines sind: Länge entlang dem rechten Rand der Lambdanaht 4,7 cm, entlang dem linken Rand 4,2 cm. Der hintere Rand mißt 6,5 cm. Die Stärke des Knochens am Rand des linken Anteils der Lambdanaht ist 0,4 bis 0,5 cm, am hinteren Rand ca. 0,3 cm.

Der vordere, seitliche und hintere Rand des Knochenstücks ist uneben und hat die Form einer klein- bzw. großzahnigen Zick-Zack-Linie. Sie sind von dunkelbrauner Farbe und leicht zerbrechlich. Die Ränder der Sagittal- und Lambdanähte haben in wesentlichen Teilen ihrer Länge das ihnen eigene Aussehen und die Dichte beibehalten. Die knöcherne Außenplatte (= Tabula externa) am vorderen und seitlichen Rand fehlt und läßt die innere Knochenzone erkennen. Diese hat eine hellbraune Farbe. Die Maße des Defektes betragen 6,5 x 1,2 bis 4,7 cm. Auf der Außenplatte, am seitlichen und hinteren Knochenrand sowie am oberen Rand des o. g. Defektes ist eine streifenförmige braun- bzw. schwarzfarbige Verkohlung mit einer Breite von 1 bis 1,8 cm festzustellen. An weiteren Teilen der Außenseite des rechten Scheitelbeines und Hinterhauptbeines ist eine Antragung in Form kleinerer grauschwarzer Flecken zu sehen. In diesem Abschnitt ist die Außenplatte sehr dicht.

Die knöcherne Innenseite des Scheitel- und Hinterhauptbeines ist an ihrem vorderen, seitlichen und hinteren Rand braun, trocken und leicht zerbrechlich. In weiteren Teilen hat sie ihre Eigenfarbe und Dichte.

Auf der Schuppe des Hinterhauptbeines befindet sich ein längsverlaufender Spalt von 1,7 cm Länge, dessen oberes Ende ungefähr in der Mitte des rechten Anteils der Lambdanaht liegt.

Das andere Knochenstück stellt einen Teil des linken Scheitelbeins dar. Seine Maße sind: Länge am medialen Rand 7,4 cm, am äußeren Rand 7,5 cm und am hinterhauptwärtigen Rand 5,7 cm. Die Dicke am Sagittalrand ist 0,4 bis 0,5 cm, am Außenrand 0,2 bis 0,3 cm und am hinteren Rand 0,4 cm.

Der vordere Rand der Knochenplatte ist uneben, grobzahnig, leicht zerbrechlich und hat eine braune Farbe. Der Außenrand ist uneben und feinzahnig. Die Pfeilnaht hat fast in ihrer gesamten Länge und der hintere Rand auf einer Länge von 3,2 cm das ihnen eigene Aussehen und die Dichte beibehalten. Am hinteren Rand ist ein Defekt in Halbmondform feststellbar; Maße: Länge 1,5 cm, Basis 2,5 cm. In der gesamten Länge des vorderen Randes fehlt die Außenplatte und eröffnet die Mittelschicht. Diese ist von hellbrauner Farbe und leicht zerbrechlich. Am gesamten oberen Rand dieses Defektes befindet sich eine braune bzw. schwarze Verkohlung in Form eines 0,8 bis 1,3 cm breiten Streifens. Unmittelbar hinter dem verkohlten Abschnitt liegt parallel zu ihm ein 7,5 cm langer und 0,5 bis 1,2 cm breiter rußähnlicher Streifen.

Auf der Außenseite sieht man am äußeren Seitenrand, näher zum hinteren Rand, einen 4,5 x 0,5 bis 1,2 cm großen verkohlten Abschnitt. Im weiteren Verlauf des Knochens ist die Außenplatte dicht. Wenn man die Scheitelbeine längs der Sagittalnaht zusammenlegt, so erkennt man, daß die verbrannten Abschnitte dieser Knochen einen verkohlten Streifen bilden . . .
Die Innenseite der Knochenplatte weist etwa 3,6 cm von der Spitze der Lambdanaht und 1 cm rechtwinkelig nach links von der Sagittalnaht einen Knochendefekt auf. Er hat annähernd eine runde Form und einen Durchmesser von 0,5 bis 0,6 cm.
Der Hinterrand ist leicht schräg nach hinten außen ausgebildet.
Auf der Außenseite erscheint der Knochendefekt wie ein Krater. Die Ränder verlaufen nach außen schräg. Der Defekt mißt 2 x 1,5 cm. Die Knochenplatte ist 0,4 cm dick . . .

Schlußfolgerungen:
1. *Rekonstruktiv gehören die teils verkohlten Schädelknochen zu einem Individuum. Wölbung und Nahtverlauf sprechen für Schädelknochenteile eines erwachsenen Menschen.*
2. *Der Knochendefekt des linken Scheitelbeines hat Kraterform. Der größere Durchmesser des Kraters ist außen. Dieser Defekt ist charakteristisch für einen Ausschuß. Das bedeutet, daß ein Projektil das Schädeldach an dieser Stelle von innen nach außen durchschlagen hat.*
   Die Lokalisation des Defektes, die Form und die Größe des Ausschusses (zusammen mit oben erwähnter Tatsache) gibt die Möglichkeit dazu, den Schuß als Mundschuß oder als rechten Schläfenschuß zu identifizieren. Es ist anzunehmen, daß der Schuß von unten nach oben, von rechts nach links und hinten erfolgte.
3. *Die Beinteile erweisen nur 2 kleine Spalten beim Ausschuß. Das eine Schädelbein ist beim Ausschuß etwa 0,4 cm dick. Daraus ist zu ersehen, daß der Schuß aus einer Waffe mittleren Kalibers abgefeuert wurde (wofür auch die beträchtliche Länge des Schußkanals in der Gehirnmasse spricht).*
4. *Aus der Beschreibung des Schädelgewölbes ist zu sehen, daß die Schädelbeine durch die Pfeilnaht getrennt sind; die Schuppe des Nackenbeines ist durch eine linke Abzweigung der Lambdanaht getrennt; die rechte Abzweigung ist beweglich. Auf der Innenplatte des linken Schädelbeines wurden mehrere kleine Beinsplitter festgestellt. Das spricht dafür, daß der Schuß aus ganz geringer Entfernung erfolgte.“*

Die Feststellungen in diesem Protokoll sind absolut korrekt. Liegt der Ausschuß im linken Scheitelbein und 1 cm seitlich der Mittellinie, so ist mit an Sicherheit grenzender Wahrscheinlichkeit ein Schuß mit der rechten Hand in die Schläfenregion anzunehmen.

Bei einem Mundschuß müßte der Lauf der Waffe bis hinter den harten Gaumen geschoben werden, um eine Ausschußöffnung im Scheitelbein, nahe der Lambdanaht des Hinterhauptknochens zu erzielen. Das ist bei dem relativ dicken Lauf der Pistole Walter PPK kaum möglich.

Auch wenn man eine Zyankali-Ampulle zerbeißt, bleibt noch genügend Zeit, die Waffe an die Schläfe zu führen und abzudrücken.

Wie bereits erwähnt, fand man neben den zwei Leichen im selben Granattrichter auch zwei tote Hunde. Letztere wurden ebenfalls obduziert.

„Äußere Untersuchung:
Kadaver des großen Hundes (Hündin), Hunderasse: Deutscher Schäferhund. Farbe des Fells – auf dem Rücken dunkelgrau, Bauch hellgrau. Um das Maul herum schwarze Flecken. Rute mäßig buschig. Länge des Kadavers vom Hinterhauptbein bis zum Ansatz der Rute 91 cm. Zähne weiß, die Spitzen der Eckzähne etwas abgenutzt.
Zitzenwarzen graugetönt, gut ausgebildet, bei Druck wird keine Absonderung festgestellt.
Auf der Schleimhaut der Zunge wurden zwei Splitter einer dünnwandigen Glasampulle gefunden: ein Teil des Bodens der Ampulle und ein Teil der Wand. Auf der Schleimhaut des Gaumens kleiner Kratzer mit glatten Rändern, der Schleim im Mund ist blutig. Um die Kratzer herum sind Blutergüsse vorhanden. Andere Schädigungen wurden am Kadaver des Hundes nicht festgestellt, die langen Knochen fühlen sich beim Betasten unverletzt an.

B. Innere Untersuchung:
Lage der inneren Organe normal, Durchblutung mäßig. Im Herz und in den großen Gefäßen lockere rote Blutgerinnsel.
Bei der Öffnung ist der ausgeprägte Geruch von Bittermandeln spürbar.
Magen- und Darmtrakt enthält eine bedeutende Menge halbverdauter Nahrungsmassen mit unangenehmem sauren Geruch.
Bei der Untersuchung der inneren Organe wurden keine sichtbaren krankhaften Veränderungen festgestellt.
Für die chemische Untersuchung wurden 10 cm³ Blut entnommen und in ein Reagenzglas gefüllt. Außerdem wurden Teile der Lungen, des Herzens, der Leber, der Nieren, der Milz, des Magens und der Därme in ein Glas gegeben. Die genannten Objekte wurden ohne Konservierung dem san. epidem. Frontlaboratorium Nr. 291 zur gerichtsmedizinischen Untersuchung auf das Vorhandensein von Zyanverbindungen und basischen Giften zugeleitet.

Gutachten:
Aufgrund der gerichtsmedizinischen Untersuchung des Kadavers des Schäferhundes und der gerichtschemischen Untersuchung seiner inneren Organe kommt die Kommission zu den Schlußfolgerungen:
1. Irgendwelche Schädigungen sowie krankhafte Veränderungen, die den Tod des Hundes hätten herbeiführen können, wurden bei der Obduktion nicht festgestellt.
2. In der Schleimhaut des Mauls und der Zunge wurden Splitter einer dünnwandigen Glasampulle gefunden, bei der Obduktion des Kadavers war der Geruch

von Bittermandeln spürbar, und bei der gerichtschemischen Untersuchung wurde in den inneren Organen das Vorhandensein von Zyanverbindungen festgestellt.
3. Es muß also gesagt werden, daß der Tod des Hundes durch die Vergiftung mit Zyanverbindungen eingetreten ist."

Für einen Selbstmörder ist absolut charakteristisch, seine Waffe oder sein Gift auf die Wirksamkeit zu prüfen. Es werden Probeschüsse abgegeben, durch Probierschnitte die Schärfe eines Messers festgestellt und natürlich auch die Giftwirkung getestet. Dazu eignen sich vornehmlich die Haustiere.

Da ein Selbstmord eine Zeremonie ist, werden die Vorbereitungen dementsprechend exakt und ausführlich durchgeführt.

Bei dem toten Schäferhund handelte es sich zweifelsfrei um Hitlers Hund „Blondi". Otto Günsche berichtete dem Autor: *„Blondi wurde in einem Nebenraum (Toilette) im Führerbunker mit Zyankali vergiftet. Feldwebel Tarnow (Hundeführer) hielt die geöffnete Schnauze von Blondi und Prof. Dr. Haase (ehemaliger Begleitarzt von Hitler und in den letzten Tagen leitender Chirurg im Bunkerlazarett) zerdrückte mit einer Flachzange die Giftampulle in Blondis Schlund."*

Die Obduktion des zweiten Hundes brachte folgendes Ergebnis.
„I. Äußere Untersuchung:
Es handelt sich um den Kadaver eines kleinen schwarzen Hundes (Hündin) mit langem Zottelhaar und kurzer Rute. Länge des Hundes von der Hinterhauptwölbung bis zum Rutenansatz 58 cm, Schulterhöhe (vom oberen Winkel des Schulterblattes) bis zu den Krallenspitzen 28,5 cm.
Das Maul ist voller roter Blutgerinnsel. Am Kopf ist über dem linken Ohr eine runde Wunde mit 1 cm Durchmesser (Einschuß) vorhanden, die andere Wunde liegt am unteren Teil der Schnauze zwischen den Unterkieferästen, ihre Maße sind 1,2 x 1,5 cm, die Wundränder sind zerfranst (Durchschuß).
Der Schußkanal, der beide Öffnungen verbindet, verläuft durch die Schädelhöhle und bildet in der linken Hälfte des Unterkiefers zur Maulhöhle hin einen offenen Bruch. Um die Verletzung herum sind ausgetretene Blutergüsse vorhanden. Fremdkörper wurden im Maul nicht gefunden. Auf dem Bauch sind links und rechts unter dem Rippenbogen zwei runde Schußöffnungen mit einem Durchmesser von 1 cm zu erkennen.

II. Innere Untersuchung:
Der Schußkanal verläuft durch die Bauchhöhle und zerreißt strahlenförmig die Leber. In der Bauchhöhle sind bis zu 400 cm^3 flüssiges Blut enthalten. Bei der Obduktion ist der spezifische unangenehme Hundegeruch zu spüren.
Lage der inneren Organe normal, ihr Bau ist ohne sichtbare Veränderungen. Blutmenge vermindert, Farbe des Blutes blaßrot.
Für die gerichtsmedizinische Untersuchung wurden Stückchen der Leber, des Herzens, der Nieren, der Milz, der Lungen, des Magens und des Darmes entnommen und in ein Glas gefüllt. Die Organe wurden ohne Konservierung dem

san. epidem. Frontlaboratorium zur chemischen Untersuchung auf das Vorhandensein von Zyanverbindungen und die Gruppe basischer Gifte zugeleitet.

Gutachten:

Aufgrund der gerichtsmedizinischen Untersuchung und der Obduktion des Kadavers des kleinen schwarzen Hundes und der gerichtschemischen Untersuchung seiner inneren Organe und des Blutes kommt die Kommission zu den Schlußfolgerungen:

1. Bei der Untersuchung wurden ein zu Lebzeiten erfolgter Durchschuß des Hundekopfes mit der Einschußöffnung über dem linken Ohr und ein Bauchdurchschuß festgestellt. Die Verletzungen sind ihrem Charakter nach tödlich.

Auf der Terrasse des Berghofes am Obersalzberg. Adolf Hitler mit seinem Schäferhund Blondi, Eva Braun mit einem ihrer Zwergschnauzer.

2. Durch die gerichtschemische Untersuchung wurde das Vorhandensein von Zyanverbindungen in den inneren Organen festgestellt. Die Todesursachen sind eine Vergiftung durch Zyanverbindungen und eine tödliche Kopfverletzung mit wesentlicher Zerstörung der Gehirnsubstanz. Die Methode der Tötung des Hundes kann man sich folgendermaßen vorstellen: zuerst wurde er wahrscheinlich mit einer kleinen Dosis von Zyanverbindungen vergiftet, dann wurde der vergiftete, in Agonie liegende Hund erschossen.“

Nicht ungewöhnlich sind die zwei nachgewiesenen Schußverletzungen. Es ist am wahrscheinlichsten, daß damit die Funktionsfähigkeit von zwei Pistolen (die Waffe Hitlers und diejenige seiner Frau) geprüft wurde.

Wem dieser zweite Hund gehörte ist unklar. Otto Günsche dazu: *„Eva Hitler (Braun) hatte zwei Hunde, Zwergschnauzer ‚Negus' und ‚Stasi', die stets mit ihr auf dem Berghof waren. Diese Hunde waren nie in Berlin, auch nicht im März–April 1945. Adolf Hitlers Schäferhündin ‚Blondi' hat im Februar 1945 Junge geworfen, ein Welpe war bis zu ihrer Vergiftung bei ihr, dieser Welpe ist ebenfalls im Bunker getötet worden. Vielleicht liegt hier des ‚Rätsels' Lösung."*

Die zunächst bestehenden Zweifel an der Identifikation der verbrannten männlichen Leiche als Adolf Hitler gaben Anlaß zu jahrelang anhaltenden Spekulationen. Da ein unwiderlegbarer Beweis nicht erbracht werden konnte, wurde am Tode Hitlers gezweifelt.

Hält er sich etwa irgendwo versteckt, um später wieder in der Öffentlichkeit zu erscheinen?

Dies führte dazu, daß erst mehr als elf Jahre nach den Ereignissen im Bunker, am 25. Oktober 1956, der Führer und Reichskanzler von Amts wegen für tot erklärt wurde. In der betreffenden Ausfertigung des Bayerischen Amtsgerichtes Berchtesgaden wird nur von einem Adolf Hitler geschrieben, geb. am 20. April 1889 in Braunau am Inn, ohne Berufsangabe. Todesdatum 30. April 1945, 15 Uhr 30. Den unumstößlichen Beweis lieferte aber erst die zweifelsfreie Identifikation der Zahnprothesen durch amerikanische und norwegische Spezialisten in den Jahren 1972/73, also 28 Jahre nach Hitlers Tod. Prof. Reidar F. Sognnaes von der Universität Los Angeles und Prof. Ferdinand Ström aus Oslo benutzten fünf Quellen, um durch deren Vergleich eine Identifizierung zu ermöglichen:

(1) Röntgenaufnahmen vom Schädel Hitlers, angefertigt nach dem Attentat vom 20. Juli 1944; (2) Beschreibung von Hitlers Zahnstatus durch die Ärzte Prof. Blaschke und Dr. Giesing; (3) Skizzen der Zahnprothesen, angefertigt von Prof. Blaschke; (4) das Obduktionsprotokoll mit der darin enthaltenen genauen Beschreibung der Zähne; (5) Photographien des Ober- und Unterkiefers der obduzierten Leiche.

Das Ergebnis war beweisend: Bei 148 besonderen Merkmalen des Gebisses fand sich eine direkte Übereinstimmung, lediglich 14 Merkmale waren nur vereinzelt erwähnt worden und konnten daher nicht als ein für alle Quellen übereinstimmender Beweis gewertet werden. Die Übereinstimmung bezüglich des Unterkiefers war hundertprozentig, am Oberkiefer war beim zweiten und achten Zahn kein ausreichendes Material vorhanden (nicht alle Zähne sind auf den Photos deutlich abgebildet). Damit war von unabhängigen Experten eine einwandfreie Bestätigung erbracht worden, daß die Russen die echte Leiche Hitlers gerichtsmedizinisch untersucht hatten.

Die Identifikation erfolgte deshalb so spät, da die Röntgenaufnahmen in amerikanischem Besitz, die Photos von Ober- und Unterkiefer dagegen bei den russischen Akten lagen und diese Informationen daher nicht früher zugänglich waren.

Immer wieder wurden Einwände gegen die Beweisführung unternommen – stets jedoch von medizinischen Laien. Was waren nun deren Argumente?

1. Das Fehlen des linken Hodens, welches in Hitlers Krankengeschichte nicht aufschien. Dies wundert einen erfahrenen Arzt nicht, denn ein gezielter Griff an den Hodensack gehört keineswegs zu einer medizinischen Routineuntersuchung; zu sehen ist ein solcher Mangel eines Hodens von außen nicht, er bringt auch keinerlei Funktionsstörungen oder Beschwerden mit sich.
   Mehrfach gibt es Andeutungen und Gerüchte, Hitler habe nur einen Hoden gehabt. Konkret dazu äußerte sich der Münchner Urologe, Professor Dr. Kielleuthner, welcher Hitler in den zwanziger Jahren untersuchte: „Hitler habe nur einen Hoden gehabt, er hätte ihm aber nicht helfen können, dafür sei er zu alt gewesen." Dies bedeutet, Hitler hat an einem sog. Kryptorchismus gelitten, d. h. ein Hoden ist im Leistenkanal stecken geblieben und nicht in den Hodensack gelangt. In der Kindheit kann man diese Fehlbildung operativ korrigieren.
2. Der Leichnam wurde ja verbrannt; wie konnte man da bei der Obduktion überhaupt noch etwas feststellen? Es ist praktisch unmöglich, lediglich durch Übergießen mit Benzin einen menschlichen Körper total zu verbrennen. Die vollständige Verbrennung einer Leiche ist nur im Krematorium möglich, und dort bleiben bei Temperaturen von über 1000° C nach 1–2 Stunden noch etwa 1 kg kalzinierte Knochenreste übrig. Solche Temperaturen werden im Freien niemals erreicht, und wenn die Knochen zumindest teilweise erhalten bleiben, lag die Temperatur nicht über 500° C. Da nur selten alle Körperabschnitte der Hitze gleichmäßig ausgesetzt sind, entsteht ein bunter Wechsel zwischen Verbrennung, Verkohlung und annähernd erhaltenen Körperbezirken.
   Die Schädelzersprengung durch den entstehenden Dampfdruck des wasserhältigen Gehirns ist typisch und nicht an eine sehr hohe Temperatur gebunden.
3. Wie konnten Reste einer Gift-Ampulle gefunden werden?
   Der Schmelzpunkt von Glas beträgt etwa 400° C, diese Temperatur wird in der Mundhöhle nicht erreicht.

Vom kriminalistischen Standpunkt sind nicht nur die Leiche, sondern auch die Begleitumstände zu berücksichtigen. Hier allein gibt es Argumente, welche wohl nur für Adolf Hitler und seine Frau in Frage kommen:

1. Für welche Persönlichkeiten hätte man sich der Gefahr ausgesetzt, im Garten der Reichskanzlei selbst von Artilleriegranaten getroffen zu werden als für den „Chef".
2. Es sind sonst kein Mann und keine Frau von den letzten im Bunker verbliebenen Menschen unaufgefunden getötet worden.
3. Wer wird schon gemeinsam mit Hunden begraben, wenn nicht deren Besitzer.

Adolf Hitler

Das Wort, Hitlers Körper sei „spurlos aus dieser Welt verschwunden“ (Maser 1971), ist zwar für die Bildung eines Mythos einprägsam, aber gegenüber den medizinischen Fakten falsch. Adolf Hitlers körperliche Überreste fanden sich zwischen Mauerresten, Schutt und einer Betonmischmaschine notdürftig vergraben in einem Bombentrichter.

> Im Jahre 1938, Hitler war damals 49 Jahre alt, besetzte sein Regime Österreich. Viele Tausend Juden wurden eingesperrt und später getötet, nur wenigen wurde die Emigration gestattet. Unter letzteren befand sich ein 82jähriger weltberühmter Arzt aus Wien, der den Weg zum Verständnis der menschlichen Seele geöffnet hatte, Sigmund Freud.

Sterbehilfe für einen großen Arzt

Die Leiden des Professors Sigmund Freud an seiner Krebskrankheit dauerten 16 Jahre. Es begann im Frühling 1923 in Wien mit einer leichtfertig und oberflächlich duchgeführten Operation und es endete im Herbst 1939 in London durch zwei Morphiumspritzen.

Sigmund Freud wurde auf seinen ausdrücklichen Wunsch Sterbehilfe geleistet, nachdem trotz 33 Operationen ein immer wieder auftretender Mundhöhlenkrebs durch die Wangenhaut durchgebrochen war, in die Augenhöhle einzuwachsen begann und nicht nur qualvolle Schmerzen bereitete, sondern infolge einer Infektion mit Fäulnisbakterien auch einen unausstehlichen Gestank verbreitete.

Jede Diskussion über die ethische und juristische Berechtigung zur Sterbehilfe ist in einem solchen Fall überflüssig. Zu den selbstverständlichen Pflichten des Arztes, welche Heilen, Helfen und Lindern von Leiden umfassen, gehört auch, dem Sterbenden bis zu seinem Tode zu helfen. Die maßgebenden Richtlinien für das ärztliche Handeln lassen sich, unbeschadet der Einwände von Theologie und Juristerei, in zwei Sätzen formulieren: *Es ist Aufgabe des Arztes, das Leben zu verlängern, aber nicht das Sterben. Der Arzt soll nicht zum, sondern beim Sterben helfen.*

Ein solches ärztliches Handeln steht allerdings noch weitverbreitet unter gesetzlicher Strafandrohung. Ein Zukunftsaspekt zur Lösung dieses Problems könnte der Vorschlag deutscher und schweizerischer Hochschullehrer (Alternativ-Entwurf eines Strafgesetzbuches 1970) sein: Es sollte bei Tötung auf Verlangen im Sinne einer Sterbehilfe ein Schuldspruch unter Strafverzicht verhängt werden. Der Richter erhält damit die Möglichkeit, die Motive des Arztes dadurch zu respektieren, daß er keine Strafe verhängt. Im Urteil wäre festzuhalten, daß die Tötung auf Wunsch des Sterbenden zwar rechtswidrig gewesen ist, aber auf Bitten des Todkranken und aus Barmherzigkeit geschah. Dies würde einen Grund bedeuten, um auf die Strafe zu verzichten.

Eine solche Maßnahme könnte viel dazu beitragen, daß die Rechtsordnung den an unheilbarer Krankheit leidenden und dahinvegetierenden Menschen, die durch den Tod erlöst werden wollen, mehr Hilfe anbietet (Wassermann 1984).

SIGMUND FREUD

(1856–1939)

Sigmund Freud als 83jähriger, ein Jahr vor seinem Tod. Seine rechte Gesichtshälfte ist durch die Oberkieferprothese unsymmetrisch, die Haut eingefallen und verfärbt.

Biographische Übersicht

1856 Sigismund Schlomo (Solomon) Freud wurde am 6. Mai 1856 zu Freiberg in Mähren im Hause Schlossergasse 117 geboren (mit 22 Jahren änderte er seinen Vornamen in Sigmund). Er war das älteste von acht Kindern aus der dritten Ehe seines Vaters Jakob Freud (1815–1896), eines galizischen Wollhändlers, mit Amalia Nathanson (1835–1930).

1860 Aus wirtschaftlichen Gründen übersiedelte die Familie nach Wien, wo Sigmund Freud die nächsten 78 Jahre seines Lebens verbringen sollte.
Die Schlossergasse in Freiberg wurde später ihm zu Ehren in Freudova ulice umbenannt, in Wien erfolgte nichts dergleichen.

1865 Sigmund tritt in das Leopoldstädter Communal-Realgymnasium ein, wo er ein ausgezeichneter Schüler war, in den meisten Jahren Klassenbester.

1873 Maturitäts-Prüfung mit Auszeichnung bestanden. Im Herbst beginnt Freud das Medizinstudium an der Wiener Universität.

1879/80 Ein Jahr Militärdienst. Er mußte später auch zu Manövern einrücken, wo er als Armeechirurg bei der Landwehr diente.

1881 Abschluß des Medizinstudiums. Freud schrieb selbst:
„Die eigentlichen medizinischen Fächer zogen mich – mit Ausnahme der Psychiatrie – nicht an. Ich betrieb das medizinische Studium recht nachlässig, wurde auch erst 1881, mit ziemlicher Verspätung also, zum Doktor der gesamten Heilkunde promoviert."
Freud brauchte acht Jahre anstatt der üblichen fünf oder fünfeinhalb, da er schon als Student mit Forschungsarbeiten begann; zuerst am Institut für Zoologie und Vergleichende Anatomie und dann – von 1876 an – an dem von Ernst Wilhelm von Brücke geleiteten Physiologischen Institut. Hier traf er mit Josef Breuer und Ernst Fleischl von Marxow zusammen.

1882–85 Assistenzarzttätigkeit an verschiedenen Abteilungen im Wiener Allgemeinen Krankenhaus. Zuletzt Arbeiten über Kokain.

1885 Privatdozent für Neuropathologie. Sechsmonatige Studienreise nach Paris zu Jean-Martin Charcot, dem berühmtesten Neuropsychiater seiner Zeit. Freud lernt die Hypnose kennen und studiert die Phänomene der Hysterie.

1886 Freud eröffnet eine Privatpraxis und heiratet kurz darauf seine langjährige Verlobte Martha Bernays (1861–1951).

1887 Bei der Behandlung seiner psychiatrischen Patienten beginnt Freud die Hypnose einzusetzen. Sein ganzes Interesse wendet sich der Psychopathologie zu.

1891 Die Familie bezieht eine Wohnung in der Berggasse 19. Hier wohnte und ordinierte Sigmund Freud durch 47 Jahre (von 1891 bis 1938).

1896 Freud gibt die Hypnose auf und entwickelt sein revolutionäres Verfahren des freien Einfalls, das ihm den Zugang zum unbewußten Seelenleben eröffnete.

1900 Das große Werk über „*Die Traumdeutung*" erscheint.

1902 Ernennung zum außerordentlichen Universitätsprofessor. Die ersten Schüler treffen sich jeden Mittwoch in Freuds Wartezimmer in der Berggasse: „*Psychologische Mittwoch-Gesellschaft.*"

1909 Freud hält in Amerika Vorlesungen über Psychoanalyse und erntet allgemeine Anerkennung. Seine Methode und Lehre erlangen zunehmende Bedeutung.

1923 Auftreten des Mundhöhlenkrebses. Beginn einer Reihe von Operationen; ab November 1923 muß Freud eine Oberkieferprothese tragen, es werden Röntgenbestrahlungen angewendet.

1930 Freud erhält den Goethe-Preis der Stadt Frankfurt. Er schreibt: „*Ich bin durch öffentliche Ehrungen nicht verwöhnt worden und habe mich darum so eingerichtet, daß ich solche entbehren konnte. Ich mag aber nicht bestreiten, daß mich die Verleihung des Goethe-Preises sehr erfreut hat. Zur Feier nach Frankfurt kann ich leider nicht kommen, ich bin zu gebrechlich für diese Unternehmung. Die Festgesellschaft wird nichts dadurch verlieren, meine Tochter Anna ist gewiß angenehmer anzusehen und anzuhören als ich. Sie soll einige Sätze vorlesen, die Goethes Beziehungen zur Psychoanalyse behandeln . . .*"

1933 Sigmund Freuds Bücher werden von den Nationalsozialisten in mehreren deutschen Städten verbrannt. Dabei wurde verkündet: „*Gegen die seelenzerstörende Überschätzung des Sexuallebens – und für den Adel der menschlichen Seele – übergebe ich den Flammen die Schriften eines gewissen Sigmund Freud!*" Freud bemerkte dazu: „*Was wir für Fortschritte machen! Im Mittelalter hätten sie mich verbrannt, heutzutage begnügen sie sich damit, meine Bücher zu verbrennen.*"

1938 Am 4. Juni verließ Freud Wien und emigrierte nach London. Er behandelte auch dort Patienten fast bis zu seinem Tod.

1939 Am 23. September stirbt Sigmund Freud nach der Injektion von zwei Morphiumspritzen im 84. Lebensjahr, nachdem er 16 Jahre lang an einem Mundhöhlenkrebs gelitten hatte.
Seine Leiche wurde am 26. September eingeäschert und die Asche in einer griechischen Vase aus seiner Antiquitätensammlung beigesetzt.

Die Krankheiten des jungen Sigmund Freud

Selten hat ein Wissenschafter durch seine Ideen das Denken seiner Zeit so sehr beeinflußt wie Freud. Die Zeit bis zur Jahrhundertwende – er war damals 44 Jahre alt – brachte die Zeit seiner großen Entdeckungen. Er war ein Arzt, der einen Weg zur Behandlung des Unterbewußten begründete, ein Kulturphilosoph, der die psychischen Mechanismen der Familie und des Staates, der Religion und der Zivilisation erforschte, und er wurde nicht zuletzt auch ein großer Schriftsteller, der in sprachlich souveräner Weise seine Gedanken zu Papier brachte.

Allerdings fand er in seiner frühen Zeit bei den Vertretern der traditionellen Medizin keine Anerkennung, ja er erhielt nur Hohn und Spott seiner Kollegen. Was war die Ursache dieses Verhaltens, das sich Freud auch nicht erklären konnte und unter dem er schwer litt? Seine Arbeit mit Hypnose war es nicht, auch die Beschäftigung mit der Sexualität kann nicht der Grund gewesen sein. Was Freud im medizinischen Wien zunehmend isolierte, war seine besondere Art, mit Patienten umzugehen. Die Patienten, bisher nur als kranke Objekte beobachtet, (objektiv) beschrieben und behandelt, wurden nun von Josef Breuer[1]) und Sigmund Freud als Subjekt ihrer Krankheit erkannt, anerkannt und (subjektiv) behandelt.

Während die Medizin seiner Zeit den Patienten nur von außen her beschrieb, ihn nie direkt zu Wort kommen ließ, seine Krankengeschichte höchstens nacherzählte, fand Freud eine neue Form des Gesprächs mit dem Kranken, worin sich die Subjektivität des Leidenden entfalten, d. h. zur Sprache kommen konnte. Freuds revolutionäre Änderung im Umgang mit den Patienten war das Verlassen der objektiven, ja abstrakten Beschreibung zugunsten des subjektiven Interpretierens und Verstehens; dabei mußte allerdings eine gefühlsmäßige Beziehung vom Patienten zum Arzt hin aufgebaut werden. Die Technik dieses Verfahrens, das Freud „Psychoanalyse" nannte, beinhaltete zunächst noch die Hypnose und das aktive In-den-Patienten-Dringen, damit sich dieser zu einem Thema äußere, später bediente er sich der freien Assoziation. Dabei wird vom Patienten verlangt, sämtliche Einfälle ausnahmslos dem Arzt mitzuteilen. Aufgrund der Beobachtungen an seinen Patienten konnte Freud die Lehre vom Unbewußten, von der Gliederung der Persönlichkeit in ein *„Über-Ich"*, ein *„Ich"* und ein *„Es"* sowie seine Erkenntnis von der Bedeutung sexueller Triebregungen aufstellen. Damit hatte er die traditionelle Rolle des Arztes in Frage gestellt, seine Methode hatte ein neues Verhältnis zum Patienten geschaffen, und davor hatten Freuds Kollegen Angst. Die Folge war eine gesellschaftliche, wissenschaftliche und wirtschaftliche Isolation, denn Freud hatte anders als seine um ihre Karriere besorgten Kollegen gedacht und gehandelt. (Es ist das Verdienst des Psychoanalytikers Mario Erd-

---

[1]) Dr. Josef Breuer (1842–1925), Forscher und hochgeschätzter Hausarzt in Wien. Lange Jahre Freuds väterlicher Freund; er hatte entscheidenden Anteil an der Entstehung der Psychoanalyse.

heim, diesen Aspekt der Biographie Sigmund Freuds besonders herausgearbeitet zu haben.)

Für die Erforschung des Seelenlebens ist es notwendig, zunächst die eigene psychische Situation zu kennen. Damit wird zwangsläufig der Arzt selbst zum Patienten. Eine solche Ansicht und Einsicht war für seine in der Tradition verhafteten Kollegen unannehmbar, Freud jedoch bekannte sich dazu. 1897 schrieb er an den Berliner Arzt Wilhelm Fliess[1]): *„Der Hauptpatient, der mich beschäftigt, bin ich selbst."*

Freuds persönliche Krankengeschichte weist in jener Zeit sowohl körperliche Erkrankungen wie auch psychische Störungen auf.

Im Herbst 1882 – Freud war 26 Jahre alt und im ersten Jahr seiner Assistenzarzttätigkeit – diagnostizierte Nothnagel[2]) bei ihm eine leichte Form von Typhus. Man muß jedoch bedenken, daß damals viele fiebrige Magen-Darm-Erkrankungen als leichter Typhus qualifiziert wurden.

Im März 1884 litt er einige Wochen an Ischias und im April 1885 hatte er angeblich Pocken, die allerdings keine Narben hinterließen. Während dieser Zeit mußte er eine Art von Quarantäne durchmachen, fand jedoch eine Möglichkeit, trotz der hohen Übertragungsgefahr mit seiner Braut zu korrespondieren. Er schrieb: *„Mein Arzt hat einen Modus ausfindig gemacht, wie ich Dir schreiben kann. Dieser Brief samt Couvert wird für einige Stunden in einen Trockenkasten von 120° C gelegt werden, in dem er all seiner gefährlichen Eigenschaften verlustig gehen soll. Nicht wahr, die Art Censur wird uns nicht schaden?"* . . .

Lästiger waren rheumatische Schmerzen in den Armen und im Rücken, und von Zeit zu Zeit beklagte er sich über Krämpfe beim Schreiben. Freud litt sein ganzes Leben an Migräne, wenn auch die Anfälle mit den Jahren seltener wurden. Die quälenden Kopfschmerzen machten ihn arbeitsunfähig und waren keinerlei Behandlung zugänglich. Ob dieses Leiden organischen oder funktionellen Ursprungs war, wissen wir nicht.

Freud hatte häufig Schnupfen, zeitlebens wurde er von chronischen Nasenkatarrhen mit Nebenhöhlenentzündungen heimgesucht.

Aber diese körperlichen Störungen verursachten ihm viel weniger Leiden als die seelischen, die ihn als junger Mann jahrelang verfolgten. Wir wissen nicht, ob all das, was er damals seine *„Neurasthenie"* nannte, gleichzeitig anfing – die Symptome sind überliefert: im wesentlichen waren es starke Stimmungsschwankungen mit ausgeprägten depressiven Perioden. Während solcher konnte er weder schreiben noch seine Gedanken konzentrieren. Er wußte dann nicht, was er anfangen sollte, schnitt Bücher auf, betrachtete Landkarten des antiken Pompeji, legte

---

[1]) Dr. Wilhelm Fliess (1858–1928), Hals-, Nasen- und Ohren-Spezialist in Berlin. Langjähriger enger Freund von Sigmund Freud.

[2]) Professor Dr. Hermann Nothnagel (1841–1905), Professor der Inneren Medizin, Vorstand der I. Medizinischen Universitätsklinik Wien.

Patiencen oder spielte Schach. Dazu kamen noch gelegentliche Anfälle von Todesangst, wo er sich in zwanghafter Weise spekulativ mit dem als nicht allzu fernliegend vermuteten Datum seines Todes beschäftigte.

Letztendlich bestand als typische neurotische Erscheinung eine mehrere Jahre anhaltende Reiseangst, speziell in Eisenbahnen. Nach Überwindung dieser Phobie behielt er auch später noch die Eigenheit, daß er sich vor lauter Angst, er könnte den Zug versäumen, lange – bis zu einer Stunde – vor der Abfahrt auf dem Bahnsteig einfand.

Freuds neurotische Symptome, zu denen auch Verdauungsbeschwerden von einem besonders reizempfindlichen Dickdarm gehörten, dauerten von etwa 1890 bis kurz nach der Jahrhundertwende. Später waren sie praktisch verschwunden.

Im Frühjahr 1894 erkrankte Freud ernsthaft. Unregelmäßigkeiten der Herztätigkeit (Arrhythmie), Spannen und Brennen in der Herzgegend, heißes Laufen in den linken Arm sowie Atemnot beeinträchtigten sein Befinden sehr. Die befragten Ärzte waren sich nicht einig, eine Herzmuskelentzündung bzw. Angina-pectoris-artige Anfälle wurden diskutiert; übereinstimmend wurde ihm jedoch von allen geraten, sein starkes Rauchen einzustellen. Freud reagierte mit depressiven Verstimmungen auf seine Herzbeschwerden.

Da es zu jener Zeit noch keine Elektrokardiographie gab, sind wir mit der Deutung dieser Beschwerden auch heute auf Vermutungen angewiesen. Es handelte sich höchstwahrscheinlich um eine paroxysmale Tachykardie (anfallsweises Herzjagen), andererseits um gehäufte Extrasystolen (vorzeitig einsetzende Herzkontraktionen). Die häufigste Ursache ist eine funktionell-nervöse Störung des vegetativen Nervensystems, Zusammenhänge mit psychischen Konfliktsituationen lassen sich sehr oft nachweisen. Weiters wirkt sich Nikotingenuß sehr schlecht aus. Und dabei stößt man auf einen schwachen Punkt in Sigmund Freuds Leben: seine Nikotinsucht.

Freud war nicht nur starker Raucher – zwanzig(!) Zigarren am Tag waren die Regel –, sondern er war, wie er es selbst ausdrückte, nikotinsüchtig oder zumindest der Sucht des Zigarrenrauchens verfallen. Er wußte, daß Nikotin schädlich ist, konnte aber seine Zigarren nur in der Zeit der heftigsten Herzbeschwerden vorübergehend aufgeben. In einem Brief vom Juni 1894 schreibt er an einen befreundeten Arzt: „*Vom Tage Deines Verbotes an habe ich 7 Wochen nicht geraucht. Er ging mir, wie erwartet zuerst unerlaubt schlecht, Herzbeschwerden mit Verstimmung und dabei das gräuliche Elend der Abstinenz. Letztere ging nach etwa 3 Wochen vorüber, erstere ermäßigten sich nach etwa 6 Wochen, aber ich blieb complet arbeitsunfähig, ein geschlagener Mann. Nach 7 Wochen begann ich – gegen mein Versprechen an Dich – wieder zu rauchen . . . Von den ersten Cigarren an war ich arbeitsfähig und Herr meiner Stimmung, früher war die Existenz unerträglich. Ich rauche jetzt mäßig, bin langsam bis zu 3 pro Tag gestiegen, es geht mir sehr viel besser als früher . . .*“

Freud beteuerte wiederholt, ohne Rauchen könne er keine schöpferische Arbeit leisten; er war vom Nikotin abhängig. Ein Versuch mit nikotinfreien Zigarren scheiterte sofort.

Daß er dem Problem seines übermäßigen Rauchens auch mit Humor gegenüberstand, soll der Bericht seines späteren Leibarztes Dr. Max Schur[1]) illustrieren, der ihm ebenfalls dringend vom Rauchen abriet. Schur schreibt: *„Als ich meine Laufbahn als Freuds Arzt begann, bot er mir, dem eingefleischten Nichtraucher, immer eine Zigarre an. Da ich zu schüchtern war abzulehnen, paffte ich tapfer darauf los. Freud muß das bald bemerkt haben. Einmal schaute er mich forschend an und fragte amüsiert: Sagen Sie mir, Schur, sind Sie Zigarrenraucher? Als ich zugab, daß ich das nicht war, antwortete er: Und Sie rauchen meine kostbaren Zigarren?"*

Auch später, während der Zeit seines durch das Rauchen hervorgerufenen Mundhöhlenkrebses, hat Freud nicht auf seine Zigarren verzichtet.

Wenn man die Krankheiten des jungen Sigmund Freud zusammenfaßt, so sind es überwiegend funktionelle Störungen mit einem deutlich neurotischen Charakter. Die moderne Medizin würde sagen, Freud litt an psychosomatischen Erkrankungen. Daß seine Herzbeschwerden sicher nicht auf eine Herzmuskelentzündung zurückgingen, beweist die Tatsache, daß Freud als 43jähriger die Rax (einen Berg in der Nähe des Semmering) in dreieinhalb Stunden bestieg. In der Folge sollte sich zeigen, daß er ein ungewöhnlich gesundes Herz hatte, und auch, daß er beträchtliche Mengen Nikotin verkraften konnte.

Sigmund Freud und das Kokain

Während seiner Tätigkeit als junger Assistenzarzt suchte Freud intensiv nach einer Möglichkeit, bekannt und berühmt zu werden, um so die Chancen für eine Privatpraxis zu verbessern. Bei diesen Bemühungen stieß er auf das damals noch wenig beachtete Kokain und hoffte, durch die Entdeckung eines neuen Heilmittels den Durchbruch zu schaffen. Bald schon erkannte er die schmerzstillende Wirkung dieser Substanz sowie deren Fähigkeit, die allgemeine Stimmungslage zu beeinflussen. Im April 1884 setzte er große Hoffnungen darauf, das Kokain bei verschiedensten Beschwerden einsetzen zu können, wie z. B. Magenverstimmungen, Seekrankheit, Erschöpfung, Depressionen u. a. Er ging auch sogleich daran, das Mittel an sich selbst auszuprobieren. Ein zwanzigstel Gramm verscheuchte seine schlechte Laune und stimmte ihn froh und leistungsfähig.

Freud hoffte auch, daß Kokain die Morphiumsucht beeinflussen könnte und empfahl das Mittel seinem Freund Fleischl von Marxow[2]), der sich verzweifelt

---

[1]) Dr. Max Schur (1897–1969), Internist und Psychoanalytiker. Ab 1929 übernahm er die ärztliche Betreuung von Sigmund Freud.

[2]) Professor Dr. Ernst Fleischl von Marxow (1846–1891), Physiologe. Bei einer Obduktion hatte er sich eine Daumenverletzung zugezogen; am Stumpf des amputierten Daumens bildeten sich

von dem Morphinismus, dem er wegen unerträglicher Schmerzen verfallen war, zu befreien suchte. Freud wußte noch nicht, daß auch Kokain süchtig machen konnte, und zwar mit sogar gefährlicheren Folgen als Morphium. Fleischl nahm Kokain, und schon nach wenigen Tagen war er süchtig geworden. Die immer größeren Dosen Kokain, die Fleischl benötigte, führten zu einer chronischen Vergiftung und schließlich zum Delirium, wobei er glaubte, weiße Schlangen kriechen über seine Haut. Es war für Sigmund Freud ziemlich schlimm, am Ende seines Freundes mitschuldig zu sein. Dies bedeutete zugleich auch das Ende seiner hochfliegenden Zukunftshoffnungen, denn damit war einwandfrei gezeigt, daß Kokain nicht imstande war, Morphiumsüchtige zu heilen.

Zuletzt jedoch verwendete Freud das Kokain weiter, nahm es selber, schickte seiner Verlobten kleine Dosen, *„um sie stark und kräftig zu machen"*, drängte es seinen Freunden und Kollegen für sie selber und für ihre Patienten auf und gab es seinen Schwestern; kurz, vom Standpunkt unseres heutigen Wissens gesehen, war er auf dem besten Wege, gemeingefährlich zu werden. Er selbst hatte dabei nicht die mindeste Ahnung, etwas Gefährliches zu tun, und seine Behauptung, er könne beliebig viel Kokain einnehmen ohne die geringsten Anzeichen einer Sucht zu verspüren, entsprach der Wahrheit. Denn es werden nur besonders veranlagte Personen süchtig, und Freud gehörte glücklicherweise nicht zu ihnen. Außerdem hat er nur so geringe Mengen eingenommen, daß er nie Halluzinationen erlebte und nie Abstinenzerscheinungen verspürte. Er konnte ohne die geringste Schwierigkeit auf die Droge verzichten.

Die Beschäftigung Sigmund Freuds mit dem Kokain führte aber schließlich zur Entdeckung der Eigenschaft dieses Mittels, die Schleimhäute des Auges schmerzunempfindlich zu machen; damit wurde eine Augenchirurgie in größerem Umfange ermöglicht. Diese Entdeckung machte aber nicht Sigmund Freud, sondern der Augenarzt Carl Koller [1]). Freud selbst erwähnte nur kurz die anästhesierende (schmerzstillende) Wirkung: *„Die Eigenschaft des Cocains, Haut und Schleimhaut, mit welcher es in Berührung kommt, zu anästhesieren, ladet zu gelegentlicher Verwendung . . ."* Das war zuwenig. Freud hat das auch eingesehen und später selbst geschildert, bei welcher Gelegenheit seine Beobachtung von einem anderen übernommen und weitergeführt wurde: Im Sommer 1884 stand eine Gruppe junger Ärzte in einem Hof des Allgemeinen Krankenhauses beisammen, darunter Freud und Carl Koller, der damals an der Augenabteilung tätig war. Ein anderer junger Kollege ging vorüber, der offensichtlich unter Zahnschmerzen litt. Freud: *„Ich glaube, ich kann Ihnen helfen"*, und sie gingen in sein Zimmer, wo ihm Freud ein paar Tropfen Kokainlösung gab, die seine Schmerzen sofort stillten. Diese Wirkung beeindruckte Koller derartig, daß er sofort die schmerz-

---

immer wieder schmerzhafte Nervengeschwülste, wogegen nur Morphium Erleichterung brachte. So wurde Fleischl morphinsüchtig.

[1]) Dr. Carl Koller (1857–1944), Assistenzarzt an der II. Universitäts-Augenklinik, später Augenarzt in New York.

hemmenden Eigenschaften des Kokains am Auge untersuchte und im Herbst desselben Jahres seine Ergebnisse publizierte.

Ab 1886 wurden aus aller Welt Fälle von Kokainsucht gemeldet, und es herrschte allgemeine Bestürzung. Das Ansehen Sigmund Freuds – der immer noch der Meinung war, es handle sich um ein harmloses Mittel – wurde stark erschüttert. Das Kokain brachte Koller Weltruf ein, Freud nur Vorwürfe.

Die Krebskrankheit

In der Biographie Sigmund Freuds findet man den ersten Hinweis auf eine krankhafte Veränderung in der Mundhöhle im Jahre 1917 – er war damals 61 Jahre alt. Sein Vorrat an Zigarren war zu Ende gegangen, für ihn eine schlimme Sache. In einem Brief an Ferenczi[1]) schrieb er am 6. November 1917:
„Gestern hatte ich die letzte Zigarre verraucht, war seither böswillig und müde, bekam Herzklopfen und eine Steigerung der seit den schmalen Tagen bemerkbaren schmerzhaften Gaumenschwellung (Carcinom? etc.). Da brachte mir ein Patient 50 Zigarren, ich zündete eine an, wurde heiter, und die Gaumenaffektion ging rapid zurück! Ich hätte es nicht geglaubt, wenn es nicht so auffällig wäre."

Gegen Ende des Ersten Weltkrieges war die Versorgung Freuds mit seinen geliebten und benötigten Zigarren nicht immer sichergestellt; er litt sehr darunter. Was es mit der erwähnten Gaumenschwellung genau auf sich hatte, läßt sich nicht mehr klären, interessant und typisch ist jedoch die Reaktion Freuds. Er führt die Schwellung auf den Mangel an Nikotin zurück und ihr Verschwinden auf die Wiederaufnahme seiner gewohnten Rauchertätigkeit – ein für eine Sucht charakteristisches Verhalten. Es steht fest, daß Freud an Leukoplakien der Mundschleimhaut litt, die als Folge des Zigarrenrauchens entstanden. Leukoplakien sind weißliche Verdickungen und stellen ein Vorstadium der Krebsentstehung dar. Tabak ist dabei der weitaus wichtigste Faktor für deren Entstehung.

Die nächste Nachricht über eine Veränderung in der Mundhöhle Freuds stammt erst aus 1923, also sechs Jahre später. Aber dann überstürzten sich die Ereignisse, und ein durch 16 Jahre währender Leidensweg begann.

Im Februar 1923 entdeckte Freud eine Geschwulst in seiner Mundhöhle, am rechten vorderen Gaumenbogen. Er hatte zunächst nichts unternommen, den Tumor untersuchen zu lassen, hatte weder einem Arzt noch einem Familienangehörigen gegenüber etwas erwähnt. Die Geschwulst wurde allerdings größer, und irgendwann um die zweite Aprilwoche konsultierte Freud den Hautarzt Dr. Maxim Steiner, der sofort die Krebsnatur des Tumors erkannte. Der Internist Dr. Felix Deutsch wurde zugezogen, und auch ihm war klar, daß es sich um ein

[1]) Dr. Sandor Ferenczi (1873–1933), Schüler Freuds und Gründer der Ungarischen Psychoanalytischen Vereinigung.

fortgeschrittenes Karzinom der Mundhöhle handelte. Aber beide Ärzte hatten nicht den Mut, Freud die Wahrheit zu sagen, flüchteten sich in die Ausrede, es sei eine große Leukoplakie, rieten, die Geschwulst wegoperieren zu lassen, und sprachen davon, daß es sich nur um einen kleinen Eingriff handle. Damit begann jedoch eine tragische Kette von Täuschungen, die weitreichende Folgen haben sollten.

Am 20. April ging Freud in die Ambulanz der Universitätsklinik für Hals-, Nasen- und Ohrenheilkunde, um sich von Prof. Dr. Markus Hajek[1]) durch einen kleinen Eingriff die Geschwulst entfernen zu lassen. Man hatte ihm gesagt, daß er sofort nach der Operation wieder entlassen würde, deshalb hatte Freud seiner Familie nicht einmal davon Mitteilung gemacht. Er dachte, die Operation mit einem Spaziergang vertuschen zu können – aber es kam ganz anders.

Die Operation verlief nicht glatt, es traten starke Blutungen auf, die man nur mangelhaft versorgte. Erst jetzt wurde die Familie unterrichtet und aufgefordert, ein paar Sachen in die Klinik zu bringen, da Freud vielleicht die Nacht über dort bleiben müsse.

Als seine Frau und die Tochter Anna[2]) in die Klinik kamen, fanden sie Freud blutüberströmt auf einem Küchenstuhl, weder eine Krankenschwester noch ein Arzt kümmerten sich um ihn. Er wurde danach in einen winzigen Raum der Klinik gebracht, wo er sich auf einer Pritsche ausruhen sollte. Durch Zufall war er dort zusammen mit einem geistesschwachen Zwerg. Und gerade dieser Zwerg rettete Stunden später Freud das Leben.

Die folgenden unwürdigen, unverständlichen, ja grotesken Ereignisse hat später Ernest Jones aus den Mitteilungen von Deutsch, Prof. Freud und Anna Freud zusammengefaßt: Die Abteilungsschwester schickte Gattin und Tochter zur Mittagszeit, in der keine Besuche erlaubt waren, nach Hause und versicherte ihnen, daß es dem Patienten gut gehen werde. Als sie in einer Stunde oder zwei zurückkehrten, erfuhren sie, daß eine starke Blutung eingetreten war, worauf Freud um Hilfe geläutet hatte; aber die Klingel hatte nicht funktioniert, und er selbst konnte weder sprechen noch rufen. Der freundliche Zwerg war jedoch hinausgeeilt, um Hilfe zu holen, und nach einiger Mühe hatte man das Bluten zum Stillstand bringen können; vielleicht rettete das Eingreifen dieses Kretins Freuds Leben. Nun weigerte sich Anna, wieder fortzugehen und blieb die Nacht durch bei ihrem Vater. Er war von dem Blutverlust schwach, von den Medikamenten halb betäubt und hatte starke Schmerzen. Während der Nacht gerieten Anna und die Schwester in so große Beunruhigung wegen seines Zustands, daß sie den Spitalsarzt riefen; dieser ließ sich aber nicht aus dem Bett holen. Am

---

[1]) Professor Dr. Markus Hajek (1861–1941), Vorstand der Universitätsklinik für Hals-Nasen-Ohrenheilkunde.

[2]) Anna Freud (1895–1982), zunächst Schullehrerin, später Psychoanalytikerin mit besonderer Hinwendung zu Kindern.

nächsten Morgen demonstrierte Hajek den Fall vor einer ganzen Schar Studenten, und im Verlaufe des Tages durfte Freud nach Hause gehen.

Die Operation war, wie sich bald herausstellte, unzureichend gewesen – allerdings kein Wunder bei einem so oberflächlich vorbereiteten und durchgeführten Eingriff. Warum sich Prof. Hajek mit einer nur örtlichen Ausschneidung zufriedengab, die, wie er wissen mußte, die Ausbreitung des Krebses nicht zum Stillstand bringen konnte, läßt sich nur durch die Annahme erklären, daß er den Fall als hoffnungslos aufgegeben hatte und deshalb nur pro forma eine operative Maßnahme durchführte. Daß Hajek jedoch die Operation in der Ambulanz und nicht einmal im Operationssaal durchführte und dann Freud nach der Blutung ohne ausreichende ärztliche und pflegerische Betreuung ließ, ist unverständlich und unentschuldbar, auch wenn der Patient nicht jemand gewesen wäre, der Weltruhm erlangt hatte und selbst Arzt und Mitglied der medizinischen Fakultät war.

Die mikroskopische Untersuchung des entnommenen Gewebes hatte die Diagnose „Plattenepithelkarzinom" ergeben. Deshalb überwies Hajek den Patienten an Prof. Dr. Guido Holzknecht[1]), den Vorstand der radiologischen Abteilung, zu einigen Röntgenbestrahlungen und lokaler Radiumanwendung. Heute wissen wir, daß bei dieser Form von Krebs eine Bestrahlung erfolglos ist, sie bewirkt nur Gewebsschäden und heftige Schmerzen.

Freud vermutete zwar die Diagnose Krebs, aber bis dahin hatte man weder ihm noch jemandem der Familie die Wahrheit gesagt. Als ein Tumorrezidiv sich jedoch weiter ausbreitete, teilte man im September Freud die Wahrheit mit und empfahl eine zweite Operation. Diesmal sollte der Kieferchirurg Prof. Pichler[2]) operieren, der größte Könner auf diesem Gebiet in der damaligen Zeit. Es war ein radikaler Eingriff vorgesehen, mit einer Resektion von Teilen des Ober- und Unterkiefers, wonach natürlich eine große Prothese eingepaßt werden mußte.

Als Pichler Freud zum ersten Mal untersuchte, stellte er fest, daß ein geschwürig zerfallendes Karzinomgewebe auf der rechten Seite den Rest des weichen Gaumens, Teile des Oberkiefers und der Wangenschleimhaut sowie ein wenig die Zunge und den Unterkiefer ergriffen hatte. Es bedurfte jetzt einer sehr viel ausgedehnteren Operation, einschließlich eines Eingriffes, den Pichler erst an einer Leiche ausprobieren mußte, um sich zu überzeugen, daß er überhaupt technisch möglich war! Verschiedene Modelle für die Prothese, welche eingesetzt werden mußte, wurden angefertigt.

Von der ersten Untersuchung an führte Professor Pichler in den 16 Jahren, in denen er Freud ärztlich betreute, eine regelmäßige Krankengeschichte, worin er

---

1) Professor Dr. Guido Holzknecht (1872–1931), Leiter des Zentral-Röntgeninstitutes im Wiener Allgemeinen Krankenhaus. Starb an einem durch Röntgenstrahlen hervorgerufenen Krebsleiden.

2) Professor Dr. Hans Pichler (1877–1949), Leiter der Kieferstation der I. Chirurgischen Universitätsklinik. Bedeutendster Kieferchirurg seiner Zeit.

alle Einzelheiten aufzeichnete. Seine Notizen waren in einer Abart des Gabelsberger Stenographiesystems abgefaßt, die sein Vater erfunden hatte und darum für andere unverständlich war. Nach Pichlers Tod (1949) gab es nur noch einen Menschen, der sie entziffern konnte – seine Sekretärin. Der Internist Max Schur, der – wie schon erwähnt – Freud von 1928 bis zu seinem Tode als Leibarzt betreute, machte die Sekretärin ausfindig, die dann die mühselige Übertragung der Pichlerschen Notizen übernahm. Es wurde ein Bündel von 53 engbeschriebenen Aktenseiten, ein erschütternder Bericht über die langwierigen Leiden und Qualen, die Freud in jenen Jahren durchzumachen hatte.

Am 4. Oktober 1923 entfernte Pichler als Vorbereitung die Lymphknoten am Unterkiefer- und oberen Halsbereich und unterband die äußere Karotisarterie, um eine Ausbreitung des Tumors zu verhindern.

Am 11. Oktober führte Pichler (unter Lokalanästhesie) im Sanatorium Auersperg die Radikaloperation aus. Sie bestand aus der Entfernung des größten Teiles des rechten Oberkiefers, eines beträchtlichen Teiles des Unterkiefers, des rechten weichen Gaumens sowie der Wangen- und Zungenschleimhaut.

Zwei Tage lang hatte Freud nach dieser heroischen Operation hohes Fieber, er mußte einige Zeit durch einen Nasenschlauch mit flüssiger Nahrung versorgt werden. Am 28. Oktober konnte der Patient nach Hause.

Am 7. November bemerkte Pichler eine vereiterte Stelle mit abgestorbenem Gewebe und entnahm eine Probe zur mikroskopischen Untersuchung.

Am 12. November kam der Befund, daß an dieser Stelle noch Krebsgewebe vorhanden war. Die meisten Chirurgen hätten jetzt aufgegeben. Pichler sagte Freud die Wahrheit, und am selben Nachmittag wurde operiert. Die verdächtige Stelle wurde mit weitem Abstand umschnitten und entfernt. Jetzt war Pichler überzeugt, eine Radikaloperation durchgeführt zu haben, und er behielt recht; das erste Karzinom Sigmund Freuds war total entfernt worden.

Die umfangreiche Operation mit Entfernung großer Teile der Kieferknochen machte eine monströse Prothese notwendig, und der Verlust größerer Teile der Mundschleimhaut konnte durch Transplantation nicht völlig ersetzt werden. Das Resultat war ein Leben mit ununterbrochenen Qualen. Essen, Rauchen und Reden waren nur mit großer Anstrengung und unter Schmerzen möglich. War die Prothese für einen richtigen Biß und eine korrekte Trennung zwischen Mund- und Nasenhöhle gerade passend, so führte das zu starken Druckschmerzen und Entzündungen. Wurde die Prothese verkleinert, so waren Sprechen, Essen und Rauchen sehr viel schwieriger. Damit begannen die fortdauernden Versuche, die Prothese zu verbessern oder eine neue anzufertigen. Die Prothese durfte zur Vermeidung einer Schrumpfung des entstandenen Narbengewebes nur zum Reinigen herausgenommen werden.

Das alles war jedoch nur der Anfang. Freud war nicht imstande, das Rauchen aufzugeben, das eine ständige Reizung bewirkte und die Bildung neuer Leukoplakien verursachte. Diese hatten wieder die Tendenz zu wachsen und in Vorstadien einer krebsigen Entartung überzugehen. Jede einzelne mußte chirurgisch entfernt werden; das geschah mehr als dreißig Mal.

Freud unterzog sich aber noch einem anderen chirurgischen Eingriff. In jener Zeit war die Hypothese von Dr. Eugen Steinach[1]) aktuell, wonach eine Unterbindung der Samenleiter die Produktion von männlichen Sexualhormonen in den Hoden steigern sollte. Dies könnte weiters den Alterungsprozeß verlangsamen und das Auftreten von Krankheiten verhindern. Weil die Krebsbildung zum Teil als Resultat des Alterungsprozesses angesehen wurde, glaubte man auch hier auf einen günstigen Einfluß. Freud wünschte diese Operation, und der Eingriff wurde am 17. November 1923 durchgeführt.

Am 2. Januar 1924 nahm Freud seine Praxis wieder auf und empfing täglich sechs Patienten. Er war gezwungen, seine Lebensweise in vielerlei Hinsicht zu ändern: er konnte nicht mehr an den Sitzungen der Wiener Psychoanalytischen Vereinigung teilnehmen, Sprechen war anstrengend, Essen sehr kompliziert; mehrere Jahre lang unternahm er keine Reisen. Von 1923 bis zu einem Tod wurde er von seiner Tochter Anna betreut, ab 1929 von Dr. Max Schur medizinisch überwacht und versorgt und von Prof. Pichler immer wieder operiert. In seiner Korrespondenz beschreibt Freud seinen Zustand:
„Das Richtige wäre, Arbeit und Verpflichtungen aufzugeben und in einem stillen Winkel auf das natürliche Ende zu warten... Ich bin auch beständig durch irgend etwas gequält ... Es stellt sich so einfach vor, ein Stück Kiefer durch eine Prothese zu ersetzen und alles ist in Ordnung. Aber die Prothese selbst ist nie ganz in Ordnung, die Versuche zu ihrer Verbesserung auch noch nicht abgeschlossen. Meine rechte untere Gesichtshälfte (Nase und Ohrläppchen besonders) ist schwer hypaesthetisch[2]), *das rechte Ohr ist durch Verzerrung und Verschluß der Tuba*[3]) *außer Funktion, ich höre auf dieser Seite nichts als ein beständiges Rauschen und ich bin sehr gestört, wenn in einer kleinen Gesellschaft mehrere Personen anzuhören sind. Meine Sprache ist verständlich geworden, reicht für's Gewöhnliche aus, soll auch noch weiter gebessert werden. Kauen und Schlucken kann ich natürlich, aber mein Essen verträgt keine Zuschauer.“*

Als Dr. Schur 1929 die Betreuung übernahm, forderte Freud ihm ein ernstes Versprechen ab: *„Versprechen Sie mir auch noch, wenn es mal so weit ist, werden Sie mich nicht unnötig quälen lassen.“* Dies sagte er mit äußerster Einfachheit und ohne Pathos, aber mit absoluter Entschiedenheit. Die beiden Männer gaben einander darauf die Hand; zehn Jahre später wurde das Versprechen eingelöst.

Im Mai 1931, zu seinem 75. Geburtstag, erhielt Freud von Marie Bonaparte[4]) eine

---

[1]) Professor Dr. Eugen Steinach (1862–1944), Forscher auf dem Gebiet der Sexualhormone.
[2]) Unempfindlich, gefühllos.
[3]) Verbindungsgang zwischen Mittelohr und Nasen-Rachenraum.
[4]) Marie Bonaparte (1882–1962), eine direkte Nachfahrin von Napoleons Bruder Lucien, verheiratet mit Prinz Georg von Griechenland. Schülerin und Freundin Sigmund Freuds.

Auf diesem Sessel im „Behandlungszimmer" seiner Wohnung wurde Freud vielfach in der Mundhöhle operiert.

altgriechische Vase für seine Antiquitätensammlung zum Geschenk. In seinem Dankschreiben bemerkte er: *„Schade, daß man sie nicht ins Grab mitnehmen kann"*, ein Wunsch, der in seltsamer Weise erfüllt wurde, denn Freuds Asche kam nach seiner Verbrennung im Jahre 1939 gerade in diese Urne.

Im Juli 1936, also 13 Jahre nach der ersten Operation, entstand aus einer anderen Leukoplakie wieder ein Karzinom. Freud war jetzt 80 Jahre alt. Pichler operierte – das Tumorgewebe und ein Stück des darunterliegenden Knochens wurden entfernt. Das Wiederauftreten des Krebses bedeutete, daß jetzt jede neue Veränderung in der Mundschleimhaut die Tendenz zu raschem Wachstum haben und bösartig sein würde.

Die gewaltige Prothese, welche die Mund- und Nasenhöhle trennte, war etwas Schreckliches. Sie ließ sich sehr schwer herausnehmen und wiedereinsetzen, weil Freud außerstande war, den Mund so weit zu öffnen. Er ertrug die ständige Belästigung jedoch mit stoischer Gelassenheit. Besuchern fiel auf, daß er immer seine Prothese mit dem Daumen festzuhalten suchte; allerdings wirkte diese Geste allmählich mehr wie ein Zeichen philosophischer Konzentration. Im Dezember 1937 beschädigte Freud zum ersten und einzigen Mal seine Prothese, indem er sie fallen ließ. Dieses Versehen war ihm sehr peinlich, seine Angehörigen wunderten sich jedoch, daß dies nicht früher und öfter passiert war.

Das Jahr 1938 begann nicht gut. Freud hatte heftige Schmerzen, konnte den Mund nicht aufmachen, und es entstand eine wunde Stelle, die sich schnell höchst verdächtig veränderte. Die Operation war technisch äußerst schwierig, da die Stelle tief innerhalb der Mund-Nasenhöhle lag und kaum zu erreichen war. Die mikroskopische Untersuchung bestätigte, daß wieder Karzinomgewebe aufgetreten war. Diesmal zögerte Pichler, Freud die Wahrheit zu sagen, da der Tumor bereits in gefährliche Nähe der Basis der Augenhöhle vorgedrungen war.

Am 2. Juni 1938 notierte Pichler: *„Letzte Untersuchung vor der Abreise nach England.“* Die Untersuchung ließ keine verdächtigen Stellen erkennen. Diese Verbesserung in Freuds Zustand half, ihn davon zu überzeugen, daß die Emigration der Mühe wert war.

Nach Überwindung zahlreicher Schikanen durch die Nationalsozialisten und die Gestapo, wurde Freud und seiner Familie die Ausreise erlaubt. Als eine der Bedingungen mußte er ein Dokument folgenden Wortlauts unterschreiben: *„Ich, Professor Freud, bestätige hiermit, daß ich nach dem Anschluß Österreichs an das Deutsche Reich von den deutschen Behörden und im besonderen von der Gestapo mit der meinem wissenschaftlichen Ruf gebührenden Achtung und Rücksicht behandelt wurde, daß ich meiner Tätigkeit ganz meinen Wünschen entsprechend frei nachgehen konnte und nicht den geringsten Grund zu einer Beschwerde habe.“* Als der Nazikommissar das Papier brachte und Freud unterschrieben hatte, fügte er noch einen Satz bei: *„Ich kann die Gestapo jedermann aufs beste empfehlen.“*

Das letzte Kapitel in Wien war die Lösegeldgeschichte. Die Nazis verlangten von jedem Emigranten 20 Prozent seines Besitzes als Reichsfluchtsteuer. Sie legten als Stichtag für die Bemessung den 1. Januar 1938 fest, während sie in der Zwischenzeit den Besitz ihrer Opfer größtenteils konfisziert hatten. Aus diesem Grund verfügte Freud auch nicht mehr über das Bargeld, die Steuer zu bezahlen. Selbstverständlich konnte niemand zugeben, daß er Geld im Ausland hatte. So bezahlte Marie Bonaparte die Steuer für ihn, und Freud bestand darauf, dieses Geld zurückzugeben, sobald er in Paris war.

Am 14. Juni 1938 verließ Freud Wien, die Stadt, in welcher er 78 Jahre gelebt hatte, und reiste über Paris nach London.

Die Morphiumspritzen des Dr. Schur

Freud hatte während der Reise Herzbeschwerden, sodaß er zur Unterstützung des Blutkreislaufes etwas Nitroglyzerin und Strychnin benötigte. Eine kurze Zeit hatte er auch eine Blasenreizung gehabt.

Professor Pichler hatte bei Freuds Abreise einen zusammenfassenden Bericht des Krankheitsverlaufes an den Kieferchirurgen Dr. Exner in London gesandt, mit der Bitte, die Betreuung des Patienten zu übernehmen.

Anfang August entstanden neuerlich Wucherungen in der Wangenschleimhaut. Nach einem dringlichen Appell flog Pichler nach London und operierte am 8. September 1938. Es sollte dies der letzte größere chirurgische Eingriff sein: die Veränderungen befanden sich ganz oben in der Mundhöhle und waren kaum mehr erreichbar, es war fast keine normale Haut mehr da, um die Defekte zu decken – Freud war inzwischen 82 Jahre alt. Die weiteren Möglichkeiten waren sehr begrenzt.

Während des ganzen Sommers hatte Freud gearbeitet und geschrieben, sein Buch über Moses beendet und sein letztes unvollendet gebliebenes Werk *„Abriß der Psychoanalyse"* begonnen. Leider sollte die Operation im September das Ende von Freuds schöpferischer Tätigkeit darstellen. Der Greis wird von Tag zu Tag schwächer, er muß das Schreiben aufgeben, seine Sprache kann man kaum noch verstehen. Anna Freud und Paula Fichtl[1]) betreuen den Todkranken rund um die Uhr. Nur noch selten verspürt er selbst Lust, etwas zu essen. Als Freud eines Nachts um halb zwei aufwachte, flüsterte er zu Anna, die bei ihm im Arbeitszimmer schlief: *„Ich glaube, jetzt könnte ich etwas essen."* Anna weckte Paula, die zwei Scheiben weiches Weißbrot und ein paar Spiegeleier zubereitet. Als sie das Essen bringt, ißt Freud nur einige kleine Stücke, dann sagte er: *„Danke, Paula, das war gut, jetzt kann ich weiterschlafen."*

Ein Brief vom 4. Oktober zeigt deutlich, daß das Ende nahte: *„Es kann nicht lange sein, denn ich (kann* fehlt im Original) *kaum schreiben, nicht besser als sprechen oder rauchen. Diese Operation war* (im Original ein Buchstabe ausgestrichen) *die schwerste seit 1923 . . . Ich bin abscheulich müde und schwach in Bewegungen, habe zwar gestern mit 3 Patienten begonnen, aber es geht nicht leicht."* Im Hause mußte ein Fahrstuhl eingebaut werden, Freud konnte die Treppen einfach nicht mehr bewältigen.

Im Dezember eiterten Knochensplitter aus der Wunde der letzten Operation heraus. Mitte Januar 1939 tauchte eine neue tumoröse Schwellung auf, ganz oben

[1]) Paula Fichtl (geb. 1902), von 1929–1982, d. h. bis zum Tod Anna Freuds, war sie zunächst als Dienstmädchen, dann als Haushälterin in der Familie.

Freud mit seinen geliebten Chow-Chows auf der Terrasse des Londoner Hauses.

und hinten in der Mundhöhle und für eine Operation nicht mehr erreichbar. Eine Probeexzision ergab Krebs. Es wurde sofort mit Röntgenbestrahlungen begonnen – eine schwere Belastung für Freud. Erschöpfung, Schwindel und Kopfschmerzen stellten sich ein, schließlich begann er seinen Bart zu verlieren und blutete aus dem Mund. Im Juli kam es zu Eiterungen und Absterben des Gewebes in der Mundhöhle. Freud verlor rasch an Gewicht, er konnte nicht mehr schlafen, die Schmerzen nahmen ständig zu. Die Linderung der Schmerzen wurde immer schwieriger, da Freud Barbiturate und Opiate ablehnte. Morphium war für ihn das letzte Mittel, wenn er endgültig aufgeben mußte. Er nahm lediglich hin und

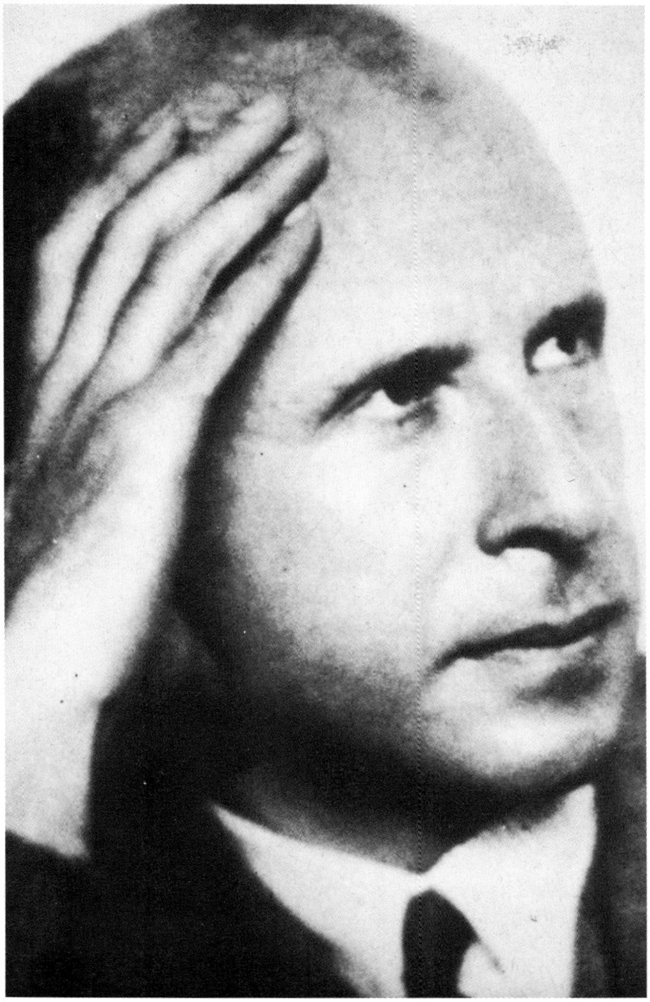

Dr. Max Schur, Freuds langjähriger Leibarzt, verabreichte ihm die Morphiuminjektionen.

wieder ein Aspirin oder Pyramidon. Der schon einige Zeit aufgetretene üble Geruch wurde immer unerträglicher und konnte nicht beseitigt werden; er kam vom zerfallenden Knochengewebe, welches mit Fäulnisbakterien infiziert war.

Die Krankheit nahm weiter ihren unaufhaltsamen Lauf. Die Haut über dem rechten Backenknochen wurde brandig, es entstanden schließlich ein Loch und eine offene Verbindung zwischen der Mundhöhle und außen. Der Geruch wurde immer schlimmer. Über Freuds Bett mußte ein Moskitonetz gespannt werden, weil der Geruch die Fliegen anlockte. Sein Hund, der Chow Lün, an dem er sehr hing, konnte den Geruch nicht ertragen und nicht dazu gebracht werden, in seine

Nähe zu kommen. Wenn der Hund ins Zimmer gelassen wurde, verkroch er sich in der entferntesten Ecke. Freud wußte, was das bedeutete und schaute seinen Liebling traurig an.

Über die letzten Lebenstage berichtete sein Arzt Dr. Schur: *„Es wurde immer schwieriger, ihm genügend Nahrung zuzuführen. Er hatte große Schmerzen und die Nächte waren schlimm. Er konnte kaum noch sein Bett verlassen und wurde allmählich kachektisch. Es war qualvoll, sein Leiden nicht lindern zu können, aber ich wußte, daß ich warten mußte, bis er mich dazu auffordern würde.*

Die letzte Phase begann, als es ihm schwer wurde, zu lesen. Das letzte Buch, das er las, war Balzacs Chagrinleder. Als er damit fertig war, sagte er beiläufig zu mir: Das war das richtige Buch für mich; es handelt von Einschrumpfen und Verhungern.
Am 21. September 1939, ergriff Freud, als ich an seinem Bett saß, meine Hand und sagte zu mir: Lieber Schur, Sie erinnern sich wohl an unser erstes Gespräch. Sie haben mir damals versprochen, mich nicht im Stich zu lassen, wenn es soweit ist. Das ist jetzt nur noch Quälerei und hat keinen Sinn mehr.
Ich sagte ihm, ich hätte mein Versprechen nicht vergessen. Er seufzte erleichtert auf, hielt meine Hand noch einen Augenblick fest und sagte: Ich danke Ihnen. Nach einem Augenblick des Zögerns fügte er hinzu: Sagen Sie es Anna. All das sagte er ohne eine Spur von Gefühlsüberschwang oder Selbstmitleid und in vollem Bewußtsein der Realität.“

Am nächsten Tag, als er wieder schreckliche Schmerzen hatte, gab Dr. Schur Freud eine Injektion von 0,02 Gramm Morphium. Dies ist die übliche Dosis, die zu einer Narkosevorbereitung verwendet wird. Er spürte schon bald Erleichterung und fiel in friedlichen Schlaf. Nach ungefähr zwölf Stunden wiederholte Schur die Dosis. Freud war am Ende seiner Kräfte, sodaß er in ein Koma fiel und nicht mehr aufwachte. Er starb am 23. September 1939 um 3 Uhr morgens.

Sein Leichnam wurde am 26. September im Krematorium Golder's Green – entgegen jüdischem Brauch, jedoch auf Freuds ausdrücklichen Wunsch – eingeäschert. Die Urne, die auch die Asche Martha Freuds[1]) enthält, ist die griechische Doppelhenkelvase, welche er zu seinem 75. Geburtstag als Geschenk bekommen hatte.

---

[1]) Martha Bernays, verheiratete Freud (1861–1951).

> Als Sigmund Freud im Jahre 1939 in London starb, bereitete sich ein 22jähriger Jusstudent an Amerikas Elite-Universität Harvard in Massachusetts auf sein Abschlußexamen vor. Weitere 21 Jahre später wurde er zum 35. Präsidenten der USA gewählt – John F. Kennedy.

Der zweite Treffer war tödlich

Die Wirkung eines Schusses auf den menschlichen Schädel hängt vor allem von der verwendeten Munition ab, d. h. Geschwindigkeit, Kaliber und Aufbau des Projektils. So führen etwa Kleinkaliberpatronen mit normaler Laborierung (= Pulverladung) überhaupt nur in weniger als der Hälfte der Fälle zu einem Schädeldurchschuß, rasante Hochgeschwindigkeitsmunition dagegen bringt den Schädel zum Platzen. Dazu kommt weiters, daß Teilmantelgeschosse sich oft in mehrere Bruchstücke zerlegen, Knochensplitter mitreißen und daher durch Streuwirkung weit größere Zerstörungen anrichten.

Die knöcherne Schädelkapsel ist nicht dehnbar, das Gehirn läßt sich infolge des hohen Flüssigkeitsgehaltes nicht komprimieren, es besteht kein Spielraum, um Druck- oder Volumenvermehrungen aufzunehmen. Der durch die Energie des Geschoßdurchganges im Schädelinneren entstehende Druck steigt proportional dem Quadrat der Geschoßgeschwindigkeit. Bei hohen Auftreffgeschwindigkeiten, z. B. überschallschneller Geschosse, entstehen durch den plötzlichen Überdruck explosionsartige Berstungsbrüche – aufgrund der hydraulischen Sprengwirkung zerplatzt der Schädel in viele Knochenstücke und Teile des Gehirns werden herausgeschleudert. Ein solcher Treffer führt selbstverständlich zum sofortigen Tod, auch ein sehr rascher ärztlicher Eingriff kann daran nichts mehr ändern.

JOHN FITZGERALD KENNEDY
(1917–1963)

Präsident J. F. Kennedy als 46jähriger, ein Jahr vor seinem Tod.

Biographische Übersicht
Die Krankheiten eines Mannes, der Präsident werden sollte
Dallas, Texas, 22. November 1963, 12 Uhr 30
Ein mangelhafter Obduktionsbefund

Biographische Übersicht

1917	John Fitzgerald Kennedy wurde am 29. Mai als zweites von neun Kindern in Brookline, einer Vorstadt von Boston, Massachusetts, geboren. Der Vater, Joseph Patrick Kennedy (1888–1969), war ein erfolgreicher Geschäftsmann und Politiker und verschaffte der Familie durch manchmal gewagte Finanzunternehmen ein gewaltiges Vermögen. Die Mutter, Rose Elizabeth Fitzgerald (geb. 1890), war die Tochter eines populären Bürgermeisters von Boston.
1931–1935	Choate-Gymnasium und London School of Economics.
1936–1940	Studium an der Harvard-Universität in Cambridge, Massachusetts. Juristisches Abschlußexamen.
1937	Verletzung der Lendenwirbelsäule bei einem Footballspiel in Harvard. Er wird deshalb zunächst für den Militärdienst untauglich befunden.
1941	Meldung als Freiwilliger zur US-Navy.
1943	Als Kommandant des Patrouillenbootes PT 109 bei einem Zusammenstoß mit einem japanischen Zerstörer im Südpazifik schwer verletzt. Er wurde im Marinelazarett in Boston an der Wirbelsäule operiert. Es kam zu keiner völligen Wiederherstellung, Kennedy hatte zeitlebens Rückenschmerzen. Weiters wurde die Rehabilitation durch eine am Kriegsschauplatz erworbene Malaria verzögert.
1945	J. F. Kennedy arbeitete als Journalist und berichtete über die Gründungsversammlung der Vereinten Nationen in San Franzisko sowie über die Potsdamer Konferenz.
1946	Eintritt in die Politik. Wahl als Abgeordneter von Boston ins Washingtoner Repräsentantenhaus. Kennedy gehörte der Demokratischen Partei an, wie z. B. auch Harry S. Truman und Franklin D. Roosevelt.
1952	Wahl zum Senator des Staates Massachusetts.
1953	Am 12. September Hochzeit mit Jacqueline Bouvier (geb. 1929) in Newport, Rhode Island.
1954	Eine zweite Operation an der Lendenwirbelsäule.
1956	Das während Kennedys langer Krankheit entstandene Buch „Profiles in Courage“ (Zivilcourage) erscheint und wird ein großer Erfolg.
1960	13. Juli: Nominierung zum Präsidentschaftskandidaten der Demokratischen Partei.

8. November: Gewinn der Präsidentschaftswahlen gegen Richard M. Nixon mit einer Mehrheit von 112.803 Stimmen (bei insgesamt 69 Millionen Stimmen).

1961 20. Jänner: Als 35. Präsident der USA in sein Amt eingeführt.
1. März: Gründung des Friedenskorps.
14. bis 17. April: Fehlschlag der exilkubanischen Invasion in der Schweinebucht.
3. bis 4. Juni: Konferenz mit Nikita Chruschtschow in Wien.
13. August: Bau der Mauer in Berlin.

1962 Im Oktober 13tägige Kubakrise. Seeblockade Kubas durch die amerikanische Flotte wegen sowjetischer Raketenstützpunkte. Konfrontation der Supermächte, Rückzug der russischen Raketen.

1963 26. Juni: Rede in West-Berlin: *„Ich bin ein Berliner!"*
7. Oktober: Unterzeichnung des Atomteststoppvertrages.

22. November: Präsident J. F. Kennedy wird in Dallas, Texas, durch zwei Gewehrschüsse ermordet. Er stand im 47. Lebensjahr, seine Amtszeit dauerte zwei Jahre, zehn Monate und zwei Tage.
25. November: Kennedys Begräbnis in Arlington, dem Soldatenfriedhof von Washington.

Die Krankheiten eines Mannes, der Präsident werden sollte

Es ist seltsam und auch weitgehend unbekannt, daß John Fitzgerald Kennedy – von seinen Freunden „Jack" genannt –, der von seiner Geburt an als Sohn eines Multimillionärs als Götterliebling der Welt erscheinen mußte, fast immer krank war. Seine Krankheitsgeschichte begann in frühester Jugend.

Er war immer ein schwaches Kind gewesen, während des Wachstums litt er unter periodisch auftretenden Schmerzen, die ihn lethargisch machten. Seine körperliche Schwachstelle war die Wirbelsäule, die für Verletzungen anfällig war und besonders heftige Schmerzen bereitete. Eine ganze Reihe verlegener Ärzte bemühte sich ohne Erfolg um eine Diagnose. Rückblickend können wir heute sagen, daß es sich um eine Minderwertigkeit der die Wirbelkörper abschließenden Knorpelplatten gehandelt hat, mit dem Resultat eines Zusammensinkens der Wirbelsäule, Druck auf die vom Rückenmark kommenden Nerven und dementsprechenden Schmerzen. Seine allgemeinen Krankheitssymptome äußerten sich in Gewichtsverlust und Unwohlsein, er selbst fühlte sich *„krank, schwindelig und schwach"*. Wegen seines schlechten Zustandes mußte er mehrmals in Spitalspflege. An Scharlach erkrankte er in seinem dritten Lebensjahr so schwer, daß sein Vater ein Gelübde ablegte, die Hälfte seines Vermögens für Wohltätigkeitszwekke zu stiften, sollte sein Kind wieder gesund werden. Nach langem Krankenlager besserte sich der Zustand von Jack und Vater Kennedy stellte für die Gemeinde von St. Apollonia einen Scheck über 3700 Dollar aus.

Weil er so häufig im Bett liegen mußte, war Jack der einzige Kennedy, der las. Dadurch erlangte er bereits in jungen Jahren ein Allgemeinwissen außerordentlichen Grades. Sein größtes Problem jedoch blieb seine Gesundheit; ein schlechtes Blutbild war erst als Leukämie interpretiert worden, dann als Lebererkrankung, schließlich gaben die Ärzte zu, daß sie es nicht wüßten. 1935, also mit 18 Jahren, mußte er sich im Peter Brent Brigham-Krankenhaus in Boston einer Reihe medizinischer Tests unterziehen. Mit der lässigen Unbekümmertheit eines sonst sorglosen jungen Mannes schrieb er aus dem Spital an einen Freund: *„Ich habe gerade die grauenhafteste Erfahrung meines bewegten Lebens hinter mich gebracht. Diesen Morgen kamen sie mit einem riesenhaften Gummischlauch herein. ‚Altes Zeug', sagte ich und drehte mich um, ich dachte natürlich, es würde in meinen Arsch gestopft werden. Ich wunderte mich, warum sie mein Gesicht mit meinem Arsch oder irgend etwas anderem verwechselten. Jedenfalls nahmen sie mich, schoben das Ding meine Nase hinauf und hinunter in den Magen. Dann goßen sie Alkohol in den Schlauch; ich wurde mittlerweile ganz irre, denn ich konnte das Zeug nicht vertragen. Dabei weißt Du, was mir ein harter Drink immer bedeutet hat. Sie machten dies alles, um meine Magensäure zu testen. Ich hatte das Ding zwei Stunden lang in meiner Nase, gerade eben erst nahmen sie es heraus."* Und in einem zweiten Brief: *„Sie haben doch nichts gefunden, außer daß ich Leukämie habe und Agranulozytose. Ich warf gestern einen flüchtigen Blick auf mein Diagramm, und da konnte ich sehen, daß sie im Geiste schon Maß für meinen Sarg genommen haben. Iß, trink' und mach' Liebe, da wir morgen oder nächste Woche meine Beerdigung erwarten."*

In halbwegs guter körperlicher Verfassung beginnt Jack 1936 sein Hochschulstudium und erleidet im zweiten Jahr einen fatalen Unfall. Ein unglücklicher Sturz bei einem Footballspiel in der Juniorenmannschaft von Harvard führte zu einem Einriß einer Zwischenwirbelscheibe in der Lendenregion. Dies hatte heftige Schmerzen und dementsprechende Bewegungseinschränkung zur Folge. Der junge Kennedy wurde mit schmerzstillenden Mitteln, Massagen und Wärmeanwendungen behandelt. Heute wissen wir, daß solche konservativen Maßnahmen falsch waren, da nur eine sofortige Operation helfen kann. Das abwartende Verhalten der Ärzte bedeutete für Jack den Beginn eines körperlichen Martyriums, das ihn sein ganzes Leben begleitete. Durch die Lockerung einer Bandscheibe kommt es zu einem Gleitvorgang der Wirbelknochen gegeneinander, zu dauernder schmerzhafter Nervenreizung und zu frühzeitigen degenerativen Veränderungen.

Bedingt durch seine jetzt bereits mannigfaltigen Leiden wurde Jack zunächst auch bei der militärischen Musterung nicht in die Armee aufgenommen. Es bedurfte einer drängenden Intervention seines Vaters, daß Jack als Freiwilliger 1941 bei der Marine eingestellt wurde. Nach dem japanischen Angriff auf Pearl Harbor (7. Dezember 1941) bewarb sich John F. Kennedy um die Teilnahme an einem

Torpedoboot-Lehrgang und wurde zugelassen, nachdem er seine Vorgesetzten davon überzeugt hatte, daß seine Erfahrungen im Segeln ihn für diese Ausbildung qualifizierten. Er absolvierte den Lehrgang so erfolgreich, daß er selbst Ausbilder wurde und im März 1943 das Kommando über ein Torpedoboot im Südpazifik erhielt. Nach zahlreichen Seegefechten gegen Einheiten der japanischen Kriegsmarine wurde sein Schiff, das Patrouillen- und Torpedoboot 109 (PT 109), im August 1943 von einem japanischen Zerstörer versenkt. Dieser sägte bei einem Zusammenstoß das kleine Schiff buchstäblich in zwei Stücke, zwei Mann der Besatzung waren sofort tot, die restlichen elf trieben im Wasser und versuchten, eine der vielen kleinen, nahe liegenden Inseln zu erreichen. Einige klammerten sich an eine Planke und versuchten damit an Land zu treiben. Andere, die infolge schwerer Brandwunden oder Knochenbrüche nicht schwimmen konnten, waren auf die Hilfe ihrer Kameraden angewiesen. Kennedy selbst nahm die Leine der Schwimmweste eines schwerverletzten Matrosen zwischen die Zähne und zog ihn mit. Nach fünf Stunden erreichten sie eine Koralleninsel. Jack fühlte sich als Kommandant für seine Kameraden verantwortlich, als bester Schwimmer der Gruppe verbrachte er die meiste Zeit im Wasser, um auf den umliegenden Inseln Hilfe zu finden. Das war ein gefährliches Unternehmen, denn einige der Inseln waren zwar von den Amerikanern besetzt, andere jedoch von den Japanern, während wieder andere von Eingeborenen bewohnt wurden. Als sie schließlich nach mehreren Tagen und qualvollen Entbehrungen von einem neuseeländischen Schiff entdeckt wurden, war für Kennedy dieses grausame Kriegserlebnis noch längst nicht zu Ende. Seine Tapferkeit und Kaltblütigkeit brachten ihm zwar Ruhm und Ehre als Kriegsheld (später entstand ein Roman über dieses Abenteuer, der auch verfilmt wurde), aber auch neue Krankheiten und eine Verschlimmerung seiner Leiden. Er hatte Malaria, und die Wucht des Schiffszusammenstoßes hatte seine empfindliche und geschädigte Wirbelsäule stark geprellt und neuerlich lädiert. Im Marinelazarett in Boston wurde er jetzt erstmals an der Wirbelsäule operiert, ein Teil der geschädigten Bandscheibe wurde entfernt, wodurch der Druck auf die Nerven des Rückenmarkes vermindert werden sollte – aber vergeblich. Kennedy wurde dekoriert, aber als Militärdienst-untauglich entlassen. Auf Krücken kehrte er nach Hause zurück.

1947, anläßlich eines Besuches in London, kam es zu einer krisenhaften, lebensbedrohlichen Situation. Jack brach mit akuter Übelkeit und niedrigem Blutdruck zusammen und wurde Hals über Kopf in eine Londoner Klinik gebracht. Dort hat man sofort die richtige Diagnose gestellt – John F. Kennedy litt an einer Unterfunktion (Insuffizienz) der Nebennierenrinde, dem sog. Morbus Addison.

Mit großer Wahrscheinlichkeit hatte dies bereits den Schwächeanfällen und Krankheitsattacken seiner Jugend zugrunde gelegen.

Was ist ein Morbus Addison? Die Nebennierenrinde als Drüse mit innerer Sekretion produziert zuwenig Hormone, die Kortikosteroide. Die Ursache war früher häufig eine Tuberkulose mit Zerstörung der Nebennierenrinde, jetzt ist die idiopathische Atrophie – wahrscheinlich eine Immunkrankheit – häufiger. Die

Symptome können in jedem Lebensalter auftreten und sind zunächst uncharakteristisch, daher ist die Diagnose sehr schwierig: langsam zunehmende Müdigkeit, Schwäche, Übelkeit und Erbrechen; dazu ein sehr niedriger Blutdruck, Schwindelanfälle und eine Braunfärbung der Haut. In fortgeschritteneren Stadien, wie bei Kennedy 1947, kann es zu lebensbedrohlichen Krisen mit Störungen des Blutkreislaufes und des Mineralstoffwechsels kommen.

Die Behandlung muß in einem Ersatz der fehlenden Nebennierenrindenhormone bestehen. Bei Kennedy wurde die Hormonsubstitution auf zwei Wegen durchgeführt: einerseits erhielt er alle drei Monate eine Hormonkapsel unter die Haut implantiert, aus welcher gleichmäßig die benötigten Hormone austraten und vom Körper aufgenommen wurden; andererseits hatte er täglich eine bestimmte Kortisondosis in Tablettenform zu schlucken. Eine solche Substitutionsbehandlung eines Morbus Addison muß lebenslänglich erfolgen.

Kennedy war bereits als aktiver Politiker im Repräsentantenhaus tätig, daher wurde seine Krankheit verharmlost und der Öffentlichkeit gefälscht dargestellt. Sein Büro erklärte, es handle sich lediglich um einen neuen Anfall von Malaria, an der er ja im Pazifik erkrankt war, und stellte es als unpatriotisch hin, weiter nachzufragen.

Seit Jack ein politisches Mandat übernommen hatte und nach Höherem strebte, hat er die Schwere seiner Krankheit geleugnet, selbst seine engsten Freunde hörten keine Klage. Unter allen Umständen galt es zu verhindern, daß bekannt wurde, er leide an einer chronischen, lebensbedrohlichen Erkrankung, sei von Medikamenten abhängig und dürfte ohne entsprechende ärztliche Vorbereitung keiner akuten Belastungssituation ausgesetzt werden.

Darüberhinaus treten bei chronischen Formen des Morbus Addison häufig psychische Störungen auf. Die Patienten neigen zu negativistischem Denken, Apathie und Depressionen; Beeinträchtigung des Erinnerungsvermögens und Schlafstörungen sind die Regel. Aber auch die langfristige Behandlung mit Kortison führt zu psychischen Veränderungen: manisch-euphorische Phasen kommen ebenso wie depressive vor. Es gibt Psychosen mit Erregungs- und Angstzuständen, die der Schizophrenie ähnlich sein können. Weiters begünstigt das Kortison den Fettansatz im Unterhautgewebe (charakteristisch ist das „Dickwerden im Gesicht"), führt zu Verdünnung der Knochen, bringt Magenbeschwerden mit sich und kann Magen- bzw. Zwölffingerdarmgeschwüre auslösen. Besonders in seinen letzten Jahren verwandelte sich Jacks Gesicht bis zur Vollwangigkeit und er sorgte sich über Gewichtsprobleme.

Er wurde durch sein Wirbelsäulenleiden von starken Schmerzen gepeinigt. Manchmal hatte er Mühe, von einem Stuhl aufzustehen, sodaß er oft im Senat sitzenblieb und sich langweilige Reden anhörte, statt – wie andere Senatoren – zwischen den Abstimmungen in sein Büro zu gehen. Aber auch das Gehen machte ihm Schwierigkeiten; oft mußte er Krücken benutzen, die er jedoch nie in der Öffentlichkeit verwendete. Desgleichen wußten nur wenige, daß er ein Stützmieder trug. Auf der Rednertribüne hielt er sich krampfhaft gerade und lächelte. Daß er oft Schmerzen hatte, überspielte er nach außen hin mit seinem offenen Lächeln. Ein enger Freund bemerkte einmal, daß er nie wußte, ob das etwas „schiefe" Lächeln von Jack auf Schmerz oder auf Amüsement zurückzuführen sei.

Kennedy drängte zu einer Operation, um die Wirbelsäule zu stabilisieren. Aber die Addisonsche Krankheit machte einen solchen Eingriff zu einer Frage von Leben und Tod; keiner seiner Ärzte gab die Zustimmung. Jack jedoch beharrte darauf: *„Ich wäre lieber tot, als den Rest meines Lebens mit diesen gottverdammten Krücken zu verbringen."* Nach einer zehntägigen genauen medizinischen Vorbereitung zwecks Beherrschung seines Hormonmangels, wurde Senator Kennedy am 21. Oktober 1954 im Hospital for Special Surgery der Cornell Universität in New York operiert. Es wurden dabei der unterste Lendenwirbel mit dem Kreuzbein und das Kreuzbein mit dem Darmbein durch Metallplatten verbunden. Dies bedeutete eine Fixierung und Verschmelzung der Knochen, in der Hoffnung, die degenerierten Bandscheiben und die lädierten Wirbelkörper würden dadurch entlastet, der schmerzhafte Druck auf die Nerven würde aufhören. Da es sich um eine Risikooperation mit großen medizinischen Problemen handelte, wurde der Fall – allerdings natürlich ohne Namensnennung – auch in einer chirurgischen Fachzeitschrift publiziert. Kennedy hatte die Operation ohne lebensbedrohliche Krisen überstanden, die einzigen Komplikationen waren ein Harnwegsinfekt sowie eine geringe Wundinfektion. Kurz vor Weihnachten konnte Jack das Krankenhaus verlassen, er wurde am 10. Februar wieder aufgenommen und am darauffolgenden Tag erfolgte die Entfernung der Metallplatten.

Alles war planmäßig verlaufen – die „Berichte" über einen mehrmonatigen krisenhaften Zustand von Jack stimmen mit der medizinischen Krankengeschichte nicht überein –, jedoch der erhoffte Erfolg blieb aus. Die Schmerzen bestanden weiter, und es bedurfte einer langen Rekonvaleszenz, bis Kennedy im Mai 1955 wieder in den Senat zurückkehren konnte. Während dieser fast achtmonatigen Wiederherstellungszeit geschahen jedoch zwei Dinge, die sein weiteres Leben positiv beeinflussen sollten.

Die New Yorker Ärztin Dr. Janet Travell begann seine Rückenschmerzen mit lokalen Novocain-Infiltrationen zu behandeln, die Krämpfe der verspannten Rückenmuskulatur lösten sich und es trat eine merkliche Besserung ein. Langsam führten auch weitere Maßnahmen, die Frau Dr. Travell veranlaßte, zum Erfolg: in seinem linken Schuh wurde eine fünf Millimeter dicke Einlage angebracht, dadurch wurde die Stellung des Beckens korrigiert und Jack saß sooft wie möglich in einem Schaukelstuhl, denn dies entlastete die Wirbelsäule. Kennedy hatte volles Vertrauen zu dieser erfolgreichen Ärztin – sie ging später mit ihm ins Weiße Haus.

Eine zweite Vorentscheidung für seine weitere politische Laufbahn war ein Buch, daß er während seiner langen Rekonvaleszentenzeit geschrieben hatte. „Profiles in Courage" (Zivilcourage) enthält eine Reihe kurzer Biographien von amerikanischen Politikern, von denen jeder in besonders schwierigen politischen Situationen außerordentliche Zivilcourage gezeigt hatte. Als das Buch 1956 erschien, wurde es ein sensationeller Erfolg. Der Inhalt entsprach dem wachsenden Bedürfnis der Nation nach geistiger Orientierung und Vitalität der Demokratie in einer Zeit der kommunistischen Drohungen. Das Buch steigerte die Popularität Kennedys und machte ihn zu einem Mann, der eben etwas mehr war als nur einer von vielen Politikern. Im Jahr darauf erhielt er für sein Werk den Pulitzer-Preis, und drei Jahre später war J. F. Kennedy der jüngste Präsident der Vereinigten Staaten.

Kennedys Verhältnis zu Frauen war extravagant. Die Zahl seiner kurzen Liebesabenteuer ist unübersehbar und reichte von kleinen Büroangestellten bis zu großen Filmstars. Daß er einen starken Hang zur Promiskuität hatte, ist unbestritten. Wie sein Vater, und stark beeinflußt von dessen kaum zu überbietender Untreue gegenüber der Mutter, suchte auch er vor allem die Quantität. Fast jede Nacht erschienen in seinem Junggesellenhaus in Washingtons Vorort Georgetown junge Frauen, meistens Stewardessen oder Sekretärinnen, deren Namen er am nächsten Vormittag sogleich wieder vergaß. Sein Umgang mit Frauen wird als „nett, witzig, amüsant“ beschrieben, aber zugleich völlig unverbindlich, ohne Herz; er betrachtete Frauen vornehmlich als sexuelle Wesen.

Es wäre aber völlig falsch, den Schluß zu ziehen, John F. Kennedy sei ein Sexualneurotiker und körperlich kranker Präsident gewesen, der dadurch in seinen Leistungen gemindert worden wäre. Vor allem durch sein persönliches Vorbild – verantwortungsbewußtes und opferbereites Handeln – übertrug er den Glauben an die Menschheit auf seine Mitbürger und prägte entscheidend den Aufbruch in die zweite Hälfte des 20. Jahrhunderts. In seiner Inaugurationsrede als Präsident am 20. Jänner 1961 sagte er: *„Fragt nicht, was Euer Land für Euch tun kann; fragt, was Ihr für Euer Land tun könnt!“* Diese Forderung wurde zum Programm der Kennedy-Regierung und der Jugend Amerikas.

Dallas, Texas, 22. November 1963, 12 Uhr 30[1])

Ein Freund fragte John F. Kennedy einmal, wie er am liebsten sterben würde. Nach einem kurzen Augenblick des Nachdenkens antwortete Jack: *„Oh, durch einen Schuß. Du erfährst nie, was dich getroffen hat. Ein Schuß ist die beste Lösung.“*

Die Reise nach Texas hatte politische Gründe. Die Demokraten des Staates waren zerstritten, für die 1964 bevorstehenden Präsidentschaftswahlen eine unerfreuliche Situation. Der Besuch Kennedys sollte Einheit und Geschlossenheit demonstrieren und die Zerwürfnisse zwischen dem Gouverneur John Connally und dem

[1]) Nach Dallas-Ortszeit; die amerikanische östliche Standardzeit (z. B. Washington) zeigt eine Stunde später.

Senator Ralph Yarborough schlichten. Und so bestiegen Jack und Jacqueline Kennedy am Donnerstag, den 21. November 1963, das Präsidentenflugzeug „Air Force One“ und flogen in Richtung Süden. Die letzte Nacht seines Lebens verbrachte er in einem Hotel in Forth Worth, 50 Kilometer von Dallas entfernt. Zwei Aussprüche von ihm am Morgen des 22. November erlangten Weltberühmtheit und werden immer wieder zitiert.

„Wenn irgend jemand den Präsidenten der Vereinigten Staaten erschießen will, ist das keine schwierige Sache. Alles, was man tun muß, ist: mit einem Gewehr mit Zielfernrohr auf ein hohes Gebäude steigen – niemand kann ein solches Attentat verhindern.“ Dies sagte er im Garten des Texas Hotels von Forth Worth zu Kenneth O'Donnell, einem engen Mitarbeiter und Sicherheitsexperten.

Nach einer anderen Quelle (Manchester 1967) soll er allerdings völlig unterschiedliche Worte gebraucht haben: *„Der gestrige Abend hätte sich vorzüglich für ein Attentat auf den Präsidenten geeignet. Ich meine es im Ernst, es regnete und war dunkel, und wir wurden in der Menge herumgeschoben. Stell dir vor, jemand hätte eine Pistole in der Aktentasche gehabt. Dann hätte er Pistole und Tasche fallen lassen – und in der Menge verschwinden können.“*

Und etwas später, während er auf dem Platz vor dem Hotel zu den Menschen sprach, unterbrachen ihn plötzlich Rufe: *„Wo ist Jackie?“*, worauf er die Wolkenkratzerfront hinaufweisend antwortete: *„Frau Kennedy macht sich zurecht. Es braucht etwas mehr Zeit bei ihr, aber sie sieht natürlich auch besser aus, als wenn wir Männer das tun.“*

Der Flug nach Dallas dauerte 13 Minuten. Auf dem Flugplatz erwartete den Präsidenten ein Lincoln Cabriolet mit kugelsicherem Verdeck. Er läßt jedoch, wegen des schönen Herbstwetters, das Dach abnehmen, die Bürger von Dallas sollen ihren Präsidenten nicht nur hinter kugelsicherem Glas sehen. Jackie und er nehmen im Fond des geräumigen Wagens Platz. Unmittelbar vor ihnen sitzen Gouverneur Connally und dessen Frau Nelly. Als Fahrer dient der FBI-Mann Bill Greer, und neben ihm sitzt ein weiterer Sicherheitsbeamter. Vier Motorradfahrer, zwei auf jeder Seite, flankieren das hintere Ende des Präsidentenwagens. Dann kam die Kolonne der anderen Fahrzeuge, insgesamt rund 20 Wagen. Der Konvoi fuhr langsam an winkender Menschenmenge vorbei durch die Stadt. Nelly Connally dreht sich auf ihrem Sitz dem Präsidenten zu und ruft: *„Mr. President, Sie können wohl nicht sagen, daß Dallas Sie nicht liebt?“ „Das ist offensichtlich“*, lächelte Kennedy. Die Wagen bewegten sich mit etwa 16 Stundenkilometer einem offenen Gelände zu. Zur Linken der Kolonne erstreckte sich die weite, grasbedeckte Dealey Plaza, zur Rechten ragte die Texas School Book Depository empor, das letzte Hochhaus in diesem Teil der Stadt. Sie kamen zu einer Böschung, wo die Straße dann abwärts auf eine Unterführung zulief. Ein Polizist im ersten Begleitwagen deutete auf den Tunnel vor sich: *„Wir haben's fast geschafft“* – es war 12 Uhr 30.

Oben: Sekunden vor dem Attentat.
Unten: Nach dem 1. Treffer sinkt der Präsident nach links zusammen.

Dann fielen mehrere Schüsse in schneller Folge. Der Präsident sank in seinem Sitz nach links-seitwärts zusammen, mit beiden Händen zum Hals greifend. Gouverneur Connally drehte sich um, da wurde er selbst getroffen und schwer verletzt. Frau Connally hörte nur Jacqueline schreien: *„Mein Gott, was geschieht denn? Mein Gott, man hat Jack ermordet! Man hat meinen Mann ermordet! Jack! Jack!“* – das letztere wiederholte sie immer wieder.

Drei Schüsse wurden gehört, von denen zwei den Präsidenten trafen. Der erste Schuß war nicht tödlich. Er durchschlug die untere Nackenregion, streifte die rechte Lunge, verletzte die Luftröhre und trat vorne am Hals wieder aus, um anschließend Connally zu treffen[1]). Der zweite Treffer tötete Kennedy, das Projektil durchschlug den Schädel, welcher buchstäblich zerplatzte.

Die Sicherheitsbeamten waren für den Ernstfall trainiert, nun aber brach das Chaos aus. Der Wagen beschleunigte stark, ein Leibwächter sprang auf, einige Passanten warfen sich zu Boden, die meisten hatten aber gar nicht mitgekriegt, was geschehen war. Und ein Amateur filmte seelenruhig das ganze Geschehen und ging dadurch in die amerikanische Kriminalgeschichte ein. Obwohl der nur 18 Sekunden lange Film des Abraham Zapruder sehr bekannt ist und keine Beschreibung ihn ersetzen kann, soll sein Inhalt kurz wiedergegeben werden.

Das Auto fährt auf die Kamera zu, man sieht den Präsidenten und seine Frau, in die Sonne lächelnd und der Menge zuwinkend. Dann verschwindet der Wagen für einen Augenblick hinter einem Verkehrszeichen. Als er wieder zum Vorschein kommt, hebt der Präsident beide Hände geballt zu seinem Hals hoch. Gouverneur Connally dreht sich um und schaut auf den getroffenen Präsidenten. Dann will er sich wieder zurückwenden, hält inne, und man sieht, auch er ist getroffen worden. Jacqueline Kennedy schaut ihren Mann an, der sich nach vorne zur Linken neigt. Der Kopf des Präsidenten bewegt sich fast unmerklich nach vorwärts und dann zerspringt sein Schädel in einer Gischt von Blut und Gehirnsubstanz. Er wird nach rückwärts geschleudert, prallt dann nach vorne zurück und fällt in die Arme seiner Frau. Mrs. Kennedy greift verzweifelt nach einem Bruchstück des Schädelknochens auf dem Rücksitz, und ein Geheimagent springt von rückwärts auf den Wagen, der beschleunigt und in der Ferne verschwindet.

Im knapp sechs Kilometer entfernten Parkland Memorial Hospital läutet um 12 Uhr 32 in der Zentrale das Telefon: *„601 kommt auf Code 3. Alles bereit machen!“*

601 war die Rufnummer der Motorradeskorte des Präsidenten, Code 3 bedeutete höchste Alarmstufe.

Der erste Arzt, der den Präsidenten sah, war der chirurgische Assistenzarzt Dr. Charles J. Carrico. Er gab später zu Protokoll: *„Der Präsident lag auf dem Rücken, seine Haut war bläulichweiß verfärbt. Der Atem war langsam, krampfhaft und unrhythmisch. Er war völlig bewegungslos, die Augen standen weit offen, die Pupillen zeigten keine Reaktion auf Licht. Ein Puls war nicht zu spüren.“*

Dann übernahm Dr. Malcolm O. Perry, Facharzt für Chirurgie, die Wiederbelebungsversuche: *„Ich wußte, wenn überhaupt noch eine Chance bestand, mußte ich einen Luftröhrenschnitt machen. In der gleichen Zeit wurden dem Präsidenten Blut und Flüssigkeit zugeführt, um den Kreislaufschock zu bekämpfen. Zur Behandlung der bekannten Nebennierenschwäche gab Dr. Carrico Hydrokorti-*

[1]) Das Projektil durchschlug Rücken und Brustkorb, das rechte Handgelenk und den linken Oberschenkel des Gouverneurs. Er wurde durch eine Notoperation gerettet.

son. Künstliche Beatmung und Herzmassage wurden begonnen. Die Blutung aus der großen Wunde an der rechten Kopfseite hatte aufgehört, weil kein Blut mehr im Körper war."

Der Elektrokardiograph zeigte keine Herzaktion. Um 13 Uhr erklärte der Neurochirurg Dr. William K. Clark den 35. Präsidenten der Vereinigten Staaten für tot.

Um 14 Uhr 47 hob die „Air Force One" vom Flugfeld in Dallas ab. Im vorderen Teil der Maschine wurde Lyndon B. Johnson [1]) als neuer Präsident vereidigt, im hinteren Teil lag die Leiche Kennedys in einem Sarg, den ein geschäftstüchtiges Bestattungsinstitut sofort an das Spital geliefert hatte. Die Obduktion fand am selben Tag um 20 Uhr im National Naval Medical Center, Bethesda, Maryland, statt.

Was aber geschah in der Zwischenzeit bei der Fahndung nach dem Täter?

Nach der bundesstaatlichen Verfassung der USA sind für die kriminalistische Untersuchung von Verbrechen allein die lokalen Behörden zuständig. Diese waren der Situation nur teilweise gewachsen.

Die lokale Polizei konnte zwar rasch feststellen, daß die Schüsse aus einem oberen Stockwerk des städtischen Schulbuchverlages gekommen waren, denn im fünften Stockwerk wurden Patronenhülsen und ein Gewehr mit Zielfernrohr gefunden. Der Verdacht konzentrierte sich auf einen Angestellten des Verlages, Lee Harvey Oswald (1939–1963). Die Fahndung wurde aufgenommen, eine Dreiviertelstunde nach dem Attentat erkannte der Streifenpolizist J. T. Tippet den verdächtigen Oswald. Als er ihn festnehmen wollte, wurde er von diesem mit einem Revolver Smith & Wesson .38 erschossen. Oswald flüchtete darauf in ein nahegelegenes Kino, dort wurde er kurze Zeit später verhaftet. Während des Handgemenges mit der Polizei schrie er: *„Jetzt ist alles vorbei!"*

Etwa eine Stunde nach dem Attentat war also der Täter gefaßt. Die Tatwaffe, ein Mannlicher-Carcano-Gewehr, welches Oswald gehörte, sowie drei ausgeworfene Patronenhülsen waren nahe dem Fenster des fünften Stockwerkes im Schulbuchverlag sichergestellt worden. Oswald hatte hier aus Bücherkartons eine Art Schießstand zusammengestellt, einige Buchbehälter dienten als Auflage für das Gewehr. Dies war ein eindeutiger Beweis.

Die Waffe war eine Repetierbüchse mit Zielfernrohr, Kaliber 6.5 mm, Seriennummer C-2766, gefertigt in Terni, Italien. Die dazugehörigen Patronen erreichen eine Fluggeschwindigkeit von 700 m/sec, die transportierte Energie sind 2500 Joule. Dies entspricht einem Hochgeschwindigkeitsgeschoß mit katastrophaler Wirkung. Ein Handflächenabdruck am Lauf des Gewehres wurde zuverlässig als der von Oswalds rechter Hand identifiziert. Es wurden mehrfach Meinungsverschiedenheiten ausgetragen, ob es für Oswald schwierig war, den

[1]) L. B. Johnson (1908–1973), 36. Präsident der USA von 1963–1969.

Hier stand der Schütze, unter sich die Elm-Street, wo die Autokolonne fuhr.
Im Hintergrund die Straßenunterführung.

Präsidenten zu treffen. Bei seiner Ausbildung und dieser Waffe nicht: Lee H. Oswald war drei Jahre bei der Marine-Infanterie der USA und erlangte im Militärdienst die Qualifikation eines Scharfschützen. Es war das einzige Handwerk, das er in seinem Leben lernte. Oswald sah aus dem fünften Stock des Lagerhauses auf ein Ziel hinunter, welches sich in einer Entfernung von etwa 80 Metern langsam von ihm weg bewegte; das Zielfernrohr verringerte den Abstand auf 20 Meter. Bei dieser Distanz konnte ein ausgebildeter Scharfschütze kaum vorbeischießen.

Das Zielfernrohr ermöglichte ein punktgenaues Schießen.

Bereits kurz nach dem Attentat wurden Spekulationen über Mehrfachtäterschaft, Verschwörung und einen gelenkten Mordanschlag laut. Spezielle Kommissionen prüften die Ermittlungen – es traten zwar zahlreiche Widersprüche in den Zeugenaussagen auf, jedoch konnte kein kriminalistischer Fehler festgestellt werden. Jedenfalls wurde keinerlei Beweis, daß Oswald nicht der Mörder war, erbracht.

Der Streit der Meinungen konzentrierte sich immer wieder auf die Anzahl der abgegebenen Schüsse, denn eine Reihe von Zeugen sprach von mehr als drei. Dies ist durchaus verständlich, denn beim Schuß ist zwischen Geschoß- und Mündungsknall zu unterscheiden. Überschallschnelle Geschosse (mehr als 330 m/sec) erzeugen einen peitschenartigen Knall, während an der Waffenmündung durch den hohen Druck der Pulvergase ein relativ dumpfer Laut entsteht. Geschoß- und Mündungsknall werden dann getrennt wahrgenommen, wenn sie mit einer zeitlichen Differenz von mindestens 0,17 Sekunden am Ohr des Beobachters ankommen. Weitere Komplikationen treten auf, wenn im Bereich reflektierender Wände (Straßen, Hausmauer, Unterführungen, Baumalleen u. dgl.) geschossen wird. Es können mehrere Echos entstehen, sodaß schon bei Abgabe nur eines Schusses der Eindruck einer „Schießerei" täuschend gewonnen werden kann. Es ist somit diesbezüglichen Zeugenaussagen nur beschränkter Wert beizumessen.

Man hat auch behauptet, drei Schüsse seien unmöglich, denn der fragliche Zeitraum betrage nur sechs Sekunden und Versuche haben ergeben, daß mindestens 2,3 Sekunden nötig waren, um Oswalds Gewehr durchzuladen: drei Schüsse mal 2,3 Sekunden = 6,9 Sekunden. Doch diese Berechnung ist falsch. Die zutreffende Zeitabfolge sieht so aus: 1. Schuß – 2,3 Sekunden vergehen zum Durchladen; 2. Schuß – 2,3 Sekunden vergehen zum Durchladen; 3. Schuß – dann sind insgesamt erst 4,6 Sekunden vergangen.

Polizei und Staatsanwalt zeigten sich über den raschen Erfolg der Täterermittlung erfreut. Doch dann wurde der Mörder selbst erschossen; kein Geständnis, keine Aussagen, kein eindeutiges Motiv. Dadurch entstanden endgültig die abenteuerlichsten Phantasiegeschichten um die Ermordung Kennedys.

Was war geschehen? Zwei Tage nach der Verhaftung am 24. November sollte Oswald aus dem Polizeigefängnis im Rathaus in das Bezirksgefängnis von Dallas überstellt werden. Der Zeitpunkt wird der Öffentlichkeit bekanntgegeben, zahlreiche Menschen haben sich eingefunden, das Fernsehen überträgt live. Während der mit Handschellen gefesselte Oswald von Journalisten mit Fragen bestürmt wird, tritt ein kleiner, gedrungener Mann aus der Menge und feuert aus kürzester Distanz einen Revolverschuß[1]) auf ihn ab. Der Schütze läßt sich widerstandslos festnehmen, es ist der Barbesitzer Jack Ruby, geboren 1911 als Jacob Rubinstein in Chikago.

Lee Harvey Oswald stirbt nach zwei Stunden, ohne das Bewußtsein wiedererlangt zu haben, im gleichen Parkland Hospital, wo auch der Tod Kennedys festgestellt wurde. Der tote Oswald konnte den Behörden nichts mehr mitteilen, auch bei Ruby verlaufen die Recherchen nach eventuellen Verbindungen ohne Ergebnis. Er wird zum Tode verurteilt, zu lebenslanger Haft begnadigt und stirbt 1967 im Gefängnis an Krebs, ohne irgendeine wesentliche Aussage gemacht zu haben.

So verbleibt als einzige Möglichkeit, aus der psychischen Struktur Oswalds heraus Hinweise auf sein Motiv und die Durchführung der Tat zu gewinnen.

[1]) Das Projektil, Kal. 38, durchschlug Leber, Gallenblase und Bauchschlagader.

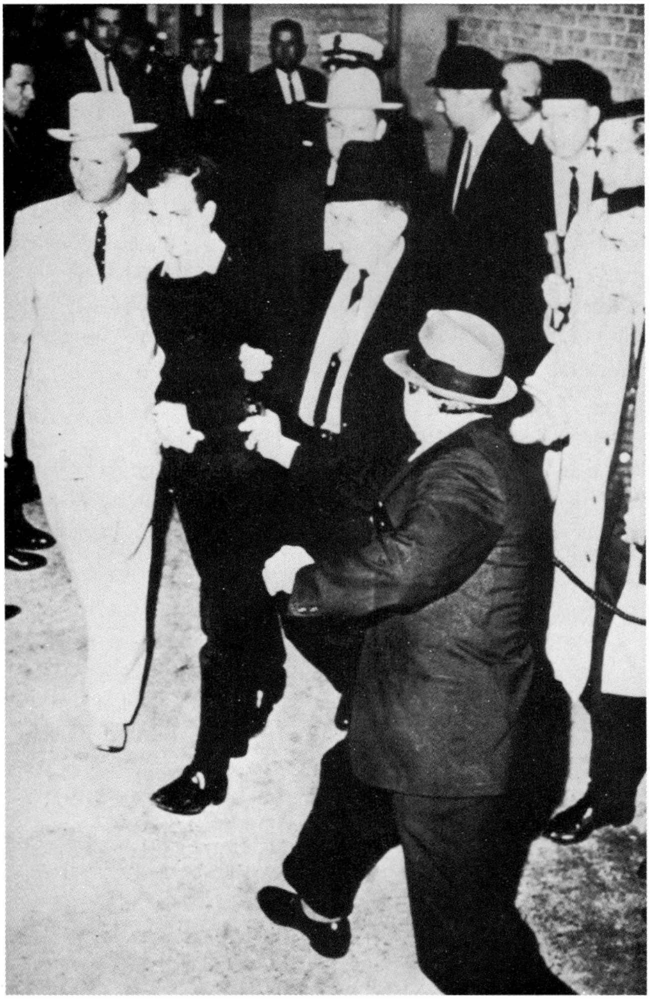

Zwei Tage nach dem Attentat wurde am 24. November 1963 Lee Harvey Oswald im Keller des Polizeigefängnisses von Jack Ruby erschossen.

L. H. Oswald war in seinem 24jährigen Leben ein Versagertyp. Ohne erlernten Beruf litt er an Verfolgungswahn und unbestimmten Rachegelüsten. Nach dreijähriger Militärzeit bei den Marinesoldaten wurde er, nicht zuletzt wegen prosowjetischer Neigungen, unehrenhaft entlassen. Allerdings hatte er aus dieser Zeit eine Fertigkeit erworben: er war zum Scharfschützen ausgebildet worden. Er reiste in die Sowjetunion und brachte von dort seine Ehefrau Marina Nikolajewna (geb. 1942) mit. Das Paar bekam eine Tochter und erwartete ein zweites Kind – dennoch hatten sie sich auseinandergelebt. Marina war mit dem Kind zu einer

Freundin gezogen, Oswald waren nur Wochenendbesuche erlaubt. Er fand eine Anstellung im Schulbuchlager der Stadt, wo er Bücher in Kisten zu verpacken hatte. Es war einer jener unheimlichen Zufälle der Geschichte, daß Oswalds Arbeitsplatz zugleich der denkbar günstigste Standort für einen Scharfschützen war, der ein Auto unterhalb des Hochhauses treffen wollte.

Am Tag vor der Fahrt des Präsidenten durch Dallas kam Oswald in das Haus von Ruth Paine, der Freundin von Marina, und versuchte flehentlich, seine Frau zur Rückkehr zu bewegen; sie lehnte ab, und es erfolgte der endgültige Bruch. Im selben Haus hatte Oswald sein Gewehr in der Garage versteckt. Psychoanalytisch gesehen ist es durchaus möglich, daß Oswald – trotz paranoider Ideen, Einsamkeitsfurcht und Neidgefühlen dem Präsidenten gegenüber – bis dahin noch keinen Entschluß gefaßt hatte. Erst als Marina ihn eindeutig abgewiesen hatte, erst dann suchte er nach dem Gewehr.

Aus diesem Gesichtspunkt her wäre das „Geheimnis" des Attentats nicht in politischer Radikalität, nicht in Kuba oder Moskau, nicht in einer Verschwörung im Inland oder Ausland, sondern in der gescheiterten Ehe der Oswalds zu suchen – eine Theorie, die vom menschlich-psychischen her einiges für sich hat.

Ein mangelhafter Obduktionsbefund

Eine der Schwachstellen in den offiziellen Ermittlungsberichten zum Tode Präsident Kennedys ist der Obduktionsbefund. Keiner der an der Autopsie beteiligten Ärzte hatte ausreichende Erfahrung für die fachgemäße Auswertung eines durch Schußwunden verursachten Todesfalles. Die in solchen Fällen obligate Untersuchung der Kleidungsstücke wurde unterlassen, die Beschreibung der Organe ist unvollständig.

Der Wortlaut des Obduktionsprotokolls ist (vom Autor ins Deutsche übertragen) folgender:
Auf der ersten Seite befinden sich, entsprechend einem standardisierten Formblatt, Angaben zur Identifikation von Zeit, Ort und Personen.

„Autopsie-Protokoll A63-272
Todeszeit 22. November 1963, 13^{00} (central standard time)
Zeitpunkt der Autopsie 22. November 1963, 20^{00} (eastern standard time)
Prosektor CDR[1]) *J. J. Humes, MC*[2]), *USN*[3])
Assistenten CDR J. Thornton Boswell, MC, USN
LCOL[4]) *Pierre A. Finck, MC, USN*
Größe – 72½ inches[5])

[1]) Commander, entspricht dem Dienstgrad eines Fregattenkapitäns.
[2]) Medical Corps, entspricht der medizinischen Abteilung des Militärs.
[3]) United States Navy, entspricht der Militärmarine.
[4]) Lieutenant Colonel, entspricht dem Dienstgrad eines Oberstleutnants.
[5]) Entspricht 181 cm.

Gewicht – 170 pounds[1])
Augen – blau
Haar – rötlichbraun

Todesursache: Gewehrschußwunde, Kopf
Identifikation des Patienten: Präsident der Vereinigten Staaten
Kennedy, John F.
Alter 46
Geschlecht männlich
Rasse kaukasisch[2])

Zusammengefaßte Vorgeschichte

Laut den zur Verfügung stehenden Informationen befand sich der Verstorbene, Präsident John F. Kennedy, in einem offenen Wagen in einer Autokolonne während eines offiziellen Besuches in Dallas, Texas, am 22. November 1963. Der Präsident saß auf dem rechten Rücksitz mit Mrs. Kennedy an seiner linken Seite. Unmittelbar vor dem Präsidenten saß Gouverneur John B. Connally[3]) *aus Texas und direkt vor Mrs. Kennedy saß Mrs. Connally*[3]). *Das Fahrzeug bewegte sich mit langsamer Geschwindigkeit bergab zu einer Unterführung, welche auf eine Stadtautobahn zum Dallas Trade Mart führt, wo der Präsident eine Ansprache halten sollte.*

Drei Schüsse wurden gehört, und der Präsident fiel vorwärts, aus dem Kopf blutend. (Gouverneur Connally[3]) *wurde durch das gleiche Gewehrfeuer schwer verletzt.) Laut Zeitungsberichten (‚Washington Post' 23. November 1963) sagte Bob Jackson, ein Photograph von ‚Times Herald' in Dallas, daß er aufblickte, als er die Schüsse hörte, und einen Gewehrlauf in ein Fenster eines oberen Stockwerkes des nahegelegenen Bücherlagers der Texas School verschwinden sah.*

Sofort nach der Verwundung der beiden Männer wurde das Auto zum Parkland Hospital in Dallas gefahren. Im Notaufnahmeraum des Krankenhauses wurde der Präsident von Dr. Malcolm Perry untersucht. Telephonische Rücksprache mit Dr. Perry am 23. November 1963 ergab folgenden Bericht über die Beobachtungen Dr. Perrys und die Behandlungsversuche, welche vor dem Tod erfolgten.

Dr. Perry sah die massive Kopfwunde und eine zweite, viel kleinere Wunde an der unteren vorderen Halsseite, etwa in der Mittellinie. Durch Erweiterung dieser Wunde wurde eine Tracheotomie[4]) *angelegt. Dabei bemerkte man das Austreten von mit Luftbläschen vermischtem Blut aus dieser Wunde, und eine Verletzung der rechten Seitenwand der Luftröhre wurde festgestellt. Beiderseits wurden an der Vorderseite der oberen Brustkorbwand Inzisionen*[5]) *durchgeführt, um ein*

[1]) Entspricht 76,5 kg.
[2]) Damit ist weiß-westeuropäisch gemeint.
[3]) Im Originaltext steht als Schreibfehler Connolly.
[4]) Luftröhrenschnitt zum Zwecke der künstlichen Beatmung.
[5]) Einschnitte in die Haut.

mögliches Hautemphysem[1]) *zu verhindern. Intravenöse Infusionen mit Blut und Kochsalz wurden begonnen und Sauerstoff wurde zugeführt. Trotz dieser Maßnahmen trat ein Herzstillstand auf, äußere Herzmassage konnte die Herzaktion nicht wieder in Gang bringen. Der Präsident wurde etwa 30–40 Minuten, nachdem er die Verletzungen erlitten hatte, für tot erklärt.*

Die Leiche wurde im Präsidentenflugzeug nach Washington, D.C., gebracht und danach zum Zwecke der Leichenöffnung zur Naval Medical School, National Naval Medical Center, Bethesda[2]), *Maryland.*

Allgemeine Beschreibung des Körpers

Der Körper entspricht einem muskulösen, gut gebauten und gut genährten, erwachsenen weißen Mann, 181 cm groß und etwa 76 kg schwer. Es findet sich eine beginnende Totenstarre, spärlich Totenflecken am Rücken und einsetzende Totenkälte. Das Kopfhaar ist rötlichbraun und reichlich, die Augen blau, die rechte Pupille mißt 8 mm im Durchmesser, die linke 4 mm. Am inneren Lidwinkel des linken Auges zeigen sich ödematöse[3]) *Schwellung und Blutungen im Ausmaß von etwa 1,5 cm. Ödem*[3]) *und Blutungen finden sich diffus über der rechten Augenbraue, mit abnormer Beweglichkeit des darunterliegenden Knochens. (Die Reste der Kopfhaut werden mit dem Schädel beschrieben.)*

Geronnenes Blut befindet sich außen an den Ohren, aber sonst sind Ohren, Nasenöffnungen und Mund unauffällig. Die Zähne sind ausgezeichnet saniert, die Mundschleimhaut erscheint blaß.

Oben rechts an der Rückseite des Brustkorbes, gerade über dem oberen Rand des Schulterblattes, liegt eine 7:4 Millimeter große, ovale Wunde. Diese Wunde ist 14 cm von der Spitze des rechten Akromion[4]) *entfernt und liegt 14 cm unterhalb der Spitze des rechten Warzenfortsatzes*[5]).

Unten an der Vorderseite des Halses, etwa in Höhe des 3. und 4. Luftröhrenringes, befindet sich eine 6,5 cm lange, quere Wunde mit weit klaffenden unregelmäßigen Rändern. (Die Tiefe und die Besonderheiten dieser Wunden werden weiter unten beschrieben.)

An der vorderen Brustwand in der Mamillarlinie[6]) *sind beiderseits 2 cm lange, horizontale chirurgische Inzisionen in das subkutane Gewebe gelegt. Der Einschnitt auf der linken Seite ist 11 cm oberhalb der Brustwarze, der Einschnitt rechts 8 cm. An diesen Schnittwunden zeigen sich keine Blutungen. Eine in*

---

[1]) Luftaustritt in das Unterhautzellgewebe.

[2]) Obwohl in einem anderen Bundesstaat gelegen, ist Bethesda praktisch ein Vorort von Washington.

[3]) Ödem ist eine abnorme Flüssigkeitsansammlung im Gewebe.

[4]) Schulterblatthöhe.

[5]) Knochenvorsprung unterhalb und hinter dem Ohr.

[6]) Vertikal gedachte Linie, durch die Brustwarze verlaufend.

gleicher Weise reine Wunde von 2 cm Länge befindet sich vorne seitlich in der Mitte des linken Armes. Vorne an der Außenseite beider Fußknöchel findet sich eine frische, 2 cm lange, quere Inzision in das Unterhautgewebe.
Rechts im Unterbauch ist eine alte, gut geheilte, 8 cm lange Narbe [1]). *Über der Lendenwirbelsäule in der Mittellinie befindet sich eine alte, gut geheilte Narbe* [2]). *An der Vorder- und Außenseite des rechten Oberschenkels befindet sich eine alte, gut geheilte, 8 cm lange Narbe.*

Geschoßwunden:
1. Es findet sich ein großer, unregelmäßiger Defekt der Kopfhaut und des Schädeldaches auf der rechten Seite, hauptsächlich betreffend das Scheitelbein, aber auch die Schläfen- und Hinterhauptsregion. An dieser Stelle liegt ein völliges Fehlen von Kopfhaut und Knochen vor, der Defekt mißt etwa 13 cm im größten Durchmesser.

Von den unregelmäßigen Rändern des Defektes in der Kopfhaut gehen Risse sternförmig in die mehr oder weniger intakte Haut in folgender Lage:
a) vom rechten unteren temporo-parietalen Rand vor dem rechten Ohr, bis zu einem Punkt knapp oberhalb des Tragus;
b) vom vorderen parietalen Rand nach vorne zur Stirn, bis etwa 4 cm oberhalb der rechten Augenbraue;
c) vom linken Rand des Hauptdefektes über die Mittellinie nach vorne seitlich, auf eine Strecke von etwa 8 cm;
d) vom selben Ursprung ca. 10 cm nach rückwärts-seitlich.

In der Haut des Hinterkopfes, etwa 2,5 cm seitlich nach rechts, und ein wenig oberhalb der Protuberantia occipitalis externa befindet sich eine Zerreißungswunde 15:6 cm messend. Im darunterliegenden Knochen liegt eine korrespondierende Schädelwunde, welche abgeschrägte Ränder des Knochens, von innen her gesehen, erkennen läßt.

In dem oben beschriebenen großen Schädeldefekt und aus demselben herausquellend, liegt zertrümmertes Hirngewebe, welches bei genauer Betrachtung einem Großteil der rechten Großhirnhälfte anzugehören scheint. Auch sei hier angemerkt, daß die Falx cerebri [3]) *ausgedehnt zerstört und der Sinus sagittalis* [4]) *superior eingerissen ist.*

Nach Zurückschlagen der Kopfhaut sieht man zahlreiche Knochenbruchlinien, welche sternförmig sowohl vom großen Defekt am Scheitel wie auch von der kleineren Wunde am Hinterkopf ausgehen; dieselben sind sehr unterschiedlich in Länge und Richtung, die längste mißt etwa 19 cm. Dadurch resultiert eine

---

1) Narbe nach Blinddarmoperation.
2) Narbe nach den Operationen an der Wirbelsäule.
3) Großhirnsichel, ein Teil der harten Hirnhaut.
4) Venöses Blutgefäß innerhalb der harten Hirnhaut.

Vielzahl von Knochenbruchstücken, in der Größe variierend zwischen wenigen Millimetern bis zu 10 cm im größten Durchmesser.

Die Vielfalt der Frakturen und der Knochenfragmente, die dadurch entstanden sind, erlauben keine zufriedenstellende Beschreibung durch Worte und lassen sich daher besser durch Photographien und Röntgenaufnahmen darstellen, welche angefertigt wurden.

Das Gehirn wird herausgenommen und für spätere Untersuchungen in Formalin fixiert.

Als getrennte Objekte wurden aus Dallas, Texas, drei Knochenfragmente des Schädeldaches übersandt, welche zusammengefügt ungefähr der Ausdehnung des oben beschriebenen großen Defektes entsprechen. An einer Ecke des größten Fragmentes ist ein Teil der Zirkumferenz einer rundlichen Knochenverletzung zu sehen, wahrscheinlich entsprechend einem Ausschuß mit abgeschrägtem äußerem Rand und etwa 2,5–3,0 cm im Durchmesser haltend. Röntgenaufnahmen dieses Knochenfragmentes zeigen kleine Metallpartikel am Rand. Röntgenaufnahmen des Schädels decken zahlreiche kleine Metallbruchstücke auf, angeordnet entlang einer Verbindungslinie zwischen der oben beschriebenen kleinen Hinterkopfwunde und dem rechten Augenbrauenwulst. Von der Oberfläche der zerstörten rechten Großhirnrinde wurden zwei kleine, unregelmäßig geformte Metallbruchstücke abgenommen; dieselben messen 7:2 und 3:1 mm. Diese Metallteile werden den Agenten des FBI, Francis X. O'Neill, Jr., und James W. Sibert übergeben, welche eine Empfangsbestätigung ausstellen (liegt bei).

2. Die zweite Wunde, welche wahrscheinlich einem Einschuß entspricht, ist die bereits an der oberen rechten Brustkorbrückseite beschriebene. Unter der Haut finden sich dort Blutungen im subkutanen Gewebe und in der Muskulatur. Der Schußkanal durch Faszie und Muskeln kann nicht leicht sondiert werden. Die wahrscheinliche Ausschußwunde ist die von Dr. Malcolm Perry aus Dallas beschriebene Wunde an der Vorderseite der unteren Halsregion. Als die Wunde von Dr. Perry gesehen wurde, hatte sie eine Größe von ‚wenigen Millimetern im Durchmesser'; allerdings wurde sie als Tracheostoma erweitert, und deshalb ist die ursprüngliche Charakteristik zum Zeitpunkt der Autopsie zerstört. Gleichwohl finden sich ausgedehnte Blutungen in der Muskulatur der rechten Halsseite und im Bindegewebe um die Luftröhre, entsprechend der Tracheostomiewunde. Der dritte Bezugspunkt zur Verbindung beider Wunden ist die Spitze der rechten Pleurakuppel[1]) (supraklavikulärer Teil). An dieser Stelle findet sich eine Quetschung der parietalen Pleura[2]) und des äußersten Spitzenteiles des rechten Lungenoberlappens. In beiden Fällen beträgt der Durchmesser der Quetschung wie auch Blutung an der Stelle der größten Ausdehnung 5 cm. Sowohl die viszerale wie auch die parietale Pleura sind an der Stelle der Gewalteinwirkung intakt.

---

[1]) Oberster Teil der rechten Brusthöhle (supraklavikulär bedeutet oberhalb des Schlüsselbeines).

[2]) Rippenfell.

Inzisionen[1])

Die Wunden der Kopfhaut werden in der Frontalebene erweitert, um den Inhalt der Schädelhöhle untersuchen zu können, und der übliche y-förmige Schnitt wird angelegt, um die Körperhöhlen zu eröffnen.

Brusthöhle

Der knöcherne Brustkorb ist unauffällig. Die Brustorgane sind in normaler Position und Lagebeziehung, in den Pleurahöhlen keine vermehrte Flüssigkeit. Allein das oben beschriebene Quetschungsgebiet im Spitzenbereich der rechten Pleurahöhle ist auffällig.

Lungen

Beide Lungen sind von im wesentlichen gleichem Aussehen, die rechte wiegt 320 Gramm, die linke 290 Gramm. Die Lungen sind gut durchlüftet, mit glatter, glänzender Pleura und von graurosa Farbe. Ein 5 cm im Durchmesser haltendes Areal von dunkelroter Verfärbung und erhöhter Konsistenz findet sich im Spitzenbereich des rechten Oberlappens. Dies entspricht dem ähnlichen Areal, welches an der parietalen Pleura beschrieben wurde. Ein Schnitt in diesem Gebiet zeigt eine frische Blutung im Lungengewebe.

Herz

Der Herzbeutel ist glattwandig und enthält etwa 10 cm^3 strohfarbene Flüssigkeit. Das Herz ist im wesentlichen von normaler äußerer Konfiguration und wiegt 350 Gramm. Die Lungenschlagader wird in situ eröffnet, es finden sich keine Abnormitäten. Die Herzkammern enthalten eine geringe Menge postmortaler Blutgerinnsel. Keine Veränderungen an den Segeln der Herzklappen. Im folgenden die Abmessungen des Umfanges der Herzklappen: Aorta 7,5 cm, Pulmonalis 7 cm, Trikuspidalis 12 cm, Mitralis 11 cm. Die Herzmuskulatur ist fest und rötlichbraun. Die Muskeldicke des linken Ventrikels ist durchschnittlich 1,2 cm, des rechten Ventrikels 0,4 cm. Die Herzkranzarterien werden aufgeschnitten und zeigen normale Verzweigung sowie durchwegs glatte Wand und Elastizität.

Bauchhöhle

Die Bauchorgane sind in normaler Position und Lagebeziehung, es liegt keine vermehrte Peritonealflüssigkeit vor. Der Blinddarm ist chirurgisch entfernt, es finden sich einige Adhäsionen zwischen der Blinddarmgegend und der vorderen Bauchwand im Bereich der oben beschriebenen alten Narbe.

---

[1]) Einschnitte.

Skelettsystem

Außer den oben beschriebenen Schädelverletzungen gibt es keine auffälligen Skelettveränderungen.

Photographien

Schwarzweiß- und Farbphotographien der wichtigen Befunde werden aufgenommen, aber nicht entwickelt. Die Photographien werden dem Agenten des U.S. Secret Service, Roy H. Kellermann, übergeben, welcher eine Empfangsbestätigung ausstellt (liegt bei).

Röntgenaufnahmen

Röntgenaufnahmen werden sowohl vom ganzen Körper wie auch von den separat übermittelten drei Bruchstücken der Schädelknochen angefertigt. Die entwickelten Bilder werden dem Agenten des U.S. Secret Service, Roy H. Kellermann, übergeben, welcher eine Empfangsbestätigung ausstellt (liegt bei).

Zusammenfassung

Basierend auf den obenstehenden Beobachtungen ist unsere Meinung, daß der Verstorbene aufgrund von zwei perforierenden Schußverletzungen, hervorgerufen durch Hochgeschwindigkeitsgeschosse und abgefeuert von einer oder mehreren unbekannten Personen, zu Tode kam. Die Projektile wurden von einem Platz hinter und etwas oberhalb des Getöteten abgefeuert. Die Beobachtungen und erhältlichen Informationen erlauben keine halbwegs sichere Entscheidung über die zeitliche Abfolge der beiden Wunden.

Das tödliche Geschoß drang oberhalb und rechts von der Protuberantia occipitalis externa in den Schädel ein. Ein Teil des Projektils durchquerte die Schädelhöhle in posterio-anteriorer[1]*) Richtung (siehe seitliche Röntgenaufnahme) und hinterließ kleine Bruchstücke entlang seines Weges. Ein Teil des Projektils trat durch das rechte Scheitelbein aus, unter Mitnahme von Anteilen des Großhirns, der Schädelknochen und der Kopfhaut. Die beiden Schädelwunden, kombiniert mit der Gewalt des Geschosses, führten zu ausgedehnten Brüchen der Schädelknochen, Zerreißung des Sinus sagittalis superior und Zerstörung der rechten Großhirnhemisphäre.*

Das andere Geschoß trat rechts oben an der Rückseite des Brustkorbes oberhalb des Schulterblattes ein und durchschlug die Weichteile der Supraskapular[2]*)- und Supraklavikular*[3]*)-Region an der rechten Halsseite. Dieses Geschoß bewirkte eine Quetschung der parietalen Pleura im Spitzenbereich rechts sowie der rechten*

---

[1]) Von rückwärts nach vorne.
[2]) Oberhalb des Schulterblattes.
[3]) Oberhalb des Schlüsselbeins.

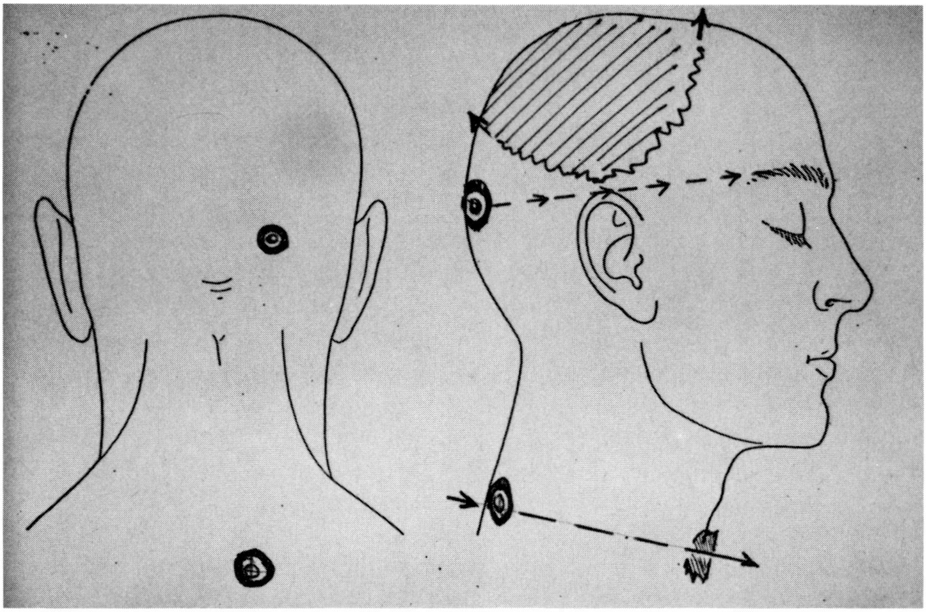

Der 1. Treffer durchschlug Nacken und Hals; der 2. Treffer riß Teile der Schädeldecke ab.

Lungenspitze. Das Geschoß quetschte die rechte seitliche Halsmuskulatur, zerstörte die Luftröhre und trat an der Vorderseite des Halses aus. Soweit beurteilbar, hat dieses Geschoß in seinem Verlauf keine Knochenstrukturen getroffen.

Weiters ist unsere Meinung, daß die Schädelwunde eine derart ausgedehnte Zerstörung des Gehirns verursachte, welche die Möglichkeit des Überlebens ausschließt.

Ein ergänzender Bericht wird, nach detaillierter und mikroskopischer Untersuchung des Gehirns, vorgelegt. Allerdings ist nicht anzunehmen, daß diese Untersuchungen die Befunde wesentlich verändern werden.

Ergänzungsbericht zu Autopsie-Nr. A63-272
Präsident John F. Kennedy

Pathologischer Untersuchungsbericht Nr. A63-272

Makroskopische Beschreibung des Gehirns:

Nach Formalinfixation wiegt das Gehirn 1500 g. Die rechte Großhirnhälfte ist ausgeprägt zerstört. Es findet sich eine in Längsrichtung verlaufende Zerstörung der rechten Hemisphäre, welche sich parasagittal[1]*) etwa 2,5 cm rechts der Mittellinie befindet und sich vom Pol des Hinterhauptlappens rückwärts bis zum Pol des*

[1]) Parallel zur Mittellinie.

Stirnlappens vorne erstreckt. Der Grund dieser Wunde liegt etwa 4,5 cm unterhalb des Scheitels in der weißen Substanz. Dabei liegt ein beträchtlicher Verlust der Rindensubstanz im Bereich dieser Wunde vor, namentlich im Scheitellappen. Die Begrenzung des Defektes ist durchwegs zackig und unregelmäßig, mit zusätzlichen Zerstörungen, welche in verschiedene Richtungen und unterschiedliche Wegstrecken von der Hauptverwundung abzweigen. Zusätzlich liegt eine Zerstörung des Balkens vor, vom Knie bis zum Schweif. In dieser letzteren Zerstörungswunde liegt das Innere des rechten Seitenventrikels und des dritten Ventrikels offen.

Von oben her betrachtet ist die linke Großhirnhälfte unversehrt. Es besteht eine ausgeprägte Blutfülle der Gefäße der weichen Hirnhaut im Bereich der linken Schläfen- und Stirnregion mit dazugehörigen Subarachnoidalblutungen[1]*). Die Gehirnwindungen und Furchen der linken Hemisphäre sind im wesentlichen von normaler Größe und Anordnung. Dieselben auf der rechten Seite zu sehr zerstört und unkenntlich, um genauer beschrieben zu werden.*

Von der Basis her gesehen ist wiederum die Zerstörung der rechten Großhirnrinde auffällig. Es liegt eine längsgerichtete Zertrümmerung des Mittelhirnes durch den Boden des dritten Ventrikels knapp hinter der Sehnervenkreuzung und den Mamillarkörpern vor. Diese Zertrümmerungsstraße hängt teilweise mit einem schräg gerichteten, 1,5 cm langen Ausläufer in den rechten Großhirnstiel zusammen. Weiters gibt es unregelmäßige oberflächennahe Verwundungen im Bereiche der Basis des linken Schläfen- und Stirnlappens.

Im Hinblick auf die Erhaltung des Gehirnpräparates wurden keine Frontalschnitte angelegt. Die nachfolgend genannten Blöcke wurden zur mikroskopischen Untersuchung entnommen:

a) vom Rand der Verwundung am rechten Scheitellappen;
b) vom Rand der Verwundung des Balkens;
c) vom vorderen Teil der Verwundung des rechten Stirnlappens;
d) vom geschädigten linken Stirn-Scheitellappen;
e) von der Durchtrennungsstelle zum Rückenmark;
f) von der rechten Kleinhirnrinde;
g) von der oberflächennahen Verwundung an der Basis des linken Schläfenlappens.

Im Zuge dieser Begutachtung wurden sieben Schwarz-Weiß- und sechs Farb-Negative (4 x 5 inch) belichtet, aber nicht entwickelt (die Kassetten mit diesen Negativen wurden Admiral George W. Burkley, MC, USN, [Arzt des Weißen Hauses] übergeben).

Mikroskopische Untersuchung:

Gehirn: *Zahlreiche Schnitte von, wie oben erwähnt, wesentlichen Arealen wurden untersucht. Alle Schnitte sind einander prinzipiell gleich und zeigen ausgeprägte Zertrümmerungen der Hirnsubstanz mit beglei-*

[1]) Blutungen unter die weichen Hirnhäute.

tenden Blutungen. In keinem der untersuchten Schnitte gibt es nennenswerte Abnormalitäten, außer den direkt auf das frische Trauma zurückzuführenden Veränderungen.

Herz: *Die Schnitte zeigen eine mäßige Menge von subepikardialem Fettgewebe. Die Herzkranzarterien, die Herzmuskulatur und das Endokard sind unauffällig.*

Lunge: *Schnitte durch das makroskopisch beschriebene Quetschungsgebiet im rechten Lungenoberlappen zeigen Zerreißung der Lungenbläschen und frische Blutungen. Sonst gibt es keine Auffälligkeiten.*

Leber: *Die Schnitte zeigen einen normalen Aufbau der Leberarchitektur. Die Leberparenchymzellen weisen ein gekörntes Zytoplasma auf, als Zeichen eines hohen Glykogengehaltes, entsprechend dem charakteristischen Aussehen des ‚Leber-Biopsie-Musters' beim plötzlichen Tod.*

Milz: *Keine wesentlichen Auffälligkeiten.*

Nieren: *Keine wesentlichen Auffälligkeiten, abgesehen von Ausweitung und Überfüllung der Blutgefäße jeglichen Kalibers.*

Hautwunden: Die Schnitte aus den Wunden in der Hinterkopf- und rechtsrückwärtigen Brustkorbregion sind im wesentlichen gleich. Jeweils findet sich eine Zertrennung der Haut mit Gewebsnekrose an den Wundrändern. Die Wunde der Kopfhaut läßt zahlreiche kleine Knochensplitter an den Rändern im Unterhautfettgewebe erkennen.

Zusammenfassung:

Dieser Ergänzungsbefund zeigt in Einzelheiten den hohen Schweregrad des Hirntraumas. Allerdings ändert weder dieser Untersuchungsbericht noch die mikroskopische Beurteilung den bereits früher erstellten Bericht und es können auch keine wesentlichen Details zur Todesursache hinzugefügt werden.“

An diesem Obduktionsprotokoll fällt zunächst auf, daß keineswegs alle Organe beschrieben wurden. Vor allem fehlt jegliche Erwähnung der Nebennieren, wobei ja jetzt die Ursache der Nebennierenrindeninsuffizienz von Präsident Kennedy hätte geklärt werden können. (Unbestätigten Mitteilungen zufolge habe die Familie Kennedy diesbezügliche Aussagen nicht gestattet.) Weiters ist für einen Pathologen völlig unverständlich, daß etwa über die Leber, die Nieren oder die Beckenorgane keinerlei Aussage gemacht wurde. Lediglich die Verletzungen wurden notdürftig rekonstruiert.

Trotz allem steht eindeutig fest, daß Präsident Kennedy von zwei Gewehrschüssen hinterrücks getroffen wurde. Für weitere Schützen bzw. Treffer liegt kein Hinweis vor. Der Präsidentenmord war die Aktion eines Einzeltäters, dessen Entschluß spontan kam. Kennedys Mörder war kein Gegenspieler oder ein Werkzeug desselben. Selbst nach mehr als 20 Jahren „Enthüllungsliteratur“ sind keinerlei konspirative Fäden glaubwürdig nachgewiesen worden. Es hat sich um einen sinnlosen, politisch unbegründeten Akt des Wahnsinns gehandelt, woran sich nahtlos die Tat von Jack Ruby anschloß, der den Präsidentenmörder drei Tage nach der Tat tötete. Keinerlei Geheimnis ist in diese Verkettung der Ereignisse hinein zu interpretieren.

Beispielhaft sei nur eine von mehreren Komplotthypothesen erwähnt: nicht Lee Harvey Oswald, sondern ein von der Mafia gedungener Korse habe den Präsidenten erschossen; er war als Polizist verkleidet und feuerte von vorne auf den sich nähernden Wagen. Diese Aktion, den obersten US-Politiker ermorden zu lassen, hätte den Decknamen *„das höchste Gemüse"* gehabt. Oswald dagegen wäre in Wirklichkeit ein CIA-Agent gewesen.

Diese Hypothese wurde anläßlich des 25. Jahrestages der Ermordung Kennedy's als Fernsehdokumentation präsentiert. Die vermeintliche Beweisführung stützte sich hauptsächlich auf die Aussage eines französischen Rauschgiftschmugglers, der seinem Aussehen nach dringend Geld brauchte. Das angegebene Tatmotiv wäre der Kampf der Brüder John F. und Robert Kennedy gegen die Mafia gewesen. Die Ermordung eines Staatspräsidenten ist allerdings kein geeignetes Mittel, um einer Verbrecherorganisation ihre Tätigkeit zu erleichtern; überdies hätte Robert Kennedy sich nicht gescheut, als Justizminister die entsprechenden Ermittlungen voranzutreiben. Letztlich ausschlaggebend ist jedoch der Obduktionsbefund, aus dem eindeutig hervorgeht, daß die Schüsse J. F. Kennedy von hinten trafen: und solch ein Protokoll läßt sich schon infolge der zahlreichen unmittelbar Beteiligten nicht fälschen.

Auch über das „was wäre wenn?" und die Zukunft zu spekulieren, ist sinnlos. Präsident Kennedy rief 1961 der anderen Weltmacht zu: *„Laßt uns gemeinsam die Sterne erforschen."* 20 Jahre später erklärte, im Gegensatz dazu, sein fünfter Nachfolger, Ronald Reagan, den Weltraum zum Standort einer Superwaffe, die im „Krieg der Sterne" die gegnerischen Kriegsmittel vernichten soll. Von der gemeinsamen Erforschung der Sterne bis zum Krieg der Sterne besteht eine entsetzliche Distanz, die – wäre Kennedy nicht vorzeitig aus dem Leben gerissen worden – vielleicht der Menschheit erspart geblieben wäre.

J. F. Kennedy war von 1961 bis 1963 der erste katholische Präsident der USA. Der Begründer dieser Glaubenslehre war ein Wanderprediger aus Galiläa, Jesus von Nazareth. Er wurde wegen angeblicher Gotteslästerung und politischer Herrscheransprüche angeklagt, verurteilt und – entsprechend der damaligen Strafvollzugsordnung – durch Kreuzigung hingerichtet.

Der Tod am Kreuz

Es gehört zu den faszinierendsten Aufgaben der medizinisch-wissenschaftlichen Forschung, einen Krankheitsablauf lediglich nach Indizien zu rekonstruieren. Wenn auch ein Obduktionsbefund fehlt, so kann die Todesursache nur aufgrund der verfügbaren Angaben erschlossen werden. Dies gilt im besonderen für den Tod am Kreuz. Jedermann kennt Bilder des gekreuzigten Christus, aber nur selten wurden medizinische Überlegungen nach Art und Weise des Kreuzigungstodes angestellt. Es ist möglich, daß sich die Ärzte des Altertums darüber Gedanken gemacht haben, besonders wenn man bedenkt, daß die Kreuzigung damals eine häufige Todesstrafe war und es daher genügend „Anschauungsmaterial“ gab. Die römischen Ärzte konnten aber keine zutreffende Vorstellung über diese Todesart entwickeln, da sie ja den Blutkreislauf und seinen Mechanismus noch nicht kannten. Anhand der schriftlichen Quellen (Neues Testament; griechische, römische und jüdische Schriftsteller), experimentelle Nachvollziehungen an Menschen und Tieren sowie durch die weitgehende Analogie zwischen Kreuzigung und Bergsteigerunfall, mit Sturz und Hängen am Seil, ist es möglich geworden, die medizinischen Aspekte des Kreuzigungstodes nachzuvollziehen und zu erklären. Das Leiden am Kreuz ist ein komplexer Vorgang, welcher letztendlich in einem irreversiblen Schockzustand endet.

JESUS VON NAZARETH
(etwa 4 v. Chr. – 30 n. Chr.)

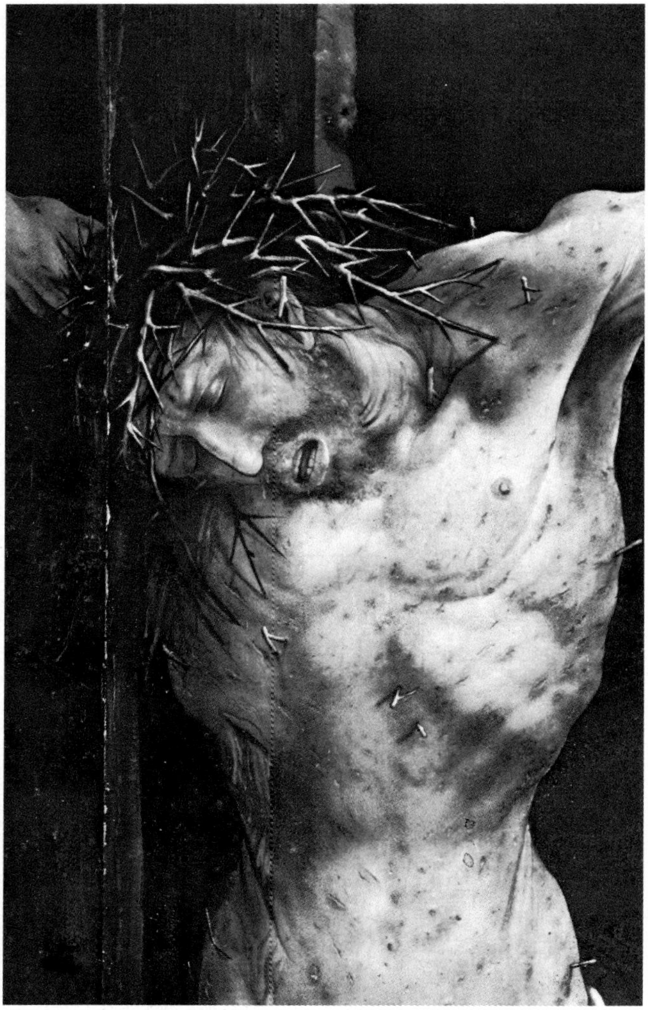

Mathias Grünewald: Christus am Kreuz.
(Ausschnitt vom Isenheimer Altar, um 1515).

Biographische Übersicht

Ein chronologisch zusammenhängendes Leben Jesu kann man nicht dokumentieren, allerdings gelingt mit unseren heutigen Kenntnissen die Darstellung eines wissenschaftlich ausreichend gesicherten Jesusbildes.

vor 4 v.Chr.	Das Geburtsjahr von Jesus ist unbekannt. Herodes der Große, König von Judäa, in dessen Regierungszeit die Geburt Jesu fiel, starb 4 v.Chr. Jesus ist die griechische Form des hebräischen Namens Josua. Er stammte aus dem kleinen galiläischen Ort Nazareth, ist jedoch möglicherweise in Bethlehem geboren worden. Sein in alten Texten selten genannter Vater Joseph war Zimmermann, seine Mutter hieß Maria, entsprechend dem hebräischen Mirjam. Namentlich genannt werden vier Brüder von Jesus (Jakob, Jossi, Juda und Simon), auch Schwestern werden erwähnt.
vor 28 n.Chr.	Johannes der Täufer trat auf und verkündete eine Taufe der Buße zur Sündenvergebung; sein mächtiger Einfluß auf das Volk brachte ihn in Gegensatz zu Herodes Antipas, dem Sohn von König Herodes d. Großen, der Johannes später aus machtpolitischen Gründen hinrichten ließ. Um das Jahr 28 wurde auch Jesus von Johannes getauft und begann danach, selbst zu predigen und zu lehren. Sein Vater war zu dieser Zeit schon gestorben – ob Jesus ebenfalls Tischler war, ist unsicher; er besaß rabbinische Bildung, war aber kein Rabbinerschüler.
26–36 n.Chr.	Pontius Pilatus war römischer Statthalter in Judäa.
nach 28 n.Chr.	Während der kurzen Zeit seiner öffentlichen Tätigkeit – höchstens 1–2 Jahre – wirkte Jesus ohne festen Wohnsitz hauptsächlich in Galiläa. Da die Familie sein Wirken und seine Lehre ablehnte, kam es zum Bruch mit der Mutter und den Geschwistern. Er scharte eine Gruppe von „Schülern“ um sich, doch bestand seine Tätigkeit nicht nur in Lehre, sondern auch in Krankenheilungen und Dämonenbannung. Die orientalische, spannungsvolle Bilderzählung, der kurze Spruch sowie das Gleichnis waren die häufigste Form seiner Predigten. Ihr Eindruck war von Anfang an gewaltig, das Volk drängte sich um ihn. Nicht geringeren Eindruck machten seine Taten. Es wird von der Heilung Gelähmter, Epileptiker und Tobsüchtiger berichtet; Blinde, Taube und Stumme, ja selbst Aussätzige spürten seine Heilkraft.
29 n.Chr.	Enthauptung Johannes des Täufers.

29–30 n.Chr. Mittelpunkt der Verkündigung von Jesus war das doppelte Gebot der Gottes- und Nächstenliebe. Nächstenliebe sei helfendes Dienen, Verzeihen, Verzicht auf eigenes Recht und Begehren; Gottesliebe sei Hingabe zum Tun des Guten, Freisein von Selbstsucht und Freiheit von irdischen Bindungen. Mit dem Widerspruch Jesu gegen die veräußerlichte Religion wird dem Göttlichen seine Überweltlichkeit zurückgegeben, sodaß es nicht zum Mittel für irdische Zwecke mißbraucht werden darf. Die Gottesherrschaft ist kein weltliches Reich mit Machtansprüchen und daher auch nicht das prophezeite Ende der Fremdherrschaft über Israel.

Jesus wandte sich vor allem der großen Masse des Volkes (etwa im Sinne von „Proletariern") zu und behauptete, vor Gott gäbe es keine Unterschiede zwischen den Menschen. Gott trennt nicht Gute und Schlechte, er kennt nur Menschen, die seiner Gnade bedürfen, und jeder reuige Sünder könne gerettet werden.

Jesus stellte der traditionellen Auslegung des Alten Testaments seine neue Lehre gegenüber und betonte immer wieder: *„Ich aber sage euch . . ."*

Daraus erwuchs der Gegensatz zu den geistigen und politischen Führern seines Volkes, den Pharisäern[1]) und Sadduzäern[2]), da Jesus Macht im Volke gewann, die gesetzlichen Schranken zwischen Reinen und Unreinen ablehnte und die heuchlerische Frömmigkeit schonungslos angriff.

Die Evangelisten und das Urchristentum legten Jesus auch das Bekenntnis zum Messias[3]), zum Gottessohn und zum „Menschensohn" in den Mund. Mit dieser verhüllenden Würdebezeichnung wollte sich Jesus als der Beauftragte Gottes zu erkennen geben.

---

[1]) Religiös-politische Gruppierung von gelehrten Laien mit engem Kontakt zum Volk. Traten für die Verbindlichkeit der schriftlichen wie auch mündlichen Überlieferung ein und forderten den Glauben an Auferstehung und Vergeltung im Jenseits sowie die Erwartung auf das Kommen des Messias.

[2]) Priesterlich-aristokratische Oberschicht, kontrollierten den Tempelkult und das Synedrium (oberste Verwaltungs- und Justizbehörde = Hoher Rat). Von ihrer Interessenslage her konservativ, befanden sie sich im Gegensatz zu den volksnahen Pharisäern.

[3]) Messias, hebr. Gesalbter. Königlicher Hoheitstitel, in der alttestamentarischen Überlieferung war der Messias Gegenstand der Zukunftserwartung, der Befreiung und des Beginns der „Gottesherrschaft".
Die Übersetzung von „Gesalbter" ins Griechische lautete „Christos", wurde im Neuen Testament zum wichtigsten Jesusprädikat und blieb mit seinem Namen fest verbunden.

30 n. Chr. Von Herodes Antipas des Landes verwiesen, zog Jesus dennoch anläßlich des Passah-Festes[1]) nach Jerusalem. Die Volksmassen jubelten ihm als Messias zu. Auf Veranlassung jüdischer Kleriker und Verwaltungsbeamter wurde er verhaftet, angeklagt und wegen Gotteslästerung und politischer Herrscheransprüche verurteilt. Die rechtskräftige Bestätigung des Urteils und die Vollstreckung oblagen der römischen Besatzungsmacht. Jesus wurde gekreuzigt und verstarb am Nachmittag des

7. April 30 (einem Freitag), im Alter von über 34 Jahren.

Der politische Prozeß gegen Jesus

Am Donnerstag, den 6. April des Jahres 30 nach unserer Zeitrechnung, gegen Abend, wurde Jesus von Nazareth auf dem Landgut Gethsemane, am Fuß des Ölberges außerhalb der Mauern Jerusalems verhaftet. Einer seiner Anhänger, Judas Ischariot, hatte ihn ausgeliefert. Die jüdische Justizbehörde fürchtete die Gefährlichkeit dieses Volksverführers, der seit mehr als einem Jahr im Lande umherzog und das Volk gegen Pharisäer und Priester aufwiegelte. Der Hohe Rat war zu einer Sondersitzung zusammengetreten, wobei der amtierende Hohepriester Kaiphas äußerte: *„Es ist besser, ein Mensch sterbe für das Volk, denn, daß das ganze Volk verderbe."*

Nach dem jüdischen Strafrecht schrieb die Geschäftsordnung für die Prozeßführung gegen einen Ketzer einen Instanzenweg von drei Etappen vor. Die Ratssitzung war die erste Etappe im Prozeß gegen Jesus, obwohl er nicht anwesend war und nicht verhört werden konnte. Man berief sich auf eine Ausnahmeregelung für dringende Fälle.

Nach dem „Besatzungsstatut" durfte die jüdische Tempelwache keine Verhaftung außerhalb des Tempelbezirkes vornehmen, dazu war die Unterstützung einer römischen Polizeitruppe nötig. So erschien an jenem Abend die Tempelwache in Begleitung einiger römischer Soldaten, die an dem Vorgang mehr als Beobachter denn als Akteure teilgenommen haben; Jesus wurde festgenommen und der jüdischen Gerichtsbehörde überstellt.

Mit der Vernehmung Jesu bei Hannas, dem Alt-Hohepriester, Schwiegervater und Vorgänger des amtierenden Kaiphas, begann die zweite Verfahrensetappe und der eigentliche Prozeß. Hannas fragte Jesus nach seine Lehre und seinen Jüngern. Er hätte gerne herausbekommen, ob Jesus einen Geheimbund gegründet

---

[1]) Jüdisches Fest, das am 14./15. Nisan (März/April) beginnt und in Erinnerung an den Auszug der Israeliten aus Ägypten gefeiert wird. Das christliche Abendmahl geht auf das Passahmahl zurück, auch das christliche Osterfest hängt historisch mit Passah zusammen. Anläßlich dieses Festes sollte jeder gläubige Jude nach Jerusalem kommen.

und eine Untergrundbewegung organisiert habe. Das kam damals häufig vor, aber Jesus antwortete, er habe öffentlich vor aller Welt geredet, in Schulen und im Tempel; in Verborgenheit habe er nichts getan. Nach Abbruch des Verhörs sandte man Jesus zum Hohepriester Kaiphas. Hannas hielt, aus welchen Gründen auch immer, das Ergebnis der Untersuchung für so schwerwiegend, daß er Jesus fesseln ließ.

Vor Kaiphas spielte sich die dritte Etappe ab. Es war der ganze Rat versammelt – die Priester, die Schriftgelehrten und die Ältesten. Ordnungsgemäß wurde mit der Vernehmung von Belastungszeugen begonnen. Nach den jüdischen Vorschriften konnte ein Angeklagter nur aufgrund von zwei übereinstimmenden Zeugenaussagen verurteilt werden – aber es kam zu keiner Übereinstimmung. Darauf stellte der Hohepriester die Kernfrage: *„Bist du der Messias, der Sohn des Hochgelobten?"*, und Jesus antwortete: *„Ich bin es."* Da zerriß Kaiphas seine Kleider, wie es die Dienstvorschrift im Fall einer Gotteslästerung befahl, und rief, alle hätten die Lästerung gehört und man bedürfe keiner weiteren Zeugen. Bei der anschließenden Abstimmung wurde Jesus einstimmig zum Tode verurteilt.

Der Hohe Rat hatte zu dieser Zeit wohl das Recht, ein Todesurteil zu fällen, aber nicht das Recht, es auch zu vollstrecken. Deshalb mußte Jesus dem römischen Statthalter zur Aburteilung übergeben werden. Das war unangenehm, da die römischen Beamten ein Todesurteil nicht einfach bestätigten, sondern prüften, ob der Verurteilte auch nach römischem Recht schuldig sei. Das Verfahren vor dem Statthalter Pontius Pilatus war also ein vollständig neuer, zweiter Prozeß. Es war Freitag, der 7. April, frühmorgens. Verhandlungsort war die Residenz des Statthalters im ehemaligen Palast des großen Herodes; dorthin brachte man den gefesselten Angeklagten. Pilatus fragte ihn: *„Bist du der König der Juden?"* Er anwortete: *„Du sagst es."* Weiters sagte Pilatus zu ihm: *„Hörst du nicht, was sie dir alles vorwerfen?"* Er aber antwortete auf keine weitere Frage, sodaß der Statthalter sehr verwundert war. Eines hatte Pilatus jedoch erkannt: dieser harmlose Wanderprediger war kein Guerillakämpfer.

Es war die Gewohnheit des Statthalters, jeweils zum Passahfest einen jüdischen Gefangenen freizulassen. Pilatus hatte einen Gefangenen in Gewahrsam, Barabbas, einen Aufrührer und Mörder; er forderte die Volksvertreter auf zu wählen – zwischen Jesus und Barabbas. Er meinte, sie könnten doch nicht einem Mörder den Vorzug geben gegen den nur wegen seiner Lehre angeklagten Jesus, zumal ihnen die Genugtuung geboten wurde, Jesus wenigstens geißeln zu lassen. Dies war der entscheidende juristische Fehler des Pilatus, daß er den Prozeß gegen Jesus mit der Amnestiefrage verknüpfte; war doch Barabbas ein Empörer gegen die römische Besatzungsmacht und daher für die Juden so etwas wie ein Volksheld. Die versammelte Menge reagierte auch prompt und forderte mit wildem Geschrei die Freilassung des Barabbas. Der Statthalter mußte wohl oder übel dieser Forderung folgen, über Jesus verhängte er die Strafe der Geißelung. Dies war nach römischem Recht üblich, um kleine Delikte, wie z. B. Verstöße gegen die öffentliche Ordnung, zu ahnden.

Die Soldaten aber begnügten sich nicht mit der Geißelung, sie wollten auch ihren Spaß haben. Sie hatten gehört, daß dieser Mann ein König der Juden sein wollte oder sich so genannt hatte. So flochten sie ihm eine Krone aus Dornen, drückten sie ihm aufs Haupt, schlugen ihn ins Gesicht und grüßten ihn spottend als Judenkönig. Danach trat Pilatus wieder vor das Volk und ließ auch Jesus herausführen; er wies auf den zerschundenen Mann, dem unter der Dornenkrone das Blut über das Gesicht rann, dem unter dem roten Mantel das Blut über Schultern und Rücken strömte und der sich nach den schweren Mißhandlungen kaum auf den Beinen halten konnte. Mit dem Finger auf die Jammergestalt deutend, rief Pilatus: *„Ecce homo!“* Seht, da ist der Mensch! – wie die Einheitsübersetzung lautet.

Aber das Bild des blutenden Mannes schien die Wut nur noch mehr zu erregen; die Hohepriester und ihre Leute schrien: *„Ans Kreuz mit ihm, ans Kreuz mit ihm!“* Daraufhin sagte Pilatus zu den Juden: *„Nehmt ihr ihn und kreuzigt ihn! Denn ich finde keinen Grund, ihn zu verurteilen.“* So war aber die Sache keineswegs regulär zu beenden. Das jüdische Gesetz verlangte Jesu Tod, das war ihre Verantwortung; das Besatzungsstatut übertrug die Durchführung dem Statthalter, das war seine Verantwortung. Diese Rechtslage war nicht zu umgehen, daher gaben die Juden dem Delikt von Jesus eine neue raffinierte Formulierung; sie machten die Gotteslästerung zu einem politischen Vergehen. Die Hohepriester argumentierten nun mit einer offenen Drohung gegen den Statthalter: *„Wenn du ihn freiläßt, bist du kein Freund des Kaisers; jeder, der sich als König ausgibt, lehnt sich gegen den Kaiser auf.“*

Pilatus erkannte sofort die Wendung; jetzt ging es nicht bloß um das Leben Jesu, jetzt ging es um die eigene Karriere, wenn nicht sogar um den eigenen Kopf und Kragen. Denn der mißtrauische Kaiser Tiberius in Rom bestrafte nichts so hart wie ein „Majestätsverbrechen“. Sollte sich Pilatus wegen eines jüdischen Sektierers, ob schuldig oder unschuldig, seine Laufbahn verderben lassen oder sich gar einer Anklage aussetzen? Er erkannte die Gefahr, gab seinen Widerstand auf und das Drama war zu Ende. Der Statthalter ließ ein Becken Wasser kommen, wusch sich vor allem Volk die Hände: *„Ich bin unschuldig am Blut dieses Menschen. Das ist eure Sache!“*, und gab den Kreuzigungsbefehl. Es war Freitag, 7. April, vor Mittag.

Das Erstaunlichste am Ablauf dieses Prozesses war seine Schnelligkeit. In weniger als 24 Stunden fanden Verhaftung und Verhör, Urteil und Kreuzigung statt. Die Feinde Jesu fürchteten Gegenmaßnahmen seiner Anhänger. Der Sabbat[1]) stand vor der Tür, es ging um jede Stunde. Die Kreuzigung, die nur nach römischem Recht als Strafe für Hochverrat ausgesprochen werden konnte, wurde durch römische Soldaten vollstreckt.

---

[1]) Im Judentum der 7. Tag der Woche (Samstag), Tag der Ruhe und der Heiligung. Zur Erinnerung an Gottes Schöpfungswerk hat jede Arbeit an diesem Tage zu unterbleiben. Wie jedes andere jüdische Fest beginnt auch der Sabbat bereits am Vorabend, also am Freitagabend.

Die Kreuzigung als Todesstrafe

Die Kreuzigung kam als Todesstrafe von den Assyrern, Babyloniern und Persern über Karthago zu den Römern. Auch unter Alexander dem Großen war sie üblich, während sie bei den Griechen – entsprechend deren höheren Kulturstufe – nur ganz selten zur Anwendung kam. Sie wurde – als *„summum supplicium"*[2]) – von den Römern an entlaufenen Sklaven, Revolutionären und Schwerverbrechern vollzogen, vor allem in den Provinzen. Römische Bürger waren ausgenommen, nicht jedoch Deserteure.

Die Kreuzigung gehört zu jener Gruppe ältester Strafen, in denen sich noch die Scheu des Menschen spiegelt, einen anderen durch direkten Eingriff, d. h. durch die eigene menschliche Hand zum Tode zu befördern. Die Übeltäter wurden den Göttern ausgeliefert und den tödlichen Kräften der Natur freier Lauf gelassen.

Da vor allem gegen Sklaven angewendet, war die Kreuzigung im Römischen Reich eine geläufige Strafe. So gibt Mommsen in seiner „Römischen Geschichte" an, daß der Sieger im Ersten Sklavenkrieg (135–131 v. Chr.), Konsul Publius Rupilius, über 20.000 Menschen ans Kreuz schlagen ließ. Die Todesstrafe kam allerdings bei den Römern im letzten Jahrhundert v.Chr. außer Gebrauch, erst Kaiser Augustus (31 v. Chr. bis 14 n. Chr.) führte sie wieder ein. Bei der Belagerung von Jerusalem (70 n. Chr.) ließ Titus so viele Juden ans Kreuz schlagen, daß den Römern das Holz ausging.

Im Unterschied zur ursprünglichen orientalischen Art der Kreuzigung – der Leichnam eines bereits Exekutierten wurde zur öffentlichen Schaustellung an einen Pfahl oder Baum gehängt – bedeutete im Abendland die Kreuzigung die Hinrichtung des Verurteilten selbst. Durch Aufspießen oder Aufhängen an einem Stamm, wobei die Arme an einen Querbalken gebunden oder genagelt und die Füße angeheftet oder abgestützt wurden, kam der Delinquent grausam zu Tode. Es war ein langsames Sterben mit einem Maximum an Schmerzen und Leiden.

Nach Flavius Josephus, dem Geschichtsschreiber des jüdischen Krieges (70 n. Chr.), ging der Kreuzigung regelmäßig eine Geißelung voraus, welche meistens so weit getrieben wurde, daß Haut und Weichteile in Fetzen herabhingen.

Die Vornahme der Kreuzigung war weitgehend der Willkür der Henkersknechte überlassen. Viele Delinquenten wurden nur mit Stricken an Armen und Beinen am Kreuz befestigt, wobei die Arme über den horizontalen Balken des Kreuzes nach hinten hin übergeschlagen wurden. Die mit Jesus gekreuzigten Schächer werden meistens so dargestellt, doch ist in den Evangelien davon nichts zu lesen und es muß bezweifelt werden, ob diese Annahme begründet ist.

Andere, wie Jesus selbst, wurden mit den Händen am Querbalken (patibulum) des Kreuzes festgenagelt. Die Untersuchung des Turiner Leichentuches ergab, daß das Opfer nicht an den Händen – wie in Darstellungen der Kreuzigung üb-

[2]) Lat.: höchste Strafe.

lich –, sondern vor den Handgelenken festgenagelt wurde. Die Füße wurden entweder mit einem Strick am senkrechten Pfahl angebunden oder nebeneinander (nicht übereinander) ebenfalls festgenagelt, wobei die Beine im Kniegelenk gebeugt sein mußten. In anderen Fällen ließ man die Beine frei herunterhängen. Um aber den Zug des Körpergewichtes an den angenagelten Handwurzeln oder den festgebundenen Armen zu vermindern, wurde in der Höhe des Gesäßes ein Pflock (sedile) am senkrechten Pfahl angebracht, als Stütze für den Rumpf. Ferner wird bei dem gekreuzigten Christus häufig ein hölzerner Keil als Unterlage der Füße (suppedaneum) dargestellt.

Der Tod am Kreuz ist jedenfalls, möge er auf diese oder jene Art herbeigeführt worden sein, überaus qualvoll gewesen.

Die Leidenszeit erstreckte sich gewöhnlich über viele Stunden, oft aber auch einige Tage. Bei Jesus dauerte der Todeskampf am Kreuz drei Stunden (6.–9. Stunde nach dem Evangelium des Matthäus, Kap. 27, 45). Pilatus war erstaunt, daß Jesus schon nach so kurzer Zeit gestorben sei (Evang. Markus 15, 44), während die beiden Schächer noch am Leben waren. Er gab hierauf Befehl, diesen die Beine zu brechen (crurifragium), wodurch das Hängenbleiben der Gekreuzigten über den Sabbat vermieden wurde (Evang. Johannes 19, 32).

Üblich war auch, daß ein Kreuztitel – eine Tafel, die eine Aufschrift trug – wie eine amtliche Verlautbarung über die Schuld des Verurteilten am Kreuz befestigt wurde; überliefert ist I.N.R.I. – Jesus Nazarenus Rex Judaeorum –, die abgekürzte und latinisierte Form der nach Evang. Johannes (19, 19) gesetzten Inschrift: Jesus von Nazareth, der König der Juden.

Sicher ist, daß „die Kreuzigung das Fürchterlichste ist, was Menschen an Menschen verübt haben" (zitiert nach Fulda). Cicero nennt sie die schrecklichste und abscheulichste Todesart, eines römischen Bürgers unwürdig.

Als Todesstrafe abgeschafft wurde die Kreuzigung durch Konstantin I., den ersten christlichen Kaiser (274–337 n. Chr.).

Medizinische Aspekte der Leidensgeschichte Jesu

Die Tatsache, daß Jesus in der Zeit seines Wirkens als Wanderprediger praktisch stets zu Fuß unterwegs war, weist auf Gesundheit und eine gute körperliche Konstitution hin.

Innerhalb von zwölf Stunden – Donnerstag abend bis Freitag vormittag – entwickelte sich eine seelische und körperliche Katastrophe. Von seiner Verhaftung bis zur Veurteilung war Jesus einem ungeheuren psychisch-emotionalen Streß ausgesetzt. Es ging ja nicht um die Verteidigung seines Lebens, damit hatte er bereits abgeschlossen, sondern es war die Zeit der Erfüllung einer jahrhundertealten Prophezeiung und traditionellen Erwartung nach den Schriften des Alten

Testamentes. Galt es doch, seine Lehre durch seinen Tod zur Religion zu erheben, und dessen war sich Jesus völlig bewußt. Er beendete sein Leben mit den Worten: „*Es ist vollbracht!*“ (Evang. Johannes 19, 30).

Doch zurück zum Beginn seines Leidens, in den Garten von Gethsemane. Es wurde eine Nacht ohne Schlaf, Jesus befand sich in einem seelischen Ausnahmezustand. Evang. Lukas 22, 44: „*Und er betete in seiner Angst noch inständiger, und sein Schweiß war wie Blut, das auf die Erde tropfte.*“ Bei blutigem Schweiß handelt es sich um das seltene Phänomen der Hämohidrose, es kommt zu Blutungen in die stark beanspruchten Schweißdrüsen. Ein wesentlicher oder bedrohlicher Blutverlust erfolgt aber nicht. Die Schweißabsonderung wird vom vegetativen Nervensystem gesteuert und unterliegt daher psychischen Einflüssen. Blutiger Schweiß tritt auf unter starker nervös-emotionaler Belastung oder als Krankheitssymptom bei abnormer Blutungsneigung.

Zwischen den einzelnen Verhören wurde Jesus auch körperlich mißhandelt. Zunächst nur mit Fäusten und Stöcken geschlagen, kam es schließlich zur Geißelung. Diese gesetzlich-rituelle Züchtigung der römischen Justiz erfolgte nach einem genauen Reglement: der nackte Delinquent wurde mit erhobenen Händen an einen Pfahl gebunden, sodaß die gesamte Körperrückseite frei war. Zwei Exekutionsbeamte (Lictoren[1]) schlugen nun von beiden Seiten mit dem „flagrum“, einer langen Peitsche, die am Ende jedes Riemens mit Metallkugeln oder auch Knochenstücken versehen war, auf Rücken, Gesäß und Beine des Opfers. Es ist überliefert, daß 39 Schläge vorgesehen waren: dadurch entstanden blutende Hautwunden mit Quetschung und Zerreißung der Unterhaut und Muskulatur. Bei der großen Flächenausdehnung der Verletzungen muß der Blutverlust bedeutend gewesen sein. Zusammen mit dem zugefügten Schmerz bahnte sich die Ausbildung eines Schocks an, jedoch war die Situation zu diesem Zeitpunkt für einen sonst gesunden jungen Mann noch nicht lebensbedrohend.

Da es üblich war, den Verurteilten sein Kreuz selbst bis zur Richtstätte tragen zu lassen, begann auch Jesus den etwa 500 Meter langen Weg nach Golgotha mit dem Querbalken des Kreuzes auf seinen Schultern; derselbe hatte ein Gewicht zwischen 30 und 50 Kilogramm. Ob ihm jener Simon aus Zyrene tatsächlich dabei geholfen hat, wird nicht übereinstimmend bezeugt.

Ebenfalls den Vorschriften entsprechend, wurde Jesus unmittelbar vor der Kreuzigung ein Mischtrank aus saurem Wein und Myrrhe zu trinken gegeben; dies sollte einer leichten Betäubung dienen. Er wurde mit gespreizten Armen auf den Querbalken gelegt und knapp vor den Handgelenken, d. h. zwischen den beiden Unterarmknochen hindurch, festgenagelt. Die übliche Darstellung der bildenden Kunst – mit den Nägeln durch die Hände und den Wundmalen an den Handflä-

[1]) Untergeordnete Beamte, heute am ehesten dem Stande von Gemeindearbeitern zu vergleichen. Im übertragenen Sprachgebrauch wurde bei den Römern auch der Gehilfe des Leichenbestatters als Lictor bezeichnet.

chen – ist mit Sicherheit falsch, da dort das Gewebe nicht den Halt gegeben hätte und beim Aufhängen des Körpers durchgerissen wäre. Die verwendeten Eisennägel waren zwischen 13 und 18 cm lang, am Querschnitt viereckig und 1 cm dick.

Nachdem die Unterarme am Kreuzbalken fixiert waren, wurden Delinquent und Holz hochgezogen und auf dem bereits aufrechtstehenden Stamm befestigt. Da dies nie sehr hoch über dem Boden war, gab es keine technischen Schwierigkeiten. Schließlich wurden die Füße festgenagelt: dafür gab es verschiedene Verfahren – entweder parallel zueinander oder übereinandergelegt mit Nagelung im Bereich der Mittelfußknochen; eine weitere Variante bestand darin, daß die zur Seite gebogenen Füße an den Fersenbeinen durchgenagelt wurden. Die Überlebensdauer der Gekreuzigten schwankte zwischen drei bis vier Stunden und ein bis zwei Tagen.

Wie aber ist der Tod am Kreuz medizinisch zu erklären?

Betrachtet man die einzelnen Ereignisse der Leidensgeschichte und deren medizinischen Konsequenzen näher, so kommt mehreren Faktoren eine erhebliche Bedeutung zu.

Blut- und Flüssigkeitsverlust

Aus den Wunden der Nagelung kann es nur wenig geblutet haben, da größere Blutgefäße nicht verletzt wurden. Hingegen sind bei der Geißelung beträchtliche Blutverluste entstanden, weil Zerreißungen von Haut, Unterhaut und Muskulatur erfolgten. Keinesfalls ist jedoch anzunehmen, daß der Blutverlust an und für sich tödlich wirkte.

Bei der großen Flächenausdehnung der von der Geißelung herrührenden Wunden muß der Flüssigkeitsverlust allerdings bedeutend gewesen sein. Dies hat mit Sicherheit zu einem Volumenmangel innerhalb der Zirkulation geführt, was die Ausbildung eines Schocksyndroms begünstigte.

Versacken des Blutes in der unteren Körperhälfte

Bei der erzwungenen und dauernd fixierten senkrechten Körperhaltung spielte eine orthostatische[1]) Kreislaufstörung sicher eine wesentliche Rolle. Außerdem fiel die für die Rückführung des Blutes so wichtige Muskeltätigkeit der Beine weg. Jedoch erfolgte diese ungünstige Umverteilung des Blutes protrahiert allmählich, sodaß ein Kollaps (würde nach viel kürzerer Zeit zur Bewußtlosigkeit führen) nicht eintrat. Hieraus ergibt sich eine Bedeutung von „sedile“ und „suppedaneum“, die nicht etwa zur Erleichterung, sondern zur Verlängerung des Todeskampfes dienten, indem sie dem Körper eine Stütze gewährten.

---

[1]) Griech.: aufrechte Körperhaltung. Dabei kann es zu Störungen des Blutkreislaufes kommen. Beispiel ist das Umfallen von Soldaten bei längerdauernden Truppenparaden.

Bei orthostatischen Kreislaufregulationsstörungen tritt allerdings ein Schocksyndrom dann auf, wenn die aufrechte Körperposition dauernd erzwungen wird.

Daß Gekreuzigte manchmal noch ein bis zwei Tage, ja sogar noch länger lebten, ist wohl dem Umstand zuzuschreiben, daß der Körper durch „sedile“ und „suppedaneum“ eine Stütze erhielt. *„Equitabant in cruce“*[1]), heißt es bei alten Schriftstellern. Dadurch konnte ein genügender Blutkreislauf noch für längere Zeit aufrecht erhalten werden. Die tödliche Wirkung des Zerschlagens der Unterschenkelknochen (crurifragium) ist so zu erklären, daß es sich dann um ein reines Hängen an den Armen ohne irgendwelche Stütze handelte. Bei Versuchen an Medizinstudenten, die sich freiwillig zur Verfügung stellten und an den Armen aufgehängt wurden, ergab sich, daß ein freies Hängen nicht länger als zwölf Minuten ausgehalten wurde; danach traten Blutdruckabfall und Bewußtlosigkeit ein. Dazu kommt beim „crurifragium“ noch der traumatische Schock und eventuell eine Fettembolie.

Störung der Atemmechanik

In der Position eines Gekreuzigten hängt der Körper an der Muskulatur, welche vom Brustkorb zum Schultergürtel und zum Oberarm führt. Durch passive Anspannung dieser Muskulatur während des Hängens wird der Brustkorb in Einatmungsstellung angehoben und gehalten, das Ausatmen ist zunächst durch das Zwerchfell und die Bauchmuskeln möglich, wenn diese erlahmen, kommt es zu Atembehinderungen. Die Behinderung der Ausatmung kann zum Teil durch Abstützen am „sedile“ und „suppedaneum“ kompensiert werden, dadurch wird jedoch lediglich die Leidenszeit verlängert, denn es kommt in jedem Fall früher oder später zur Ateminsuffizienz und damit zum Sauerstoffmangel im Blut und in den lebenswichtigen Organen.

Schock

Schock ist definiert als eine wechselnd rasch einsetzende, jedoch anhaltende allgemeine Störung der Blutzirkulation, wobei durch Verminderung der Organdurchblutung schwere Schäden bis zum Zelltod auftreten können.

Von den klassischen Hauptursachen eines Schocks sind beim Kreuzigungsritual ohne Zweifel sogar mehrere gleichzeitig wirksam:

Volumenverlust an Blut und Körperflüssigkeit durch die Geißelung.

Verteilungsstörung des Blutes durch die erzwungene und fixierte, bewegungslose, aufrechte Körperhaltung.

Nervenreaktion auf das erlittene Polytrauma (neurogener Schock bei Verletzungen) wie auch auf die psychische Extrembelastung (psychogener Schock als emotionale Reaktion).

---

[1]) Lat.: „Sie ritten auf dem Kreuz.“

Das Symptomenbild des Schocks paßt sehr gut zu dem, was wir über den Kreuzestod wissen. Als Ursache des Schocks kommen neben dem Akt der Kreuzigung noch die Marter der Geißelung und – im Falle Jesus – außerdem die vorangehende seelische und körperliche Pein (Gethsemane, Schlaflosigkeit, Verhör, Schläge, Erschöpfung durch das Tragen des Kreuzes usw.) in Betracht sowie eine besondere Sensibilität der Persönlichkeit.

Versucht man, die wenigen überlieferten „Daten" über den Kreuzestod Jesu mit der diagnostischen Hypothese eines Schocksyndroms zu korrelieren, so findet man direkt aufdringliche Leitsymptome.

Evang. Johannes 19, 28: *„Als Jesus wußte, daß schon alles vollbracht war, sprach er: Mich dürstet."*

Volumenverluste äußern sich klinisch in starkem Durstgefühl! Ob der Jesus dargereichte Essig (Evang. Matthäus 27, 48) geeignet war, den Durst zu stillen, ist fraglich. Wahrscheinlich handelte es sich um das essigsaure Getränk „posca", welches die römischen Soldaten beständig mit sich führten.

Evang. Johannes 19, 34: *„Einer der Kriegsknechte stieß mit der Lanze in seine Seite und es floß Blut und Wasser heraus."*

Während der Zirkulationsinsuffizienz des Schockgeschehens tritt ein Lungenödem auf und es kommt häufig zu einem Stauungstranssudat [1]). Obwohl nicht überliefert ist, an welcher Körperseite der Lanzenstich erfolgte, ist eine Entleerung von Blut und Wasser glaubhaft und verständlich.

Das Exerzier- und Kampfreglement der römischen Soldaten legt allerdings sehr nahe, daß der Einstich an der rechten Körperseite erfolgte. Der Infanterist trug in seiner rechten Hand das Kurzschwert oder die Lanze, während er seine linke Körperseite mit dem von der linken Hand getragenen Schild schützte. Daher war der Exerzierdrill auf einen Stich in die rechte Seite des Gegners ausgerichtet.

Evang. Markus 15, 44: *„Pilatus wunderte sich, daß Jesus schon tot war."*

Die Leidenszeit am Kreuz von drei Stunden war für „Routinekreuzigungen" relativ kurz. Berücksichtigt man jedoch das somatische und psychische Polytrauma der Ausnahmegestalt von Jesus, so ist es – im Gegensatz zur Meinung von Pilatus – nicht verwunderlich, daß er die Kreuzigung nur drei Stunden überlebt hat.

Gerade diese kurze Überlebenszeit steht mit der Ferndiagnose eines „Schocksyndroms" in vollem Einklang, denn es handelte sich um einen zwar protrahiert einsetzenden, aber völlig unbehandelten Schock.

[1]) Flüssigkeitsansammlung in der Brusthöhle.

Um das langsame Sterben am Kreuz abzukürzen, was wohl selten aus Mitleid, sondern aus anderen Gründen, z. B. zur Bequemlichkeit der Wachmannschaft, geschah, waren verschiedene Verfahren im Gebrauch. Am raschesten tödlich wirkte ein Lanzenstich in die Brust oder eine Erdrosselung mit einem Strick. Oder es wurde am Fuße des Kreuzes ein Feuer angezündet, in dessen Rauch der Delinquent erstickte. Außerordentlich grausam war das „crurifragium", welches dem mittelalterlichen Rädern zu vergleichen ist, aber bei Jesus wegen seines vorzeitigen Todes überflüssig war, jedoch bei den mit ihm gekreuzigten Schächern zur Anwendung kam (Evang. Johannes 19, 32).

Überblickt man die Gesamtheit der angeführten Faktoren, so trat bei Gekreuzigten zunächst eine Blutkreislaufstörung infolge der fixierten, aufrechten Bewegungslosigkeit auf und danach ein Versagen der Atmung. Beides zusammen führt zum Sauerstoffmangel in lebenswichtigen Organen und nach einer gewissen Toleranzzeit zum Tod.

Der Kreuzestod
– simulierbar im Experiment
– gleichverlaufend bei Bergsteigerunfällen
– belegt durch archäologische Funde

Lange Zeit hat sich die medizinische Forschung damit abgefunden, daß völlige Klarheit über den Ablauf des Kreuzestodes nicht zu erlangen sei. Denn einmal fehlten jegliche Obduktionsbefunde von am Kreuz Gestorbenen, und zum anderen mangelte es an Beobachtungen, welche mit den modernen Methoden der Medizin auszuwerten wären.

Was über den Kreuzestod berichtet wurde, ist medizinisch betrachtet überaus dürftig und beschränkt sich auf wenige Angaben der Evangelisten.

Diese Unklarheit hat sich jedoch geändert, denn man simulierte unter experimentellen Bedingungen die Kreuzigungsposition am Menschen, und man erkannte den prinzipiell analogen Mechanismus von Kreuzestod und Sturz ins Seil mit freiem Hängen bei Bergsteigerunfällen. Die im Hängeversuch simulierte Kreuzigungsposition ergab ein charakteristisches Muster von Veränderungen:

Die Atemmuskulatur zur Bewegung des Brustkorbes wird maximal belastet und erlahmt frühzeitig, die Atemhilfsmuskulatur des Schultergürtels ist durch das Hängen an den Armen völlig blockiert. Der Bauch wird eingezogen, die Bauchatmung kommt zum Erliegen. Der Brustkorb wird in einer Mittelstellung zwischen Ein- und Ausatmung starr-unbeweglich. Folge all dessen ist: die Atmung wird zunehmend unzureichend.

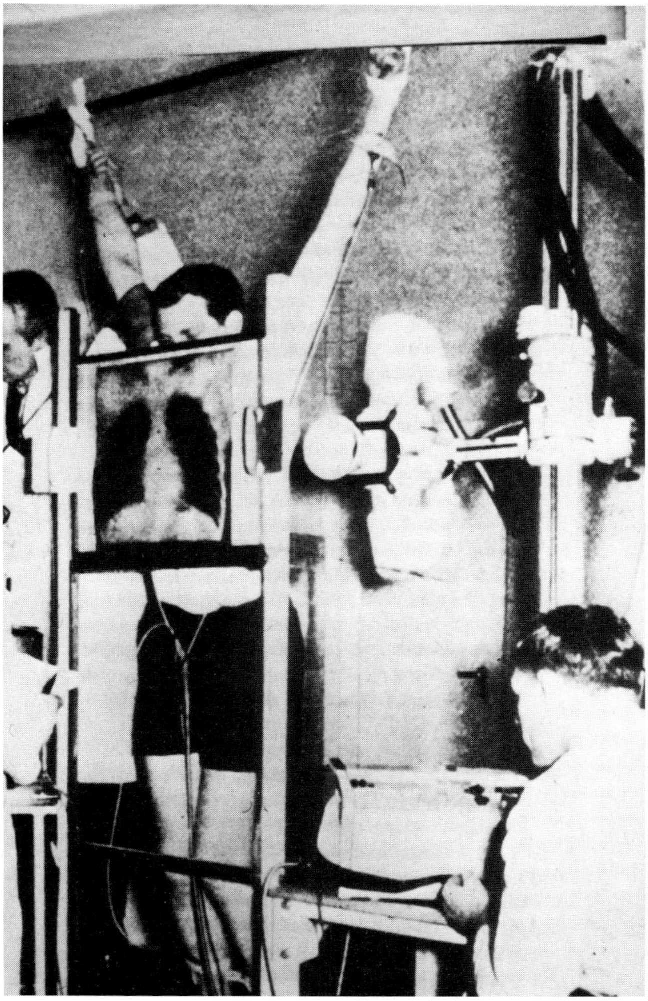

Simulationsversuch mit freiem Hängen; bereits nach 12 Minuten kam es zu einem Blutdruckabfall und Bewußtlosigkeit.

Eine beträchtliche Menge Blut versackt in den unbeweglichen Extremitäten und geht dadurch der Zirkulation verloren. Die Pulsfrequenz steigt stark an, der Blutdruck fällt ab. Es kommt zu Bläße der Haut, kaltem Schweiß, erweiterten Pupillen, Ohrensausen und Schwindel. Diese Kollapsneigung geht im weiteren Verlauf in einen protrahierten Schock über, die Blut- und Sauerstoffversorgung der Organe wird bedrohlich mangelhaft. Die Störung der Atmung wie auch des Blutkreislaufes wirken jeweils gegenseitig verschlimmernd!

Ein Fallbeispiel aus neuerer Zeit (1977):
Ein in einem unbenutzten Schornstein beim Spielen abgerutschter Knabe blieb auf der Kellersohle in stehender Haltung mit über den Kopf erhobenen Armen stecken; er starb, wie aus dem Fortschreitungsgrad der sich entwickelnden Lungenentzündung geschlossen werden mußte, erst nach etwa zwei Tagen im zunehmenden Kreislaufschock. Die Lunge wies Zeichen forcierter Atmung auf, eine Erstickung kam aber nicht in Betracht.

Bei Bergsteigerunfällen führt der Sturz ins Seil mit freiem Hängen von über zwei Stunden grundsätzlich zum Tod. Das heißt nicht, daß die Betroffenen schon nach zwei Stunden gestorben sind, sondern daß nach dieser Zeitdauer irreparable Organschäden auftreten, welche letztendlich zum Tode führen. Es besteht eine der Bergrettungsmedizin bekannte kritische Zeitspanne von zwei Stunden, innerhalb welcher die Bergung des Verunfallten erfolgt sein muß, will man die Chance auf ein Weiterleben erhalten.

Wenn jemand im Gebirge abstürzt und im Kletterseil hängenbleibt oder sonst aus irgendwelchen Gründen in einem Seil hängt, ohne daß die Atmung oder die Blutzufuhr zum Gehirn durch das Seil behindert wird, kommt er trotzdem nach längerer Zeit ums Leben, ohne daß er erstickt. Ein typisches Beispiel ist der von Patscheider (1961) untersuchte Fall:

Ein 18jähriger Bursche, der beim Klettern abstürzte und am Sicherungsseil sechs Stunden frei hängen blieb, starb kurz nach seiner Bergung. Bei der Leichenöffnung fanden sich makroskopisch keine die Todesursache erklärenden Befunde, während die histologischen Untersuchungen am Herzen und an der Leber Veränderungen aufdeckten, die als Folge unzureichender Sauerstoffversorgung anzusehen sind. Diese kam durch eine Verminderung der zirkulierenden Blutmenge zustande. Eine solche ist aber – unter Ausschluß anderer Möglichkeiten – beim freihängenden, im oberen Anteil des Rumpfes suspendierten Körper nur durch ein Versacken des Blutes in die unteren Körperpartien erklärbar. Der Eintritt des Todes wurde als Folge einer langdauernden orthostatischen Kreislaufregulationsstörung aufgefaßt.

Im Jahre 1968 wurden im Giv'at ha-Mivtar in Jerusalem drei Bestattungshöhlen freigelegt, in denen sich 15 Stein-Ossuarien (Behältnisse für Knochen) befanden. Die Skelettreste waren gut erhalten, die Fundstätte ließ sich in die Zeit vor 70 n. Chr. datieren. Höchst interessant war ein Steinsarg mit einem Mann und einem Kleinkind. Das Kind war drei bis vier Jahre alt, die Todesursache ließ sich nicht ermitteln. Der Mann hatte ein Alter von etwa 24–38 Jahren erreicht, war 1,67 Meter groß, sein Kopf etwas asymmetrisch – wie bei Rachitis. Was dieses Skelett zu einer archäologischen Sensation werden ließ, war die Tatsache, daß der erste und bisher einzige Fall einer antiken Kreuzigung vorlag. Der Grabfund lieferte erstmals konkrete Anhaltspunkte zu den technischen Details dieser Tötungsart: durch beide Fersenbeine war ein 11,4 cm langer Eisennagel getrieben, daran befanden sich noch Holzreste. Außerdem waren das rechte Schienbein

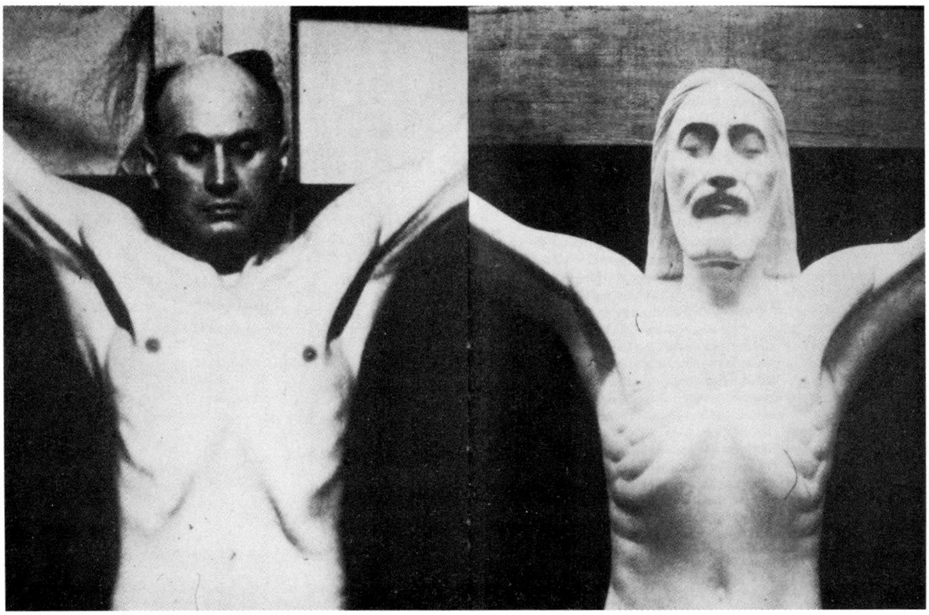

In der Position eines Gekreuzigten wird der Brustkorb nach oben gezogen und fixiert, die Atmung ist dadurch zunehmend erschwert, Sauerstoffmangel tritt ein.

sowie linkes Schienbein wie auch Wadenbein gebrochen. Die Bruchlinien verliefen schräg, und es muß nach diesem Befund angenommen werden, daß hier ein Fall von „crurifragium" vorlag, dem gewaltsamen Brechen der Beine zur Beschleunigung des Todes. Mit einem scharfen Instrument war außerdem ein horizontaler Schnitt im rechten Sprungbein angebracht. Die Anthropologen nehmen an, daß die Füße des Toten abgehackt wurden, um den Körper leichter vom Kreuz abnehmen zu können. Zusätzlich zeigte uns dieser Fund, wie die Arme am Querbalken des Kreuzes angeheftet wurden, denn der Knochen der Speiche am rechten Unterarm ließ eine deutliche Furche erkennen, die man als durch eine Nagelung verursacht interpretierte. Die Inschrift auf dem Steinsarg überlieferte uns auch den Namen des Gekreuzigten: Yehohanan.

Zusammenfassend wissen wir heute über die zum Kreuzestod führenden Mechanismen ziemlich gut Bescheid. Bei der Position des Gekreuzigten wie auch bei im Seil hängenden Bergsteigern ist eine Fixierung des Brustkorbes und der Atemmuskulatur gegeben. Die dadurch einsetzende Atmungsinsuffizienz begünstigt – aufgrund einer Blutzirkulationsstörung in den unbeweglichen Extremitäten – die Entwicklung eines Schockzustandes, welcher tödlich endet. Die kritische Zeitdauer ist zwei Stunden, d. h. wer länger hängt, kann nicht mehr überleben. Somit liegt ein eindeutiger Beweis vor, daß Jesus am Kreuz gestorben ist, denn seine Leidenszeit betrug zumindest drei Stunden. Kein Scheintod oder ähnliches kann daher seine „Auferstehung“ erklären. Der „Auferstehungsglaube“ bleibt der Naturwissenschaft unzugänglich, da es biologisch nicht möglich ist, einen toten Organismus neuerlich zu beleben.

Im September 1988 wurde das Ergebnis einer Altersbestimmung des Gewebes vom „Turiner Grabtuch“ bekannt. Mittels der sog. Radiocarbon-Methode, d. h. durch Nachweis des radioaktiven Zerfalls von Kohlenstoff C 14, konnte das Leinengewebe in die Zeit um 1300 n. Chr. datiert werden. Jeglichen Spekulationen, ob das Turiner Tuch einen direkten Abdruck des gekreuzigten Jesus von Nazareth zeigt, ist damit der Boden entzogen.

Bibliographie

FRIEDRICH VON SCHILLER

BANKL, H.: Ein Sektionsprotokoll aus der Hand Friedrich Schillers. Pathologe 7, 118 (1986).

BURSCHELL, F.: Schiller. Rowohlt Taschenbuch-Verlag, Hamburg 1985.

DONGES, F.: Wer wurde im Kassengewölbe beigesetzt? Mensch und Maß 7, 399 (1967).

DONGES, F.: Ein seltsames Dokument. Mensch und Maß 7, 542 (1967).

GLEICHEN-RUSSWURM, A. v.: Schiller. Lebensaufriß aus Tagebüchern, Briefen, Zeitstimmen. Deutsche Bibliothek Berlin (ohne Jahresangabe).

HECKER, M.: Schillers Tod und Bestattung. Insel-Verlag, Leipzig 1935.

SCHARF, J.-H.: Der Anatomenstreit um Schillers Schädel. Nova Acta Leopoldina, N. F. Bd. 29, 179 (1964).

SCHILLER, F.: Medizinische Schriften. Herausgegeben von der Deutschen Hoffmann-La Roche AG, Grenzach, aus Anlaß des 200. Geburtstages des Dichters. W. F. Maya, Miesbach 1959.

SCHWABE, J.: Schillers Beerdigung und die Aufsuchung und Beisetzung seiner Gebeine. G. Kummer's-Verlag, Leipzig (Neudruck ohne Jahresangabe).

SCHWARZACHER, W.: Friedrich Schillers Krankheit und Schaffen. Anz. d. phil.-hist. Klasse d. Österr. Akademie d. Wissenschaften 19, 233 (1951).

THEOPOLD, W.: Schiller. Sein Leben und die Medizin im 18. Jahrhundert. G. Fischer, Stuttgart 1964.

ULLRICH, H.: Neue wissenschaftliche Untersuchungen über die Echtheit des Schillerschädels. Urania 52, 198 (1962).

VEIL, W. H.: Schillers Krankheit. Eine Studie über das Krankheitsgeschehen in Schillers Leben und über den natürlichen Todesausgang. Uta-Verlag, Naumburg 1945.

WIESE, B. v.: Schiller. Einführung in Leben und Werk. Reclam, Stuttgart 1966.

LUDWIG VAN BEETHOVEN

BANKL, H. und H. JESSERER: Die Krankheiten Ludwig van Beethovens. Pathographie seines Lebens und Pathologie seiner Leiden. W. Maudrich, Wien 1987.

BEETHOVEN, L. van: Konversationshefte. Hrsg. v. K. H. Köhler u. G. Herre. Vollständige Ausgabe in zehn Bänden. Seit 1968 – VEB Deutscher Verlag f. Musik, Leipzig.

BREUNING, G. v.: Aus dem Schwarzspanierhaus. Verlag Schuster u. Löffler, Berlin und Leipzig 1907.

KERST, F.: Die Erinnerungen an Beethoven. Bd. 1 und 2, 2. Auflage. Julius Hoffmann, Stuttgart 1925.

LEITZMANN, A.: Ludwig van Beethoven. Berichte der Zeitgenossen, Briefe und persönliche Aufzeichnungen. Bd. 1 und 2. Insel-Verlag, Leipzig 1921.

NEUMAYR, A.: Musik und Medizin. Jugend und Volk, Wien 1987.

SCHINDLER, A.: Ludwig van Beethoven, 5. Auflage. Aschendorff'sche Verlagsbuchhandlung, Münster i. W. 1927.

SCHMIDT-GÖRG, J. und H. SCHMIDT: Ludwig van Beethoven. Deutsche Grammophon-Ges., Hamburg 1969.

THAYER, A. W.: Ludwig van Beethovens Leben. Band I bis V. Breitkopf und Härtel, Leipzig 1866–1908. Faksimile der Originalausgabe im Olms-Verlag, Hildesheim 1970–1972.

WITESCHNIK, A.: Ich schreibe Noten in Nöthen oder Beethoven in Geschichten und Anekdoten. Neff-Verlag, Wien 1985.

ZOBELEY, F.: Beethoven. Rowohlt, Hamburg 1983.

ELISABETH, KAISERIN VON ÖSTERREICH

ANDICS, H.: Die Frauen der Habsburger. Molden, Wien 1969.

CHEVRIER, R.: Sissi. Das Leben der Kaiserin Elisabeth von Österreich. Parkland, Stuttgart 1987.

CONTE-CORTI, E. C.: Elisabeth. Die seltsame Frau. Verlag Anton Pustet, Salzburg 1934.

HAMANN, B.: Elisabeth. Kaiserin wider Willen. Amalthea, Wien–München 1982.

HAMANN, B.: Elisabeth. Bilder einer Kaiserin. Amalthea, Wien–München 1986.

SZTARAY, I.: Aus den letzten Jahren der Kaiserin Elisabeth. A. Holzhausen, Wien 1909.

VON DER HEYDEN-RYNSCH, V. (Hrsg.): Elisabeth von Österreich. Tagebuchblätter von Constantin Christomanos. Matthes u. Seitz, München 1983.

IGNAZ PHILIPP SEMMELWEIS

BENEDEK, I.: Ignaz Philipp Semmelweis 1818–1865. Böhlau 1983.

GYÖRGY, T.: Semmelweis' gesammelte Werke. G. Fischer, 1905.

KUSSMAUL, A.: Jugenderinnerungen eines alten Arztes. Lehmann, 1960.

LESKY, E.: Ignaz Philipp Semmelweis und die Wiener Medizinische Schule. Böhlau, 1964.

LESKY, E.: Die Wiener Medizinische Schule im 19. Jahrhundert. Böhlau, 1965.

SILLO-SEIDL, G.: Die Affaire Semmelweis. Herold, 1985.

WYKLICKY, H. und M. SKOPEC: Ignaz Philipp Semmelweis (1818–1865) als Prophet der Bakteriologie. Hyg. u. Med. 8, 395 (1983).

WLADIMIR ILJITSCH ULJANOW, genannt LENIN

ACCOCE, P. und P. RENTCHNICK: Kranke machen Weltgeschichte. Econ-Verlag, Düsseldorf 1978.

HAMPERL, H.: Werdegang und Lebensweg eines Pathologen. Schattauer-Verlag, Stuttgart–New York 1972.

SHUB, D.: Lenin. Geburt des Bolschewismus. W. Heyne-Verlag, München 1985.

SPONSEL, H.: Die Ärzte der Großen. Fischer Taschenbuch-Verlag, Frankfurt 1978.

VOGT, O.: 1. Bericht über die Arbeiten des Moskauer Staatsinstitutes für Hirnforschung. Journal f. Psychologie und Neurologie 40, 108–118 (1929).

WEBER, H.: Lenin. Rowohlts Monographien 168. Rowohlt TB-Verlag, Reinbeck 1986.

ZWEIG, St.: Sternstunden der Menschheit. S. Fischer, Frankfurt 1950.

KRONPRINZ RUDOLF VON HABSBURG-LOTHRINGEN MARY, BARONESSE VON VETSERA

ANDICS, H.: Die Frauen der Habsburger. Molden, Wien 1969.

ANONYMUS: Der Untergang des Kronprinzen Rudolf. Berliner Börsen-Courier 24. 2. 1889.

BALTAZZI-SCHARSCHMID, H. und H. SWISTUN: Die Familien Baltazzi-Vetsera im Kaiserlichen Wien. Böhlau, Wien 1980.

FRANZEL, E.: Kronprinzen-Mythos und Mayerling-Legenden. Herold, Wien 1978.

HOLLER, G.: Mayerling. Die Lösung des Rätsels. Molden, Wien 1980.

LOSCHEK, J.: „Was ich von Mayerling weiß." Neues Wiener Tagblatt, 24. 4. 1932.

HAMANN, B.: Rudolf. Kronprinz und Rebell. Amalthea, Wien 1978.

MEYSELS, L. O.: In meinem Salon ist Österreich. Berta Zuckerkandl und ihre Zeit. Herold, Wien 1985.

MITIS, O.: Das Leben des Kronprinzen Rudolf. Hrsg. v. Adam Wandruszka. Herold, Wien 1971.

MORTON, F.: Schicksalsjahr Wien 1888/89. Molden, Wien 1979.

RINGEL, E.: Selbstmord – Appell an die anderen. Kaiser, München 1984.

SALVENDY, J. T.: Rudolf. Psychogramm eines Kronprinzen. Amalthea, Wien 1987.

SCHÄFER, C.: Mayerling. Die Tragödie und ihre Deutungen. Ueberreuter, Wien 1987.

SCHIEL, I.: Stephanie. Kronprinzessin im Schatten von Mayerling. Deutsche Verlags-Anstalt, Stuttgart 1984.

SCHULDES, J.: „Nach vier Jahrzehnten." Volks-Zeitung, 6. 2. 1929.

SLATIN, H.: „Die Wahrheit über Mayerling." Neues Wiener Tagblatt, 15. 8. 1931.

SOKOP, B.: Jene Gräfin Larisch . . . Böhlau, Wien 1985.

SWISTUN, H.: Mary Vetsera. Gefährtin für den Tod. Böhlau, Wien 1983.

WEISSENSTEINER, F.: Reformer, Republikaner und Rebellen. Das andere Haus Habsburg-Lothringen. Österr. Bundesverlag, Wien 1987.

ADOLF HITLER

BESYMENSKI, L.: Der Tod des Adolf Hitler. F. A. Herbig, München–Berlin 1982.

CARR, W.: Adolf Hitler. Persönlichkeit und politisches Handeln. W. Kohlhammer, Stuttgart–Berlin–Köln–Mainz 1980.

FEST, J. C.: Hitler. Eine Biographie. Verlag Ullstein GmbH, Frankfurt–Berlin–Wien 1973.

FEST, J. C. und H. HOFFMANN: Hitler. Gesichter eines Diktators. F. A. Herbig, München–Berlin 1984.

GÜNSCHE, O.: Persönliche Mitteilungen 1987 und 1988.

HAFFNER, S.: Anmerkungen zu Hitler. Kindler, München 1978.

KEMPKA, E.: Die letzten Tage mit Adolf Hitler. Verlag K. W. Schütz KG, Preussisch Oldendorf 1976.

MASER, W.: Adolf Hitler. Legende–Mythos–Wirklichkeit. Heyne-Biographien, München 1985.

SCHRÖDER, C.: Er war mein Chef. Aus dem Nachlaß der Sekretärin von Adolf Hitler. Langen-Müller, München 1985.

SOGNNAES, R. F. und F. STRÖM: The ondotological identification of Adolf Hitler. Definitive documentation by X-rays, interrogations and autopsy findings. Acta Odont. Scand. 31, 43–69 (1973).

STEFFAHN, H.: Hitler. Rowohlt, Hamburg 1983.

TREVOR-ROPER, H. R.: Hitlers letzte Tage. Verlag Ullstein GmbH, Frankfurt–Berlin–Wien 1985.

SIGMUND FREUD

Alternativ-Entwurf eines Strafgesetzbuches. Besonderer Teil, Straftaten gegen die Person. 1. Halbband, hrsg. von J. Baumann u. a., Tübingen 1970.

BERTHELSEN, D.: Alltag bei Familie Freud. Die Erinnerungen der Paula Fichtl. Hoffmann u. Campe, Hamburg 1987.

ERDHEIM, M.: Sigmund Freud. In: J. JUNG (Hrsg.), Österreichische Porträts. Residenz-Verlag, Salzburg 1985.

FREUD, E., L. FREUD und I. GRUBRICH-SIMITIS (Hrsg.): Sigmund Freud. Sein Leben in Bildern und Texten. Suhrkamp-Verlag, Frankfurt 1985.

FREUD, S.: Selbstdarstellung. Fischer Taschenbuch-Verlag, Frankfurt 1984.

JONES, E.: Sigmund Freud. Leben und Werk, Bd. I–III. dtv, München 1984.

LEBZELTERN, G.: S. Freud und das Kokain. Wr. klin. Wschr. 95, 765 (1983).

MANNONI, O.: Freud. Rowohlt-Monographien, Reinbeck bei Hamburg 1980.

SCHUR, M.: Sigmund Freud. Leben und Sterben. Suhrkamp-Taschenbuch, Frankfurt 1982.

SPONSEL, H.: Die Ärzte der Großen. Fischer Taschenbuch-Verlag, Frankfurt 1978.

WASSERMANN, R.: Das Recht auf den eigenen Tod. In: R. WINAU und H. P. ROSEMEIER (Hrsg.), Tod und Sterben. W. de Gruyter, Berlin 1984.

JOHN FITZGERALD KENNEDY

ACCOCE, P. und P. RENTCHNICK: Kranke Menschen machen Weltgeschichte. Econ-Verlag, Düsseldorf 1978.

BORCH, H.: John F. Kennedy. Piper-Verlag, 1986.

COLLIER, P. und D. HOROWITZ: Die Kennedys. Siedler-Verlag, Berlin 1985.

DAVIS, J. H.: Siegen! Siegen um jeden Preis. Die Kennedy-Dynastie. SV International, Zürich 1987.

FRANKE, E.: John F. Kennedy. Colloquium-Verlag, Berlin 1984.

MANCHESTER, W.: Der Tod des Präsidenten. S. Fischer, Frankfurt 1967.

MEYSELS, L. O.: Morde machen Geschichte. Herold-Verlag, Wien 1985.

NICHOLS, J.: President Kennedy's Adrenals. J.A.M.A. 201, 129 (1967).

Report of the President's Commission on the Assassination of President John F. Kennedy, and 26 accompanying volumes of Hearings and Exhibits, 1964; published by U.S. Government Printing Office and also Doubleday, McGraw-Hill, Bantam, Popular Library, and Associated Press, 1964.

Report of the Select Committee on Assassinations, U.S. House of Representatives, and 12 accompanying volumes of Hearings and Appendices (on Kennedy case as opposed to Martin Luther King assassination), 1979, published by U.S. Government Printing Office; and Report (only) by Bantam, New York, 1979, under title The Final Assassinations Report.

Sponsel, H.: Die Ärzte der Großen. Fischer-Taschenbuch, 1978.

Summers, A.: Die Wahrheit über den Kennedy-Mord. Herbig-Verlag, München 1983.

JESUS VON NAZARETH

Bankl, H.: Der Tod am Kreuz. Überlegungen eines Pathologen zu einer ungeklärten Todesart. Österr. Ärzteztg. 38, 243–246 (1983).

Barring, L.: Götterspruch und Henkerhand. Die Todesstrafen in der Geschichte der Menschheit. Magnus-Verlag, Essen 1980.

Berg, St.: Tod im Kamin. Arch. Kriminol. 160, 1–19 (1977).

Binet-Sangle, W.: La folie de Jesus. Edit. Maloine, Paris 1908.

Das neue Testament in der Einheitsübersetzung der Heiligen Schrift. Verlag Österr. Kathol. Bibelwerk, Klosterneuburg 1980.

Edwards, W. D., W. J. Gabel und F. E. Hosmer: On the physical death of Jesus Christ. J.A.M.A. 255, 1455–1463 (1986).

Flora, G. (Hrsg.): Der Sturz ins Seil. 2. Internationale Bergrettungsärzte-Tagung, Innsbruck 1972.

Flusser, D.: Jesus. Rowohlt-Monographien 140, Hamburg 1986.

Fulda, H.: Das Kreuz und die Kreuzigung. Breslau, 1878.

Haas, N.: Anthropological Observations on the Skeletal Remains from Giv'at ha Mivtar. Israel Exploration Journal 20, 38–59 (1970).

Josephus, F.: Geschichte des jüdischen Krieges. Fourier, Wiesbaden 1982.

Koch, W.: Der Prozeß Jesu. Versuch eines Tatsachenberichts. Suhrkamp, Frankfurt 1987.

Maccoby, H.: König Jesus. Die Geschichte eines jüdischen Rebellen. Wunderlich-Verlag, Tübingen 1982.

Moedder, H.: Die Todesursache bei der Kreuzigung. Stimmen d. Zeit 144, 50 (1948).

Mommsen, Th.: Römische Geschichte. Weidmann, Berlin 1856.

Mommsen, Th.: Römisches Strafrecht. In: Systematisches Handbuch der deutschen Rechtswissenschaft, hrsg. v. K. Binding. Leipzig 1899.

Patscheider, H.: Die Todesursache beim freihängenden, am Rumpf suspendierten Menschen. Beiträge Gerichtl. Medizin 21, 87–93 (1961).

Schmittlein, W.: Circonstances et cause de la mort du Christ. Bade, 1951.

Schwerin v. Krosigk, L.: Die großen Schauprozesse. Universitas, München 1981.

Wegelin, C.: Der Tod am Kreuz. Schweiz. Med. Wschr. 90, 857–869 (1960).

Wilson, I.: Eine Spur von Jesus. Herkunft und Echtheit des Turiner Grabtuches. Herder, Freiburg 1980.